Vorwort

Die Metallkunde ist die Lehre von Aufbau und Eigenschaften der Metalle und Legierungen. Die *allgemeine Metallkunde* ist im Kern ein Teilgebiet der angewandten Physik mit tiefen Wurzeln in Teilen der physikalischen Chemie — nämlich der Lehre von den Phasengleichgewichten, der Reaktionskinetik und der Elektrochemie. In der *angewandten Metallkunde* werden die Erkenntnisse der allgemeinen Metallkunde auf Werkstoffkunde, Umformtechnik, Gießereitechnik, Oberflächenveredlung und andere Verfahren, Metalle zu bearbeiten, angewandt. Von der Metallkunde ist die Metallhüttenkunde zu unterscheiden, in der die Chemie und Technologie der Metallgewinnung behandelt werden.

Seit die allgemeine Metallkunde als festumrissenes Forschungsgebiet vor allem von GUSTAV TAMMANN (1903—1937 in Göttingen) eingeführt wurde, hat sie sich zu einem umfangreichen Zweig naturwissenschaftlicher Forschung entwickelt. Dieses kleine Buch kann deshalb nicht einen vollständigen Überblick über alle bisher in Metallen und Legierungen gefundenen Erscheinungen geben — es ist kein Lehrbuch der Metallkunde. Vielmehr soll es als erste Einführung sowohl in die allgemeine als auch in die angewandte Metallkunde dienen.

Für den Leserkreis haben wir an alle diejenigen gedacht, die wissen möchten, womit sich die Metallkunde beschäftigt, an Metallkundler im Betrieb, deren Hochschulausbildung längere Zeit zurückliegt, an Festkörperphysiker, die sich in der rauhen Luft industrieller Laboratorien mit den komplexen Erscheinungen in metallischen Werkstoffen beschäftigen müssen, an Werkstoffingenieure, die etwas über physikalische Ursachen der Eigenschaften von Werkstoffen erfahren möchten, und an Studenten der Natur- und Ingenieurwissenschaften, die sich überlegen, ob sie einen Teil ihres Studiums der Metallkunde widmen sollen.

Das Verständnis des Buches wird durch naturwissenschaftliche Kenntnisse, die etwa den Erfordernissen eines Vordiploms entsprechen, erleichtert. Die einzelnen Abschnitte sind möglichst so verfaßt worden, daß sie getrennt gelesen werden können. Begriffe, die in vorangehenden Kapiteln erläutert wurden, werden allerdings vorausgesetzt. Jedem Kapitel folgt eine Liste von Büchern, die das darin behandelte Teilgebiet ausführlicher darstellen.

Die Auswahl und Anordnung des Stoffes in dieser kurzen Form war nicht leicht. Sicher wird man meinen, daß das eine oder andere Teilgebiet zu knapp behandelt ist. Wir hoffen, daß in absehbarer Zeit wieder ausführlichere Lehrbücher der Metallkunde in deutscher Sprache erscheinen werden. Die Autoren sind für Kritik im Hinblick auf die Auswahl und Darstellung des Stoffes dankbar.
Herr Prof. W. KÖSTER hat uns ermutigt, mit der Arbeit an diesem Büchlein zu beginnen. Wir danken ihm sehr dafür. Außerdem danken wir Herrn Dr. Th. RICKER, der sich bereitgefunden hat, das Kapitel 8 über Elektronentheorie zu schreiben, Herrn Prof. P. HAASEN für die Durchsicht des Manuskriptes und viele wertvolle Ratschläge und allen Mitarbeitern am Max-Planck-Institut für Metallforschung, die Gefügebilder beigesteuert oder uns durch Ratschläge und kritische Durchsichten des Manuskripts geholfen haben. Einzelne Fachkollegen und Firmen haben uns in dankenswerter Weise Gefügebilder überlassen: Dr. F. BENESOVSKY (Metallwerk Plansee), R. C. GLENN (U. S. Steel), Dipl. Ing. H. P. JUNG (Glyko Werke), Dr. J. MOTZ (Gießereiinstitut), Dr. G. PETZOW (Max Planck Institut), Dr. A. RAHMEL (Dechema), Dr. B. RALPH (Cambridge University), Dr. H. WEISZ (Siemens) und International Nickel. Schließlich möchten wir auch unseren Mitarbeiterinnen im Laboratorium für ihre fleißige Hilfe und Geduld bei der Herstellung des Manuskripts und der Gefügebilder danken.

Herbst 1966

ERHARD HORNBOGEN HANS WARLIMONT

Metallkunde

Eine kurze Einführung in den Aufbau
und die Eigenschaften von Metallen und Legierungen

Von

Erhard Hornbogen Hans Warlimont

Mit einem Beitrag von Th. Ricker

Mit 229 Abbildungen

Springer-Verlag Berlin Heidelberg GmbH
1967

E. Hornbogen
Dr.-Ing., Abteilungsleiter und Professor am Institut für Metallphysik
der Universität Göttingen

H. Warlimont
Dr. rer. nat., Max-Planck-Institut für Metallforschung, Stuttgart

Th. Ricker
Dr. rer. nat. Telefunken AG., Forschungsinstitut, Ulm

Additional material to this book can be downloaded from http://extras.springer.com

ISBN 978-3-662-26942-8   ISBN 978-3-662-28414-8 (eBook)
DOI 10.1007/978-3-662-28414-8

Alle Rechte, insbesondere das der Übersetzung in fremde Sprachen, vorbehalten
Ohne ausdrückliche Genehmigung des Verlages ist es auch nicht gestattet,
dieses Buch oder Teile daraus auf photomechanischem Wege
(Photokopie, Mikrokopie) oder auf andere Art zu vervielfältigen
© by Springer-Verlag Berlin Heidelberg 1967
Ursprünglich erschienen bei Springer-Verlag Berlin Heidelberg 1967

Library of Congress Catalog Card Number: 66-29245

Titelnummer 1384

Die Wiedergabe von Gebrauchsnamen, Handelsnamen, Warenbezeichnungen usw. in diesem Buche berechtigt auch ohne besondere Kennzeichnung nicht zu der Annahme, daß solche Namen im Sinne der Warenzeichen- und Markenschutz-Gesetzgebung als frei zu betrachten wären und daher von jedermann benutzt werden dürften

Inhaltsverzeichnis

1. **Allgemeiner Überblick** 1
   - Natur der Metalle 1
   - Geschichte der Metalle 3
   - Metalle als Werkstoffe 5
   - Aufgaben der Metallkunde 6

2. **Übergang in den festen Zustand** 7
   - Aggregatzustände 7
   - Übergang gasförmig zu kristallin 8
   - Übergang flüssig zu kristallin 9
   - Keimbildung 10
   - Heterogene Keimbildung 12
   - Stabile und instabile Grenzflächen 13
   - Erstarrung in einer Form 15
   - Einkristalle 15

3. **Kristallstrukturen** 16
   - Bindung und Koordination 16
   - Punkte, Ebenen und Richtungen 19
   - Stereographische Projektion 22
   - Intermetallische Phasen 23
   - Anisotropie 26

4. **Gitterbaufehler** 26
   - Überblick 26
   - Leerstellen 27
   - Versetzungen 30
   - Stapelfehler 33
   - Korngrenzen 35

5. **Elastische und plastische Verformung** 36
   - Elastische Verformung 36
   - Streckgrenze 38
   - Verfestigung 42
   - Zwillingsbildung 44
   - Verformungstextur 45

6. **Konstitution von Legierungen** 47
   - Grundlagen der heterogenen Gleichgewichte 47
   - Mischkristalle, geordnete Atomverteilung, intermetallische Phasen .. 49
   - Zweistoffsysteme 50
   - Mehrstoffsysteme 58

7. **Eigenschaften von Legierungen** 59
   - Strukturabhängigkeit, Gefügeabhängigkeit, Mischungsregel 59
   - Mechanische Eigenschaften 60
   - Elektrische und thermische Leitfähigkeit 63
   - Dichte und Wärmeausdehnung 64

Inhaltsverzeichnis

8. Elektronentheorie der Metalle 66
    Modell freier Elektronen 66
    Bändermodell 69
    Anwendungen 72
    Ferromagnetismus und Supraleitung 73
9. Thermisch aktivierte Vorgänge 76
    Definition 76
    Aktivierungsenergie 77
    Diffusion 78
    Erholung 80
    Rekristallisation und Kornvergrößerung 81
    Kriechen 83
10. Umwandlungen im festen Zustand 85
    Umwandlungsarten, thermodynamische Grundlagen .. 85
    Keimbildung im festen Zustand 86
    Wachstumsvorgänge 87
    Ausscheidung 88
    Umwandlungen in Ordnungsphasen 90
    Diskontinuierliche Umwandlungen 92
    Martensitumwandlungen 94
11. Untersuchungsverfahren 97
    Makroskopische und mikroskopische Eigenschaften 97
    Beugung von Röntgenstrahlen 98
    Elektronenbeugung 100
    Neutronenbeugung 101
    Lichtmikroskopie 101
    Elektronenmikroskopie 102
    Physikalische Eigenschaften 104
    Dämpfung 106
    Mikrosonde 106
    Radioaktive Isotope 107
    Mössbauereffekt 107
    Feldionenmikroskopie 108
12. Erstarrung von Legierungen und Gußlegierungen .. 110
    Eigenschaften von Metallschmelzen 110
    Bildung von Mischkristallen 111
    Eutektische Erstarrung 114
    Seigerung 115
    Gußlegierungen 116
    Gießtechnik 119
13. Technische Formgebung und Werkstoffprüfung 121
    Einfluß von Gefüge, Temperatur und Verformungsgeschwindigkeit . 121
    Mechanik der Formgebung 123
    Formgebungsverfahren 124
    Werkstoffprüfverfahren 128
14. Umwandlungshärtung und Stähle 131
    Umwandlungen eutektoider Stähle 132
    Festigkeit einzelner Umwandlungsprodukte 133
    Anlassen 136
    Voreutektoider Ferrit und Zementit 137
    Legierte Stähle 137
    Thermomechanische Behandlung 140

Inhaltsverzeichnis VII

15. Aushärtung von Legierungen 142
    Eigenschaftsänderung durch Teilchen 142
    Wechselwirkung von Versetzungen mit Teilchen 144
    Ausscheidungsgefüge und mechanische Eigenschaften 147
    Aushärtbare Aluminiumlegierungen 149
    Aushärtbare Nickellegierungen 150
    Eisenlegierungen, das Altern von Stahl 151
    Dispersionshärtung 153

16. Chemische und thermische Beständigkeit, Oberflächenbehandlung 154
    Korrosion 154
    Rostfreie Stähle, Korrosionsschutz 158
    Verzunderung 160
    Oberflächenbehandlung 162

17. Legierungs- und Werkstoffherstellung im festen Zustand, Pulvermetallurgie 163
    Umgehung des flüssigen Zustandes 163
    Pulvermetallurgische Verfahren 163
    Anwendung der Pulvermetallurgie 166

18. Ferromagnetische Legierungen 169
    Ferromagnetische Kristallarten 169
    Ferromagnetische Bezirke und Magnetisierungskurve 172
    Magnetisch weiche Werkstoffe 174
    Magnetisch harte Werkstoffe 176
    Anomalie von Eigenschaften durch Ferromagnetismus 178

19. Metalle und Strahlung 179
    Strahlenschäden 179
    Reaktorwerkstoffe 182
    Metallkunde des Urans 183

20. Neue metallische Werkstoffe und Bearbeitungsverfahren 185
    Höchste Festigkeit und Hitzebeständigkeit 185
    Werkstoffe in der Elektrotechnik 189
    Stoßwellenbehandlung von Metallen 191

Sachverzeichnis 193

Verzeichnis
der im Text erwähnten Metalle und Legierungen

Ag ... 4, 17, 64, 111
  Ag—Al ... 61, 63
  Ag—Cu ... 51
  Ag—Mn ... 61
  Ag—Sb ... 61
  Ag—Zn ... 61, 63
Al ... 4, 17, 33, 62
  Al—Cu ... 119, 148, 149f.
  Al—Mg ... 119
  Al—$MgSi_2$ ... 148, 150
  Al—Mg_2Zn ... 148, 150
  Al—Si ... 118
Au ... 4, 17, 33, 111
  AuCu ... 90
  Au—Cd ... 94
  Au—Ni ... 51
  Au—Si ... 53
Be ... 167
Bi ...
  Bi—Cd—Pb—Sn ... 119
Ca ... 17
  Ca—Mg ... 61
Co ... 17, 170
Cr ... 17
Cu ... 4, 17, 33, 46, 62, 64
  Cu—Al ... 94
  CuCdSb ... 24
  CuGa ... 25
  Cu—Ga—Zn ... 94
  Cu_2MnAl ... 170 f.
  Cu_2Se ... 24
  Cu—Sn ... 94
  Cu—Zn ... 46, 56
  CuZn ... 25, 61
  Cu_5Zn_8 ... 25
  $CuZn_3$ ... 25
Fe ... 1, 4, 5, 17, 62, 64, 80, 170
  FeAl ... 90
  Fe_3Al ... 90 f.
  Fe—Al—Si ... 161
  Fe—C ... 57, 62, 80, 94, 117, 132 f., 153
  Fe—Cr ... 138, 158, 161
  Fe—Cr—Al ... 161
  Fe—Cr—Ni ... 64, 159
  Fe—Cu ... 87, 144, 148
  Fe—N ... 80, 153

Fe—Ni ... 94
FeS ... 24
FeSb ... 24
Fe—Si ... 171
FeSn ... 24
Fe_5Zn_{21} ... 25
Hf ... 17, 182
In ...
  In—Tl ... 94
Ir ... 17
Mg ... 4
  $MgCu_2$ ... 25
  $MgNi_2$ ... 25
  MgSe ... 24
  Mg—Sn ... 54
  $MgZn_2$ ... 25
Mo ... 17, 186
Nb ... 17, 62, 186
  Nb—N ... 62
Ni ... 17, 75, 170
  Ni—Al ... 148
  Ni_3Al ... 151
  Ni—C ... 65
  Ni—Cr ... 161
  Ni—Cr—Fe ... 161
  Ni_3Fe ... 176
Pd ... 17
Pb ... 17
  Pb—Sb—Sn ... 119
Pt ... 17
  Pt—Fe ... 65
  Pt—Ir ... 65
  Pt—W ... 55
Sn ... 4
Ta ... 17, 186
Ti ... 17, 94
Tl ... 17
U ... 94, 183 f.
V ... 17
W ... 17, 166, 186
  W—Ag ... 186
Zn ... 4
Zr ... 17

1. Allgemeiner Überblick

Natur der Metalle

Als Metall wird im täglichen Leben ein Stoff bezeichnet, der folgende Eigenschaften hat:
Reflexionsfähigkeit für Licht,
hohe elektrische und thermische Leitfähigkeit,
plastische Verformbarkeit und
in einigen Fällen Ferromagnetismus.

Einzelne dieser Eigenschaften können auch in Nicht-Metallen auftreten; deshalb ist auf diese Weise noch nicht befriedigend definiert, was ein Metall ist. Eine eindeutige Beschreibung des metallischen Zustandes wäre: Ein Metall ist ein Stoff, dem eine Fermioberfläche zugeordnet werden kann. Es handelt sich hier allerdings um einen unanschaulichen Begriff aus der Elektronentheorie (Kap. 8). Damit wird gesagt, daß die äußeren Elektronen der Metallatome im Zustand metallischer Bindung besondere Eigenschaften haben, auf denen die oben erwähnten bekannten Erscheinungen beruhen. Sie sind zwischen den Atomen eines Metallkristalls frei beweglich.

Es ist bemerkenswert, daß sich manche Eigenschaften von Metallen durch bestimmte Behandlungen oft um viele Größenordnungen ändern können. Solche Behandlungen sind z. B.: Legieren (Mischen verschiedener Metalle), Glühen (Wärmebehandlung), Verformen (mechanische Behandlung), Bestrahlen mit Neutronen. — Dazu zwei Beispiele:

a) Die Streckgrenze σ_s ist die mechanische Spannung, bei der die plastische Verformung eines Metalls beginnt (Kap. 5). Für reines Eisen findet man $\sigma_s \approx 1$ kpmm^{-2}. Fügt man dem Eisen nur einige Atomprozent Kohlenstoff zu, so kann bei geeigneter Wärmebehandlung (Kap. 14) eine Streckgrenze von über 200 kpmm^{-2} erreicht werden.

b) Die Koerzitivkraft ist die magnetische Feldstärke H_c, die aufgebracht werden muß, um ein bis zur Sättigung magnetisiertes ferromagnetisches Metall wieder zu entmagnetisieren (Kap. 18). Der Wert von H_c kann sich in Legierungen, die immer hauptsächlich aus Eisen und Nickel bestehen, zwischen 0,004 Oersted und 2000 Oersted ändern.

Ähnliche Beispiele könnten für die elektrische Leitfähigkeit (Kap. 7, 8), die plastische Verformbarkeit (Kap. 5, 13, 14, 15) oder die chemische Beständigkeit (Kap. 16) gegeben werden.

1. Allgemeiner Überblick

Es gibt andererseits Eigenschaften der Metalle, die durch die erwähnten Behandlungen nicht über viele Größenordnungen geändert werden können, z. B. die Schmelztemperatur, die Dichte oder die Sättigungsmagnetisierung (Kap. 18). Man bezeichnet die erste Gruppe von Eigenschaften als gefügeabhängig, die zweite als gefügeunabhängig.

Es ist Aufgabe der Metallkunde, die makroskopischen Eigenschaften der Metalle aus dem mikroskopischen Aufbau zu deuten. Bei der Analyse des mikroskopischen Aufbaus sind drei Stufen zu unterscheiden, die hier aufgezählt und in den folgenden Kapiteln ausführlicher behandelt werden.

Abb. 1.1a. Bronzeguß, Mönch aus Nepal

Ein massives Stück Metall (Abb. 1.1a) erscheint als ein homogener Stoff. Schleift man ihn an, poliert die Oberfläche und behandelt sie mit einem geeigneten Ätzverfahren, so findet man im Mikroskop eine Anordnung einzelner Kristalle. Die Kristalle im Verband des massiven Metalls werden Kristallite oder Körner genannt, die durch Korngrenzen voneinander getrennt sind (Abb. 1.1b). Ihre Anordnung be-

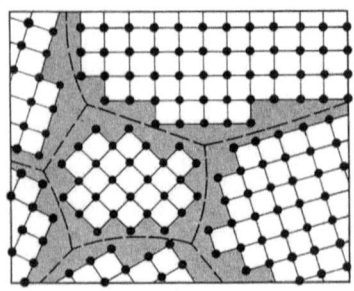

Abb. 1.1b. Schematische ebene Darstellung von Kristalliten und deren Grenzen, die das Gefüge bilden.

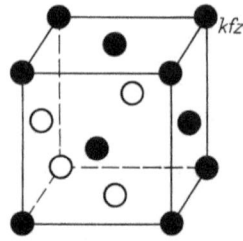

Abb. 1.1c. Räumliche Anordnung der Atome in der Elementarzelle eines kubisch flächenzentrierten Kristallgitters. Diese Anordnung wiederholt sich regelmäßig bis zu den Kristallitgrenzen

zeichnet man als das *Gefüge* des Metalls. Wir können den Begriff des Gefüges hier gleich erweitern:

Das Gefüge eines reinen Metalls besteht aus den Kristalliten mit allen Störungen des regelmäßigen Kristallaufbaus. Gefügeabhängige

Eigenschaften sind daher Eigenschaften, die von diesen Störungen stark beeinflußt werden. Die Lehre von der Beschreibung der Gefüge ist die Metallographie; ihre wichtigsten Werkzeuge sind Licht- und Elektronenmikroskop (Kap. 11).

Die nächste Stufe betrifft die Gitteranordnung der Atome innerhalb der ungestörten Kristallite. Die Abstände und Symmetrieverhältnisse der Atome im Kristallgitter ergeben die Kristallstruktur (Abb. 1.1c). Sie ist eine wichtige Eigenschaft eines Metalls. Viele weitere Eigenschaften folgen aus dem Vorhandensein einer Kristallstruktur: Zum Beispiel der Ferromagnetismus, der Mössbauereffekt und die Anisotropie von Eigenschaften.

Die meisten Metalle kommen nur in einer bestimmten Kristallstruktur vor, einige in zwei (Fe, Co, Ti) oder mehreren (Mn, U). Das geeignetste Mittel zur Bestimmung von Kristallstrukturen sind die Beugungserscheinungen von Röntgenstrahlen und Elektronen (Kap. 11).

Auf die Beschreibung der Gitterpunkte des Kristalls folgt als nächste feinere Stufe die Analyse des Atomaufbaus selbst. Es handelt sich einerseits um die Atomkerne und andererseits um die Elektronen, die in ihrer Wechselwirkung mit den Atomkernen im Kristallverband betrachtet werden. Das Verhalten der äußeren Elektronen bestimmt wichtige Eigenschaften des metallischen Zustandes. Mit der Annahme, daß ein Teil der Außenelektronen nicht zu einem bestimmten Atomkern gehört, sondern sich im gesamten Kristall als Elektronengas bewegt, können metallische Eigenschaften wie die elektrische Leitfähigkeit, die Undurchsichtigkeit und die dicht gepackten Kristallstrukturen verstanden werden.

Die Untersuchung der Elektronenverteilung im Metallgitter erfordert schwierige physikalische Methoden, z. B. die Anwendung der Streuung von Röntgenstrahlen. Zur Analyse des Atomkerns können die Neutronenbeugung und die rückstoßfreie Kernresonanzabsorption (Mössbauereffekt) dienen. Wegen theoretischer und experimenteller Schwierigkeiten sind die Arbeiten auf dieser Stufe noch am wenigsten weit fortgeschritten. Hier sind jedoch in der Zukunft wichtige Erkenntnisse über das Wesen der Metalle zu erwarten.

Geschichte der Metalle

Die Geschichte der Verwendung der Metalle ist vor allem durch die metallurgischen Schwierigkeiten ihrer Gewinnung bestimmt. Da die Metalle in der Natur meist als chemische Verbindungen, vor allem mit Sauerstoff, vorkommen, nehmen die Schwierigkeiten mit der Stärke der Bindung zu. Wie erwartet, findet man eine zeitliche Reihenfolge der Verwendung der Metalle, die parallel zur Spannungsreihe der Elemente läuft:

1. Allgemeiner Überblick

Tabelle 1.1

	Au[1]	Ag[1]	Cu[2]	Sn[2]
ε_0 [Volt]	+1,5	+0,81	+0,34	−0,14
Beginn der Verwendung [Jahr]	< 4000 v. Chr.	< 4000 v. Chr.	4000 v. Chr.	2000 v. Chr.

	Fe[2]	Zn[2]	Al[3]	Mg[3]
ε_0 [Volt]	−0,44	−0,76	−1,67	−2,34
Beginn der Verwendung [Jahr]	1000 v. Chr.	1500 n. Chr.	1850 n. Chr.	1850 n. Chr.

Anfangs wurden nur Metalle verwendet, die gediegen in der Natur vorkommen (Au, Ag, Cu). Später begann eine lange Zeit der Entwicklung empirischer Verfahren zur Darstellung von Metallen, die in chemischen Verbindungen vorliegen. Erst seit historisch kürzester Zeit wendet man die Kenntnis der anorganischen Chemie auf diese Prozesse an (1700). Noch jüngeren Datums ist die Anwendung physikalischer Denkweise auf das Verständnis der Eigenschaften der Metalle im metallischen Zustand (1900). Fast alle technisch interessanten Eigenschaften in Metallen wurden bisher durch die mühsame empirische Methode gefunden, z. B.:

Verfestigung durch Kaltverformung	4000 v. Chr.
Stahlhärtung	1000 v. Chr.
Aushärtung von Aluminium	1905 n. Chr.
Rostfreier Stahl	1930 n. Chr.

Beim heutigen Stand der Metallkunde sind wir meist in der Lage, diese Eigenschaften zu verstehen. Es ist aber auch jetzt noch schwierig, neue Vorgänge in Metallen und die daraus folgenden Eigenschaften theoretisch vorherzusagen.

Die Metalle haben in der menschlichen Zivilisation seit jeher als Material für Schmuck, Werkzeug, Waffen und Konstruktion eine große Rolle gespielt. Dazu kommen in neuerer Zeit eine große Zahl von Anwendungsmöglichkeiten, bei denen es auf besondere physikalische Eigenschaften — Leitfähigkeit, Magnetismus, Ausdehnungskoeffizient, Thermospannung — ankommt. Die Kenntnis der Herstellung und die Verwendung von Metallen ist aber trotzdem nicht eine conditio sine qua non für die Bildung von Zivilisationen. Das zeigt zum Beispiel die Kultur der Mayaindianer, die ohne die Verwendung von Metallen zu bedeutenden Leistungen in der Architektur, Astronomie und Landwirtschaft kamen.

Unter allen Metallen ist seit etwa 3000 Jahren das Eisen das wichtigste. Für die bevorzugte Stellung, die dieses Metall nicht nur hinsichtlich der praktischen Anwendung, sondern auch für die metallkundliche Forschung einnimmt, gibt es folgende Gründe:
1. die zweimalige Gitterumwandlung bei verschiedener Temperatur;
2. den Ferromagnetismus;
3. das häufige Vorkommen in der Erdkruste (4,2 Gewichtsprozent);
4. die günstige Schmelztemperatur im Hinblick auf technologische Wärmebehandlungen (1540 °C).

Der Grund für die Beliebtheit des Eisens liegt in seiner leichten Verfügbarkeit in großen Mengen und in der Möglichkeit, durch Legieren und Wärmebehandeln eine Fülle von nützlichen Eigenschaften zu erzielen.

Metalle als Werkstoffe

Es gibt drei Gesichtspunkte, unter denen die Eigenschaften von Metallen betrachtet werden können:
Physikalisch: Man beschäftigt sich mit den Eigenschaften und ihren Ursachen, ohne deren Anwendung im Sinn zu haben.

Technisch: Man interessiert sich für die physikalischen Eigenschaften im Hinblick auf ihre nützliche Anwendung. Häufig müssen für technische Zwecke zwei oder mehr physikalische Eigenschaften zu einem Optimum kombiniert werden, z. B. Zugfestigkeit und Gewicht, Leitfähigkeit und Oxydationsbeständigkeit. Man spricht dann von technischen Eigenschaften. Ein Metall mit technisch nutzbaren Eigenschaften ist ein Werkstoff.

Wirtschaftlich: Gute technische Eigenschaften sind oft nicht interessant, wenn der Werkstoff zu teuer oder nicht in genügenden Mengen verfügbar ist. Deshalb wird ein Metall nur dann praktisch verwendet werden, wenn aus seinen physikalischen Eigenschaften technisch nutzbare Eigenschaften folgen und wenn Herstellung und Behandlung des Werkstoffs wirtschaftlich sinnvoll sind.

Das wirtschaftliche Interesse, das manche Metalle finden, kann aus den Produktionszahlen abgelesen werden. Verschiedene metallische Werkstoffe stehen untereinander und außerdem mit nichtmetallischen Werkstoffen in Wettstreit. Abb. 1.2 zeigt die Produktion einiger Metalle und Nicht-Metalle in den USA während dieses Jahrhunderts. Am Anfang des Jahrhunderts hat der Stahl das Bauholz als Konstruktionsmaterial wegen wirtschaftlicher Produktion und besserer mechanischer Eigenschaften überflügelt. Die physikalischen Eigenschaften des Eisens haben die Ersetzbarkeit von Stahl durch Aluminium in späterer Zeit begrenzt, wenn höchste Festigkeit oder hohe Festigkeit bei erhöhter Temperatur verlangt wurden. Aluminium setzt sich dann durch, wenn, als typische technische Eigenschaft, ein günstiges Verhältnis von Festigkeit zu Gewicht verlangt wird. Der Wettstreit zwischen Metall und Kunststoff ist durch

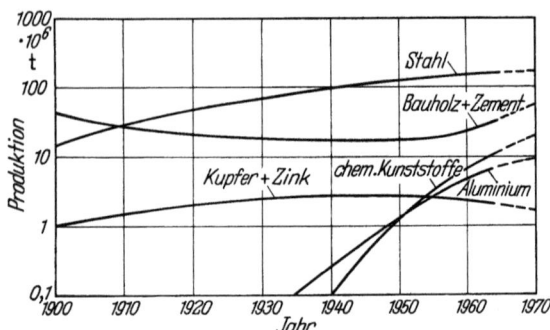

Abb. 1.2. Produktion von einigen metallischen und nichtmetallischen Werkstoffen in den USA im Laufe dieses Jahrhunderts. Kurzzeitige Schwankungen wurden ausgeglichen (nach W. O. ALEXANDER (1965)).

die Wärmeempfindlichkeit (> 200 °C) der heutigen Kunststoffe begrenzt. Der annähernd konstante Verbrauch von Cu und Zn ist darauf zurückzuführen, daß frühere Anwendungen durch neue Verwendungszwecke auf Grund besonderer Eigenschaften (hohe Leitfähigkeit von Kupfer; niedriger Schmelzpunkt von Zink: Spritzguß) ersetzt wurden.

Aufgaben der Metallkunde

Wir müssen unter den verschiedenen Möglichkeiten, sich mit Metallen zu beschäftigen, die Aufgaben des Fachs Metallkunde abgrenzen. Die Metallkunde liegt zwischen Festkörperphysik und Werkstoffkunde. Die Festkörperphysik bemüht sich, grundsätzliche Erkenntnisse über Aufbau und Eigenschaften der Metalle aus Messungen unter einfachen Verhältnissen — an reinsten Metallen und Einkristallen — zu erhalten. In der Werkstoffkunde beschäftigt man sich mit den Metallen nur im Hinblick auf ihre wirtschaftliche und technische Anwendung. Die Metallkunde liegt verbindend zwischen beiden Gebieten.

Sie steht in Wechselwirkung mit der Festkörperphysik, indem sie, von deren Ergebnissen ausgehend, auch komplexere Fälle — Legierungen, Vielkristalle, kombinierte Eigenschaften — untersucht. Daraus ergibt sich die Möglichkeit, eine größere Anzahl von Faktoren zu variieren und dadurch dem Verständnis von technischen Eigenschaften näherzukommen. Andererseits geben metallkundliche Untersuchungen manchmal Hinweise auf grundsätzliche Erscheinungen, die bei dem derzeitigen Stand der Theorie noch nicht vorhersagbar sind. Ein großer Teil der bisherigen metallphysikalischen Forschung bestand in der Deutung solcher Erscheinungen. Eine Abtrennung der Metalle aus dem Rahmen der Stoffe ist nicht immer zweckmäßig. Das gilt noch mehr für die Unterscheidung von Nichteisenmetallen und Eisen, die nur traditionsbedingt ist. Es wird deshalb versucht, das Gebiet zwischen Festkörperphysik und Werkstoffkunde als Wissenschaft von den Stoffen (materials science) zusammenzuschließen. Die Metallkunde ist darin ein wichtiges Teilgebiet. Der Stellung der Metallkunde zwischen Metallphysik und Werkstoffkunde versuchen wir in diesem Buch dadurch gerecht zu werden, daß in den ersten zehn Kapiteln Probleme der allgemeinen Metallkunde — Aufbau und Eigenschaften der Metalle und Legierungen ohne Hinblick auf Anwendung — behandelt werden. In den letzten Abschnitten, der angewandten Metallkunde, soll dagegen, ausgehend von den Ergebnissen der allgemeinen Metallkunde, ein kurzer Einblick in technisch wichtige Legierungsgruppen sowie Wärmebehandlungs- und Verarbeitungsverfahren gegeben werden.

Literatur zu Kapitel 1

SMITH, C. S., editor: The Sorby Centennial Symposium on History of Metallurgy. New York: Gordon and Breach 1965 (Symposium über die Geschichte der Metallkunde).
HUME-ROTHERY, W.: Electrons, Atoms, Metals and Alloys. London: Metals Industry 1960 (Einführung, besonders in die Elektronentheorie, in Dialogform).
CHALMERS, B.: Physical Metallurgy. New York: Wiley 1959 (Einführendes Lehrbuch der Metallkunde).
COTTRELL, A. H.: Theoretical Structural Metallurgy. London: Arnold 1962 (Einführendes Lehrbuch der theoretischen Metallkunde).
DEHLINGER, U.: Theoretische Metallkunde. Berlin/Göttingen/Heidelberg: Springer 1955 (Lehrbuch für Fortgeschrittene).
CAHN, R. W., Herausgeber: Physical Metallurgy. Amsterdam: North-Holland Publ. Co 1965 (Gründliches, international zusammengestelltes Lehrbuch der Metallkunde, dessen Kapitel von Fachleuten auf den behandelten Gebieten geschrieben sind).

2. Übergang in den festen Zustand

Aggregatzustände

Metalle können wie alle Materie in vier Zuständen auftreten, als Plasma, Gas, Flüssigkeit und Festkörper. Im Plasma können sich sowohl die Atomkerne als auch die Elektronen unabhängig voneinander bewegen. Im idealen Festkörper sind sie dagegen in ganz bestimmter Weise angeordnet. Der höchste Zuordnungsgrad ist bei

2. Übergang in den festen Zustand

0 °K zu erwarten. Das Maß der Abweichung von der maximalen Zuordnung im Festkörper ist die Entropie S.

Die Übergänge zu einem anderen Aggregatzustand zeichnen sich durch eine sprunghafte Änderung des Ordnungsgrades und damit der Entropie aus:

$$\Delta S_{kf} = \frac{\Delta H_{kf}}{T_{kf}} ; \quad \Delta S_{fg} = \frac{\Delta H_{fg}}{T_{fg}} ; \quad \Delta S_{kg} = \frac{\Delta H_{kg}}{T_{kg}} \qquad (2.1)$$

dabei ist ΔS_{kf} die Schmelzentropie, ΔS_{fg} die Verdampfungsentropie, ΔS_{kg} die Sublimationsentropie, ΔH_{ij} und T_{ij} sind die Umwandlungswärmen und -Temperaturen[1].

Schmelzwärme und Sublimationswärme können mit den Energien in Beziehung gebracht werden, mit denen die Atome im Kristallgitter gebunden sind. Es ist danach zu erwarten, daß um so höhere thermische Energie zum Übergang fest-flüssig oder fest-gasförmig aufgebracht werden muß, je fester die Atome im Kristallgitter gebunden sind. Falls die Schmelzwärme ΔH_{kf} und Schmelztemperatur T_{kf} verhältnisgleich sind, müßte ihr Quotient $\Delta H_{kf}/T_{kf} = \Delta S_{kf}$, die Schmelzentropie, eine Konstante sein. Experimente zeigen, daß das für viele Metalle annähernd zutrifft.

$$\Delta S_{kf} \approx 2 \text{ cal}/°K; \quad \Delta S_{fg} \approx 21 \text{ cal}/°K .$$

In der Metallkunde interessiert man sich vor allem für den festen Zustand der Metalle und in geringerem Umfang für den flüssigen. Um das Gefüge im festen Zustand zu verstehen, ist es häufig notwendig zu wissen, wie dieser Zustand aus dem gasförmigen oder flüssigen Zustand entstanden ist. Deshalb werden diese Übergänge als erste behandelt.

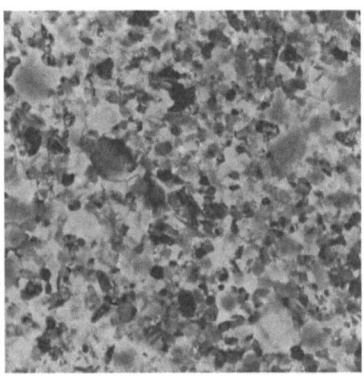

Abb. 2.1. Feinkörniges Gefüge einer aufgedampften Eisen-33,3 Gew.-%-Nickel-Legierung, Korndurchmesser 10^{-5} cm, Elektronenmikroskopisch, Durchstrahlung, 30 000 ×

Übergang gasförmig zu kristallin

Man erhält den festen Zustand ohne Durchlaufen des flüssigen Zustandes, wenn Atome eines Metalldampfes in Berührung mit der Oberfläche eines schon vorhandenen Festkörpers mit einer Temperatur unterhalb

---

[1] Für die Bezeichnung der Aggregatzustände werden folgende Indexzeichen verwendet:
k — kristallin, f — flüssig, g — gasförmig. Falls zwischen zwei Kristallarten unterschieden werden soll, geschieht dies durch griechische Buchstaben, z. B.:
$T_{\alpha\beta}$ = Umwandlungstemperatur von Kristallart α zu β.

T_{kf} kommen. Beim Übergang zum festen Zustand werden einzelne Atome an den energetisch günstigsten Stellen der Oberfläche des festen Körpers eingebaut. Die Wachstumsgeschwindigkeit hängt vom Druck des Gases und von der Unterkühlung $\Delta T = T_g - T_{\text{Unterlage}}$ ab. Das Aufdampfungsverfahren wird häufig zur Herstellung dünner Metallfolien angewendet. Man erhält je nach den Aufdampfungsbedingungen kleinere oder größere, gestörte oder ungestörte Kristalle, Abb. 2.1.

Übergang flüssig zu kristallin

Bei der Schmelztemperatur T_{kf} können flüssiges und festes Metall gleichzeitig nebeneinander existieren. Man bezeichnet Stoffe in verschiedenen Zuständen, die in sich homogen und durch eine Grenzfläche voneinander getrennt sind, als Phasen. Flüssige und feste Phasen sind bei T_{kf} miteinander im Gleichgewicht. Es ist zweckmäßig, die Bedingungen, unter denen diese Gleichgewichte der Phasen auftreten, thermodynamisch mit Hilfe der freien Energie G zu formulieren. Die freie Energie eines Stoffes ist die Summe der freien Energien aller Phasen. Sie ist definiert als $G = H - TS$ (Gibbssche), $F = U - TS$ (Helmholtzsche) freie Energie, wobei $H = U + PV$ ist und F für konstanten Druck gilt. U ist die innere Energie, P der Druck, V das Volumen, T die Temperatur in °K. Für ein reines Metall ist die Bedingung für Gleichgewicht zwischen flüssigem und festem Zustand

$$G_k = G_f$$
$$H_k - T_{kf} S_k = H_f - T_{kf} S_f \tag{2.2}$$

Diese Bedingung ist erfüllt am Punkt T_{kf}, in dem sich die Kurven der freien Energien schneiden, Abb. 2.2. Unterhalb und oberhalb dieser Temperatur ist jeweils die Phase mit der niedrigeren freien Energie stabil (in vielen Fällen kann für diese Betrachtungen der Druck als konstant angenommen und mit F gerechnet werden).

Aus Gl. (2.2) folgt, daß bei der Gleichgewichtstemperatur $H_f - H_k = T(S_f - S_k)$. $H_f - H_k = \Delta H_{kf}$ ist die Schmelzwärme, $S_f - S_k = \Delta S_{kf}$ ist die Schmelzentropie. Aus Abb. 2.2 geht hervor, daß mit zunehmendem Temperaturunterschied ΔT von der Gleichgewichtstemperatur T_{kf} ein zunehmender Unterschied der freien Energien ΔG zu erwarten ist, der folgendermaßen berechnet werden kann:

$$\Delta G_{kf} = \Delta H_{kf} - T \Delta S_{kf},$$

unter der Voraussetzung, daß ΔH_{kf} und ΔS_{kf} nicht von der Temperatur abhängen:

$$\Delta G_{kf} = \Delta H_{kf} - T \frac{\Delta H_{kf}}{T_{kf}}, \quad \text{(vgl. Gl. 2.1)}$$

$$\Delta G_{kf} = \Delta H_{kf} \left(\frac{T_{kf} - T}{T_{kf}} \right). \tag{2.3}$$

1 Hornbogen/Warlimont, Metallkunde

2. Übergang in den festen Zustand

$T_{kf} - T = \Delta T$ ist die Abweichung von der Gleichgewichtstemperatur und das Maß für die Unterkühlung des flüssigen Zustandes oder der Überhitzung des festen Zustandes. Entsprechend

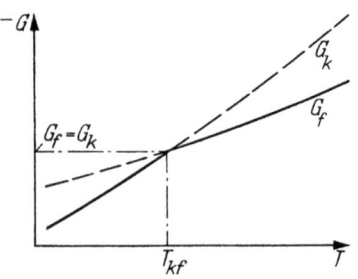

Abb. 2.2. Schematische Darstellung der Temperaturabhängigkeit der freien Energie des flüssigen, G_f, und des kristallinen Zustandes G_k, Schmelztemperatur T_{kf}.

der Gleichgewichtslehre müßte bei $T_f = T_{kf} + dT$ der flüssige, bei $T_k = T_{kf} - dT$ der feste Zustand vorliegen, Abb. 2.2.

Keimbildung

Man findet in Wirklichkeit, daß flüssiges Metall nicht direkt unterhalb T_{kf}, sondern erst mit einer bestimmten Unterkühlung $T_{kf} - T = \Delta T$ erstarrt. Um diesen Vorgang zu erklären, müssen die thermodynamischen Gleichgewichtsbetrachtungen (Gl. (2.2)) ergänzt werden. In Abb. 2.3 sei ein flüssiges Metall angenommen, das auf T_2 unterhalb T_{kf} abgekühlt wird. ΔG_{kf} wird beim Durchlaufen von T_{kf} null und ändert sein Vorzeichen, d. h. der feste Zustand wird stabil. (Im folgenden werden spezifische Energiegrößen, wie üblich, mit kleinen Buchstaben bezeichnet: Δg_{kf} = Energie der Phasenumwandlung pro Mol oder pro Atom, σ_{kf} = Grenzflächenenergie pro Flächeneinheit). Es ist nun wichtig zu wissen, in welcher Weise der feste Zustand entsteht. Es wird angenommen, daß kleine kugelförmige kristalline Teilchen mit dem Radius r entstehen, deren Größe zunimmt, bis sich ihre Grenzflächen mit denen anderer Kristalle berühren und Korngrenzen bilden. Dabei wird eine Grenzfläche zwischen fester und flüssiger Phase gebildet, die eine spezifische Energie σ_{kf} besitzt. Diese Grenzflächenenergie muß beim Übergang in den festen Zustand aufgebracht werden. Sie ist der Grund für die Unterkühlbarkeit von Metallschmelzen und muß bei der Bilanz der freien Energien beim Übergang zum festen Zustand berücksichtigt werden:

$$\Delta G = -4/3\,\pi r^3 \Delta g_{kf} + 4\pi r^2 \sigma_{kf} \quad (2.4)$$

ΔG ist die Summe aus der Umwandlungsenergie, die bei Unterkühlung unterhalb T_{kf} gewonnen wird, und der Grenzflächenenergie, die aufgebracht werden muß. Die erste ist dem Volumen der Kugel proportional, die zweite der Oberfläche. Man kann Gl. (2.4) auch in allgemeiner Form schreiben:

$$\Delta G = -a \Delta g_{kf} i + b \sigma_{kf} i^{2/3}, \qquad (2.4a)$$

wobei i die Anzahl der Atome im Kristall ist und a und b durch dessen Form (die nicht immer eine Kugel zu sein braucht) bestimmt sind.

In dieser Energiebilanz sind zwei Annahmen enthalten:
1. Daß die Energie der festen Phase innerhalb des kleinen Bereichs vom Radius r wie die der makroskopischen festen Phase berechnet werden kann.
2. Daß eine scharfe Grenzfläche zwischen fester und flüssiger Phase besteht, der eine Oberflächenenergie σ_{kf} zugeordnet werden kann, die unabhängig von der Temperatur ist. Dann ist bei der

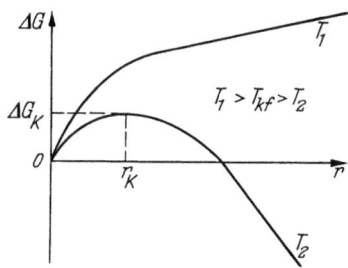

Abb. 2.3. Die Energie von Schwankungen ΔG abhängig von deren Größe bei $T_1 > T_{kf}$ und $T_2 < T_{kf}$. r_K ist die kritische Keimgröße, ΔG_K die Aktivierungsenergie der Keimbildung

Temperatur $T_2 < T_{kf}$ (d. h. der feste Zustand ist stabil) ΔG eine Funktion von r, die den in Abb. 2.3 gezeigten Verlauf hat. Der Höchstwert der Kurve, ΔG_K, gibt die Aktivierungsenergie der Keimbildung an. Mit zunehmender Unterkühlung ändert sich Δg_{kf} aus Gl. (2.4), entsprechend Gl. (2.3). ΔG_K nimmt dabei ab.

Wenn die Atome im flüssigen Metall völlig regellos verteilt wären, könnte sich der feste Zustand überhaupt nicht bilden, da ΔG bei kleinen Werten von r immer ansteigt. Es muß daher angenommen werden, daß durch statistische Schwankungen der Anordnung der Atome in der Flüssigkeit gelegentlich die Struktur des festen Zustandes in kleinen Bereichen angenähert auftritt. Erreicht ein solcher Bereich die Größe r_K (Abb. 2.3 und 2.4), so kann er von da an unter Abnahme der freien Energie weiterwachsen. Ein Schwankungsbereich der Größe r_K wird Keim genannt. Die kritische Keimgröße folgt aus der Bedingung $d\Delta G/dr = 0$ zu:

$$r_K = \frac{2\sigma_{kf}}{\Delta g_{kf}}. \qquad (2.5)$$

Falls σ_{kf} unabhängig von der Temperatur ist, wird $r_K = \infty$ bei T_{kf} und nimmt mit zunehmender Unterkühlung ab. Das bedeutet, daß bei größerer Unterkühlung ΔT schon kleinere Schwankungsbereiche stabile Keime werden. Durch Anwendung der Boltzmannstatistik ergibt sich die Wahrscheinlichkeit der Keimbildung durch Einsetzen der Aktivierungsenergie (Kap. 9) der Keimbildung ΔG_K:

$$n_K \sim N \exp - \frac{\Delta G_K}{kT}, \qquad (2.6)$$

dabei ist n_K die Anzahl der Keime, N die Gesamtanzahl der Atome, und k die Boltzmannkonstante. Aus der Betrachtung der Keimbildung können wir einige Folgerungen für das beim Erstarren entstehende Gefüge von reinen Metallen ziehen:

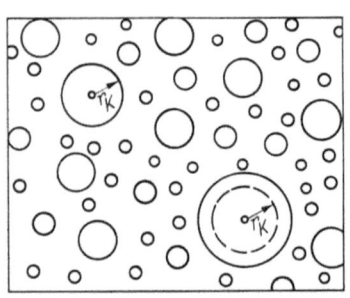

Abb. 2.4. Schematische Darstellung der statistischen Verteilung von Schwankungen in der Flüssigkeit

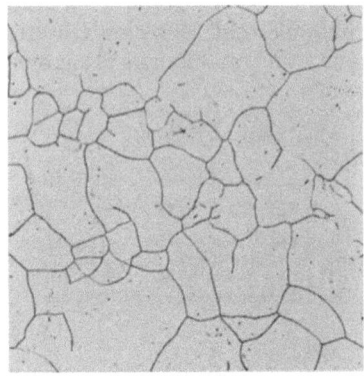

Abb. 2.5. Gefüge von reinem Nickel; der Korndurchmesser schwankt zwischen $3 \cdot 10^{-3}$ cm und $30 \cdot 10^{-3}$ cm, Lichtmikroskopisch, $100 \times$, vgl. die schematische Darstellung Abb. 1.1b

1. Mit zunehmender Unterkühlung ist eine erhöhte Keimzahl, d.h. ein feinkörniges Gefüge zu erwarten (Abb. 2.1 und 2.5). Sehr wenige Keime und folglich grobkörnige Gefüge treten beim Halten der Schmelze dicht unterhalb T_{kf} auf.

2. Die Keimzahl hängt außerdem von σ_{kf} ab. Die Werte für σ_{kf} für verschiedene Metalle schwanken jedoch nicht sehr stark; sie liegen bei 1000 erg cm^{-2}.

Heterogene Keimbildung

In Gl. (2.4) war vorausgesetzt worden, daß die zur Keimbildung notwendige Oberflächenenergie durch die Umwandlungsenergie Δg_{kf} aufgebracht werden muß. Es ist jedoch möglich, daß schon Oberflächen vorhanden sind, und zwar in der Form von Fremdsubstanzen, die mit der Flüssigkeit in Berührung stehen. Es kann sich dabei um die Gefäßwand oder um die in der Flüssigkeit fein verteilten Kristalle eines anderen Stoffes (k') handeln, Abb. 2.6. Die Wirkung derartiger Grenzflächen ist so, daß sie den Wert von σ_{kf}

(Gl. 2.4a) erniedrigen, indem sie ihre Oberflächenenergie zur Keimbildung beisteuern. Gl. (2.4a) lautet dann:

$$\Delta G = -a \Delta g_{kf} i + (b \sigma_{kf} - c \sigma_{kk'}) i^{2/3}. \quad (2.7)$$

ΔG_K und r_K werden kleiner als bei gleicher Unterkühlung im Fall homogener Keimbildung (Keimbildung ohne Fremdkörper in Berührung mit der Schmelze). Bei heterogener Keimbildung ist die Verteilung der Keime nicht mehr durch die statistischen Schwankungen, sondern durch die Verteilung der wirksamen Oberflächen bestimmt, die mit thermodynamischen Gleichgewichtsbetrachtungen nicht zu erfassen sind. Durch absichtliches Hinzufügen von Keimkristallen kann die Keimzahl und damit die Korngröße beliebig geändert werden. Man spricht dann vom Impfen unterkühlter Schmelzen.

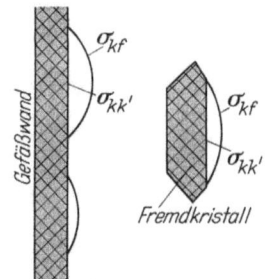

Abb. 2.6. Heterogene Keimbildung.
σ_{kf} – spez. Grenzflächenenergie Kristall – Flüssigkeit,
$\sigma_{kk'}$ – spez. Grenzflächenenergie Kristall – Fremdkristall

Stabile und instabile Grenzflächen

Hält man in einem Gefäß eine auf die Temperatur $T < T_{kf}$ unterkühlte Schmelze, so ist die Geschwindigkeit (Gesamtvolumen der pro Zeiteinheit gebildeten Kristalle) des Übergangs flüssig zu kristallin proportional der Anzahl der Keime und deren Wachstumsgeschwindigkeit. Die beobachtete Geschwindigkeit der Front zwischen flüssi-

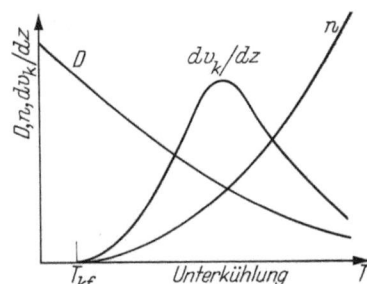

Abb. 2.7. Die Geschwindigkeit der Erstarrung dv_k/dz (v_k – kristallisierter Volumenanteil, z Zeit) hängt ab vom Diffusionskoeffizienten D, der mit sinkender Temperatur abnimmt, und von der Zahl der Keime n, die unterhalb T_{kf} zunimmt

gem und festem Zustand folgt aus der Differenz zwischen der Zahl der Atome, die die Oberfläche verlassen, und der, die dort eingebaut werden. Sie hängt von dem Energieunterschied Δg_{kf} ab, der mit zunehmender Unterkühlung zunimmt, und von der Beweglichkeit der Atome (Diffusion), die abnimmt (Abb. 2.7). Es ergibt sich für eine bestimmte Temperatur $T < T_{kf}$ ein Maximum der Geschwindigkeit des Wachstums.

Außerdem muß berücksichtigt werden, daß in der Grenzfläche die Schmelzwärme ΔH_{kf} frei wird und dadurch die Temperatur T in Richtung auf T_{kf} erhöht wird. Die Erstarrung kann nicht fortschreiten, falls diese Wärme nicht abgeführt wird. Die Wärmeableitung ist sowohl durch die feste als auch in die flüssige Phase möglich. Die Erstarrungsgeschwindigkeit ist daher durch die Geschwindigkeit der Wärmeabfuhr begrenzt. Dabei gibt es zwei Fälle, Abb. 2.8:

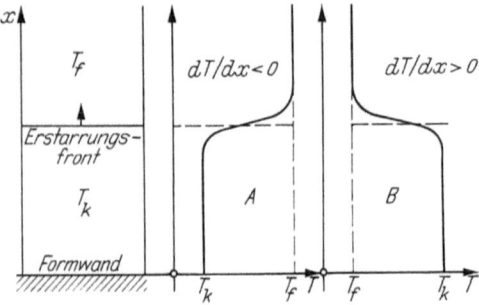

Abb. 2.8. Temperaturverlauf in einer Erstarrungsfront, die in x-Richtung fortschreitet.
A) $T_f > T_k$ – stabile Grenzfläche,
B) $T_f < T_k$ – instabile Grenzfläche

A) Die Wärme wird durch das feste Metall abgeleitet. Der Gradient der Temperatur ist negativ ($T_k < T_f$);
B) Die Wärme wird durch das flüssige Metall abgeleitet. Für diesen Fall ist die Grenzfläche nicht stabil. Jede kleine Unebenheit der Grenzfläche gelangt in ein Gebiet höherer Unterkühlung verglichen zu anderen Teilen der Oberfläche und wächst dadurch be-

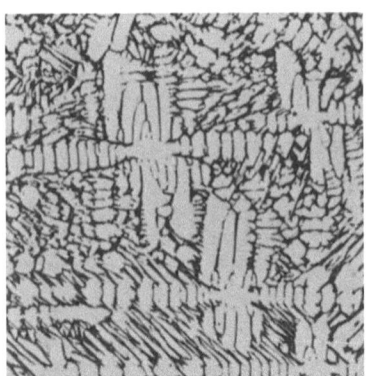

Abb. 2.9. Dentritisches Gefüge von gegossenem Messing (Cu + 37 Gew.-% Zn), Lichtmikroskopisch, 100×. (G. PETZOW)

schleunigt. Die Kristalle der festen Phase wachsen spießförmig in die Schmelze. Diese Spieße können wiederum Äste bilden, da alle Grenzflächen instabil sind. Das aus dieser Erstarrungsfront folgende Gefüge nennt man dentritisch (Abb. 2.9).

Erstarrung in einer Form

Die Voraussetzung, daß im flüssigen Metall beim Erstarren eine gleichmäßige Temperatur herrscht, ist häufig nicht gegeben. Wird flüssiges Metall in eine Form gegossen, so erhält die Schmelze einen Gradienten mit der Temperatur der Wand T_W und der Temperatur der heißesten Stelle der Schmelze T_{max} als Grenzwerten. An der Wand beginnt dann die Erstarrung wegen größter Unterkühlung und der Möglichkeit zur heterogenen Keimbildung. Kristalle wachsen von dort in Richtung des steilsten Gradienten der Temperatur ins Innere (Stengelkristalle), bis die Kristallisationsfronten in der Mitte aufeinandertreffen.

Der Übergang vom flüssigen zum festen Zustand ist immer mit einer Volumenänderung, im allgemeinen mit einer Kontraktion, verbunden. Erstarrt flüssiges Metall in einer Form konstanten Volu-

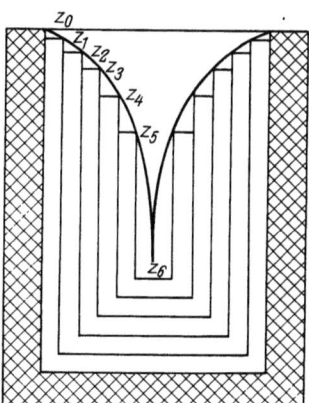

Abb. 2.10. Entstehen eines „theoretischen" Lunkers. Durch Volumenkontraktion senkt sich der Flüssigkeitsspiegel vom Beginn des Erstarrens z_0 auf z_6 am Ende. Die Erstarrung geht mit stabiler Grenzfläche von der Formwand aus

mens, so senkt sich der Flüssigkeitsspiegel mit zunehmendem Anteil fester Phase. Es entsteht eine Vertiefung im oberen Teil des erstarrten Blockes, die Lunker genannt wird. Bei bekannter Volumenänderung $\Delta V_{kf} = V_f - V_k$ und gegebener Abmessung der Form kann die Gestalt des Lunkers bestimmt werden (Abb. 2.10).

Einkristalle

Für viele wissenschaftliche und technische Zwecke werden Metalle benötigt, die nicht aus einer Vielzahl von Kristalliten, sondern aus einem einzigen Kristall bestehen. Durch Anwendung der Erkenntnisse über Keimbildung und Kristallwachstum kann man leicht zu Verfahren der Züchtung von Einkristallen kommen. Man benötigt eine sehr geringe Keimzahl und eine stabile Grenzfläche flüssig –

kristallin. Das führt zu folgenden Bedingungen: Eine Schmelze wird nur wenig unter T_{kf} abgekühlt; dann wird ein Kristall mit Temperatur $T_k < T_{kf}$ als heterogene Keimstelle mit der Oberfläche in Berührung gebracht und mit der Kristallisationsgeschwindigkeit aus der Schmelze herausgezogen. Die Bedingungen sind $n_K = 1$ und $T_k/T_{kf} < 1$, so daß ein einziger Kristall mit einer stabilen Grenzfläche zur Schmelze hin entsteht. Außer durch dieses Verfahren können Einkristalle z. B. auch durch Rekristallisation (Kap. 9) oder Aufdampfen erhalten werden.

Literatur zu Kapitel 2

DARKEN, L. S., und R. W. GURRY: Physical Chemistry of Metals. New York: McGraw Hill 1953 (Anwendung der Physikalischen Chemie auf Metalle).

VOLLMER, M.: Kinetik der Phasenbildung. Dresden: Steinkopf 1939 (Klassische Theorie der Keimbildung).

CHALMERS, B.: Principles of Solidification. New York: Wiley 1964 (Theorie der Erstarrung von Metallen und Legierungen).

MULLIN, J. W.: Crystallization. London: Butterworth 1961 (Theorie der Erstarrung von Metallen und Legierungen).

GILMAN, J. J., editor: The Art and Science of Growing Crystals. New York: Wiley 1963 (Symposium über Herstellung von Kristallen aus Metallen und Nichtmetallen).

3. Kristallstrukturen

Bindung und Koordination

Im vorausgehenden Kapitel wurde besprochen, wie reine Metalle aus dem flüssigen und gasförmigen Zustand in den festen Zustand übergehen. In diesem Abschnitt sollen die Möglichkeiten der Anordnung von Metallatomen in den Kristalliten, aus denen das Gefüge aufgebaut ist, behandelt werden.

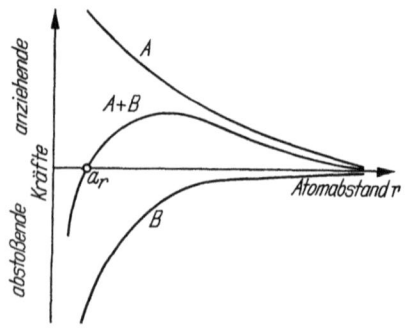

Abb. 3.1. Schematische Darstellung des Verlaufs der Kräfte als Funktion des Abstands r vom Atomkern.
A − anziehende Kraft zwischen Elektronengas und Atomkern,
B − abstoßende Kraft zwischen zwei Kernen,
$A + B$ − resultierende Kraft,
a_r − Atomabstand nächster Nachbarn

Kristalle sind Anordnungen von Atomen, deren Abstände sich periodisch im Raume wiederholen. Die Abstände der einzelnen Atome hängen von den Kräften ab, die zwischen ihnen herrschen.

Bindung und Koordination

Zwischen Metallatomen kommen vorwiegend folgende Kräfte in Betracht: Anziehung zwischen freien Elektronen und Atomkernen (metallische Bindung) und gegenseitige Abstoßung der Elektronen und der Atomkerne. Der Verlauf dieser Kräfte in der Umgebung eines Atoms wird in Abb. 3.1 schematisch gezeigt. Der Abstand, bei dem sich anziehende und abstoßende Kräfte kompensieren, a_r, entspricht etwa dem Abstand der nächst benachbarten Atome in einer Kristallstruktur (Abb. 1.1c). Der halbe Abstand wird auch als *Atomradius* bezeichnet. Er hängt aber nicht allein von der Atomart ab, sondern gilt nur für eine bestimmte Kristallstruktur und spezifische Bindung und ist daher nur annähernd für verschiedene Atome vergleichbar, wenn er auf eine bestimmte Kristallstruktur bezogen wird.

Die nächste Frage ist, wie die im Abstand a_r befindlichen Atome im Raum verteilt sein können. Dafür gilt beim Vorherrschen kovalenter Bindung die Regel:

$$n = 8 - N. \quad (3.1)$$

N ist die Wertigkeit des Elements. n ist die Zahl der nächsten Nachbarn eines Atoms im Kristallgitter (Koordinationszahl). Elemente, deren Kristallstruktur die 8-N-Regel erfüllen, sind in Tab. 3.1 zusammengestellt.

Tabelle 3.1

N	n					
4	4	C	Si	Ge	Sn	
3	5			As	Sb	Bi
2	6			Se	Te	
1	7				I	

sammengestellt. Es sind Elemente, die im Periodensystem an der Grenze zwischen Metall und Nicht-Metall liegen. Bemerkenswert ist besonders der Fall $n = 4$. Die Kohlenstoffatome sind in der Diamantstruktur als Tetraeder angeordnet.

Bei metallischer Bindung wird die Kristallstruktur jedoch nicht von der Wertigkeit bestimmt. Sie folgt vielmehr dem Prinzip, daß

Tabelle 3.2

krz	kfz	hdP
V	Cu	Be
Nb	Ag	Mg
Ta	Au	Zn
Cr	Al	Cd
Mo	Pb	
W	Ni	
Alkali-	Pd	
metalle	Ir	
	Pt	

Tabelle 3.3

	krz	kfz	hdP
Ca		< 440	> 440
Tl	> 234		< 234
Ti	> 882		< 882
Zr	> 852		< 852
Hf	> 1950		< 1950
Fe	< 906, > 1401	906 − 1401	
Co		> 420	< 420

die Koordinationszahl möglichst groß wird. In Abb. 3.2 sind die Atomanordnungen für $n = 8$ und $n = 12$ gezeichnet. Die meisten Metalle kristallisieren in einer dieser Kristallstrukturen, Tab. 3.2. Einige nehmen in verschiedenen Temperaturbereichen verschiedene Kristallstrukturen an, Tab. 3.3. Die Kristallstrukturen mit $n = 12$ sind die dichtesten möglichen Kugelpackungen (Abb. 3.2b und 3.2c).

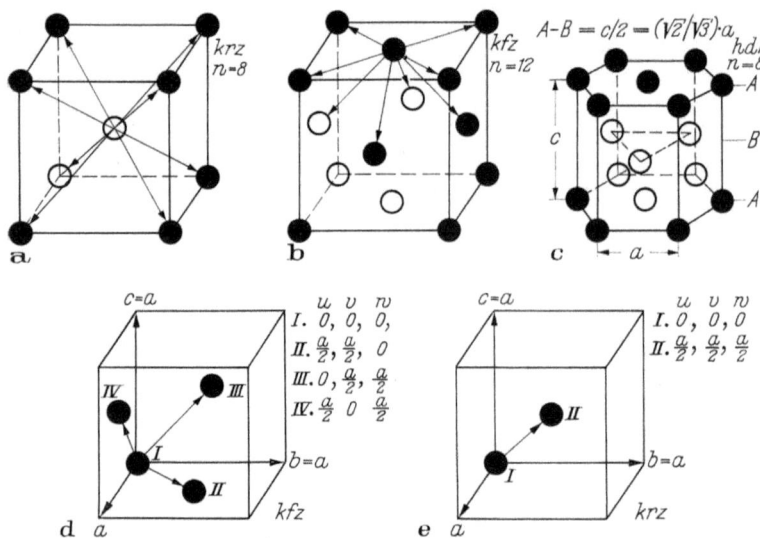

Abb. 3.2a. Kubisch raumzentriertes Gitter, Kurzbezeichnung *krz*, ein Atom ist von 8 Nachbarn umgeben
Abb. 3.2b. Kubisch flächenzentriertes Gitter, Kurzbezeichnung *kfz*, ein Atom ist von 12 Nachbarn umgeben (die oberen 4 Nachbarn sind nicht eingezeichnet worden)
Abb. 3.2c. Hexagonal dichteste Kugelpackung, Kurzbezeichnung *hdP*, die Atomanordnung der Basisfläche entspricht den {111} Ebenen des *kfz*-Gitters, die Stapelfolge ist $ABAB\ldots$
Abb. 3.2 d und e. Elementarzellen des *kfz* und *krz* Gitters

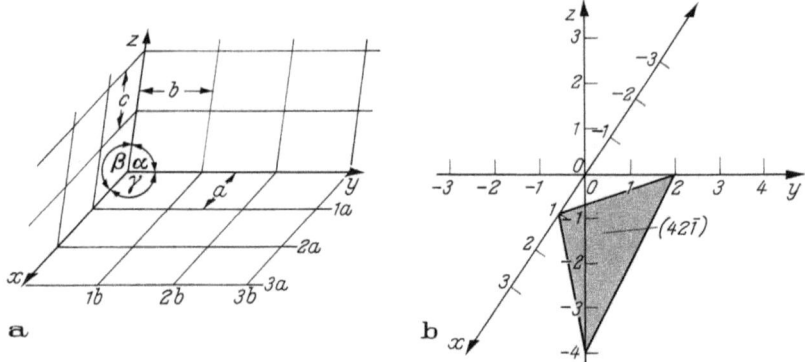

Abb. 3.3a. Koordinatensystem zur Darstellung der Kristallsysteme
Abb. 3.3b. Darstellung der Fläche $(42\bar{1})$ eines kubischen Kristalls

Zur Beschreibung von Kristallstrukturen wird ein Koordinatensystem mit den Achsen a, b, c und den Winkeln α, β, γ eingeführt, vgl. Abb. 3.3a. Es gibt folgende Merkmale des Koordinatensystems, nach denen verschiedene Kristallsysteme unterschieden werden:

Tabelle 3.4

1. $\alpha = \beta = \gamma = 90°$, $\quad a = b = c$; kubisch
2. $\alpha = \beta = \gamma = 90°$, $\quad a = b \neq c$; tetragonal
3. $\alpha = \beta = \gamma = 90°$, $\quad a \neq b \neq c$; orthorhombisch
4. $\alpha = \beta = \gamma \neq 90°$, $\quad a = b = c$; rhomboedrisch
5. $\alpha = \beta = 90°; \gamma = 120°$, $\quad a_1 = a_2 \neq c$; hexagonal
6. $\alpha \neq \beta \neq \gamma = 90°$, $\quad a \neq b \neq c$; monoklin
7. $\alpha \neq \beta \neq \gamma \neq 90°$, $\quad a \neq b \neq c$; triklin

Punkte, Ebenen und Richtungen

Die Lage eines Atoms im wirklichen Gitter wird durch den Ortsvektor $r = u\boldsymbol{a} + v\boldsymbol{b} + w\boldsymbol{c}$ beschrieben; a, b, c sind die Endpunkte der Elementarzelle, u, v, w die Koordinatenabschnitte. Die Elementarzelle ist gegeben durch die Mindestzahl der Atome, mit deren Koordinaten das Raumgitter beschrieben werden kann. Abb. 3.2 d und e zeigen die Elementarzellen des kfz- und des krz-Gitters mit den Atomkoordinaten.

Für die Auswertung von experimentellen Untersuchungen an Kristallgittern ist es häufig zweckmäßig, nicht mit den wirklichen Gittern, sondern mit deren reziproken Gittern zu rechnen. Zu jedem wirklichen Gitter kann ein reziprokes Gitter mit den Koordinaten $g = h\boldsymbol{a}^* + k\boldsymbol{b}^* + l\boldsymbol{c}^*$ konstruiert werden. Die Achse des reziproken Gitters $\boldsymbol{a}^*$ steht senkrecht auf den Achsen $\boldsymbol{b}$ und $\boldsymbol{c}$ des wirklichen Gitters, d. h. $\boldsymbol{a}^* \parallel \boldsymbol{a}$ für kubische, tetragonale und orthorhombische Gitter. Entsprechendes gilt für $\boldsymbol{b}^*$ und $\boldsymbol{c}^*$. Die Länge der reziproken Gittervektoren $|\boldsymbol{a}^*|, |\boldsymbol{b}^*|, |\boldsymbol{c}^*|$ ist dadurch bestimmt, daß die skalaren Produkte:

$$\boldsymbol{a}^* \cdot \boldsymbol{a} = \boldsymbol{b}^* \cdot \boldsymbol{b} = \boldsymbol{c}^* \cdot \boldsymbol{c} = 1.$$

Daraus ergeben sich folgende Eigenschaften des reziproken Gitters:
1. Wenn das wirkliche Gitter orthogonal ist, ist auch das reziproke Gitter orthogonal.
2. Gitterabstände des reziproken Gitters sind die reziproken Werte der wirklichen Gitterabstände.
3. Eine Ebenenschar des wirklichen Gitters kann im reziproken Gitter als Punkt dargestellt werden (vgl. Abb. 11.4).

In Abb. 3.4 ist ein Schnitt durch ein kubisch-primitives Gitter und der zugehörige Schnitt durch sein reziprokes Gitter dargestellt. Man kann auf entsprechende Weise ableiten, daß einem wirklichen kfz-Gitter ein reziprokes krz-Gitter und einem wirklichen krz-Gitter ein reziprokes kfz-Gitter zugeordnet ist. Das reziproke Gitter wird bei der Bestimmung von Kristallstrukturen durch Beugung von Röntgenstrahlen oder Elektronen und zur Deutung des Bildkontrastes bei Elektronendurchstrahlung von Metallen (Kap. 11) angewendet.

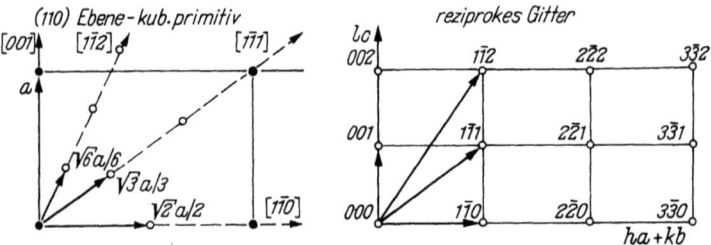

Abb. 3.4. Links: ● (110) Ebene des wirklich kubisch primitiven Gitters. ○ Die Ebenenabstände d einiger auf der Zeichenebene senkrecht stehenden Gitterebenen (vgl. Gl. 3.6) sind eingezeichnet worden. Rechts: Konstruktion des reziproken Gitters aus dem gleichen Ausschnitt des wirklichen Gitters

Aus den Koordinaten des reziproken Gitters leitet sich die übliche Bezeichnung von Flächen und Richtungen in Kristallen ab. Zur Beschreibung von Flächen dienen die reziproken Achsabschnitte (h, k, l) einer Fläche (Millersche Indizes). Die in Bild 3.3b gezeichnete Fläche wird folgendermaßen beschrieben:

1. Abschnitte mit der a, b, c Achse: $+1, +2, -4$
2. reziproke Werte: $+1, +1/2, -1/4$
3. erweitert, um ganze Zahlen zu erhalten: $(4\ 2\ \bar{1})$.

Die Indizes einer Kristallebene werden in runde Klammern eingeschlossen. Sind alle gleichwertigen Ebenen eines Kristalls z. B. (421), (142), (214) etc. gemeint, so schreibt man eine geschweifte Klammer {124}. Zur allgemeinen Beschreibung von Kristallebenen verwendet man die Buchstaben (hkl). Senkrecht auf einer Ebene (hkl) steht in kubischen Gittern die Richtung $[h = u, k = v, l = w]$. Bestimmte Richtungen im Kristall werden mit eckigen Klammern gekennzeichnet $[uvw]$, allgemeine mit $\langle uvw \rangle$. Aus geometrischen Zusammenhängen ergeben sich einige nützliche Regeln für die Beziehungen zwischen Ebenen (hkl) und Richtungen $[uvw]$ im Kristall:

1. Die Ebene (hkl) enthält die Richtung $[uvw]$, wenn

$$g \cdot r = hu + kv + lw = 0. \qquad (3.2)$$

2. Die Richtungen $[u_1 v_1 w_1]$ und $[u_2 v_2 w_2]$ liegen in der Ebene (hkl), wenn $g = r_1 \times r_2$;

$h:k:l = (v_1 w_2 - v_2 w_1):(w_1 u_2 - w_2 u_1):(u_1 v_2 - u_2 v_1);$ \qquad (3.3)

3. Die Richtung $[uvw]$ ist der Schnittpunkt der Flächen $(h_1 k_1 l_1)$ und $(h_2 k_2 l_2)$, wenn $r = g_1 \times g_2$;

$u:v:w = (k_1 l_2 - k_2 l_1):(l_1 h_2 - l_2 h_1):(h_1 k_2 - h_2 k_1);$ \qquad (3.4)

4. Der Winkel α zwischen zwei Ebenen $(h_1 k_1 l_1)$ und $(h_2 k_2 l_2)$ ist für kubische Kristalle:

$$\cos \alpha = \frac{h_1 h_2 + k_1 k_2 + l_1 l_2}{(h_1^2 + k_1^2 + l_1^2)^{1/2} (h_2^2 + k_2^2 + l_2^2)^{1/2}}. \tag{3.5}$$

5. Der Abstand d der Ebenen (hkl) in einer kubischen Kristallstruktur mit der Gitterkonstante a ist

$$d = \frac{|\boldsymbol{a}|}{|\boldsymbol{g}|} = \frac{a}{(h^2 + k^2 + l^2)^{1/2}}. \tag{3.6}$$

Einige Gruppen von Kristallstrukturen kann man dadurch beschreiben, daß man angibt, in welcher Weise bestimmte gleichartige Atomlagen gestapelt sind. Die (001) Ebenen des krz-Gitters weisen in [001] Richtung in jeder zweiten Ebene die gleiche Atomlage auf. Die Stapelfolge dieser Atomebenen kann deshalb mit einer Buchstabenfolge $ABABAB\ldots$ beschrieben werden. Darin bedeutet A die Lage der Ausgangsebene und B die Lage der jeweils nächsten Ebene, die um $a/2$ [110] gegenüber A verschoben ist, d. h., in der [110] Richtung bis zur Hälfte der Elementarzelle. Die (001) Ebenen des kfz-Gitters weisen ebenfalls eine Stapelfolge $ABABAB\ldots$auf. In Abb. 3.6 ist die Atomanordnung in einer (111) Ebenenschar des kfz-Gitters hervorgehoben worden. Die Stapelfolge für diese Ebenenschar ist $ABCABC\ldots$, zwischen zwei Ebenenlagen A liegen zwei verschiedene

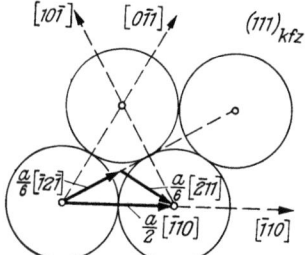
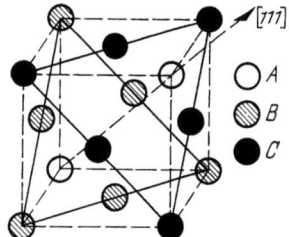

Abb. 3.5. Ortsvektoren in der (111) Ebene des kfz-Gitters.

$a/2$ [$\bar{1}10$] und $a/2$ [$\bar{1}2\bar{1}$] bestimmen Punkte des Kristallgitters.

$a/6$ [$\bar{1}2\bar{1}$] und $a/6$ [$\bar{2}1\bar{1}$] sind keine Ortsvektoren des kfz-Gitters

Abb. 3.6. Die (111) Ebenen des kfz-Gitters besitzen die Stapelfolge $ABCABC\ldots$, d. h., es tritt nach drei übereinanderliegenden Ebenen wieder eine solche mit den Atomen in den gleichen Positionen wie die erste auf

Ebenenlagen B und C. Die Verschiebungsbeträge $a/6$ [$\bar{1}2\bar{1}$]; $a/6$ [$\bar{2}11$] sind in Abb. 3.5 eingezeichnet, dazu der Verschiebungsvektor $a/2$ [$\bar{1}10$], der ebenfalls in $(111)_{kfz}$ liegt. Man kann solche Verschiebungsvektoren unterscheiden, die Vektoren des Kristallgitters sind, z. B. $a/2$ [$\bar{1}10$], $a/2$ [$\bar{1}2\bar{1}$], und solche, die wie $a/6$ [$\bar{1}2\bar{1}$] keine Translationsvektoren des kfz-Kristallgitters sind. Aus Abb. 3.2c ist auch zu erkennen, daß das hexagonal dichtest gepackte Gitter aus dem kfz-Gitter hervorgeht, wenn die Stapelfolge der (111)$_{kfz}$ Ebenen von $ABCABCA\ldots$ in $ABABA\ldots$ geändert wird. Die (111)$_{kfz}$-Ebene wird dann die hexagonale Basisebene und die [111]$_{kfz}$ Richtung die hexagonale c-Achse.

Stereographische Projektion

Zur Darstellung von Kristallebenen und -richtungen und deren Winkelbeziehungen kann die stereographische Projektion verwendet werden. Sie dient zur Beschreibung einer großen Zahl von Erscheinungen, bei denen Lage und Verteilung von Kristallorientierungen angegeben und zueinander in Beziehung gesetzt werden müssen. Das geometrische Prinzip der Projektion zweier Ebenen $(h_1 k_1 l_1)$ und $(h_2 k_2 l_2)$ ist in Abb. 3.7 zweidimensional dargestellt. Zur Konstruktion der Pole P_i aller möglichen Orientierungen wird eine „Lagenkugel" eingeführt. Die stereographische Projektion erhält man nach folgender Vorschrift:

1. Der Pol P_i wird auf der Lagenkugel durch die Normale auf der Fläche (hkl) gebildet.
2. Durch Verbindung von P_i mit P_S (Südpol) erhält man die Durchstoßpunkte der Projektionsebene, die die Lage der Flächen kennzeichnen, Abb. 3.7. Die stereographische Projektion der beiden Flächen $(h_1 k_1 l_1)$ und $(h_2 k_2 l_2)$ ist in Abb. 3.8 in die vollständige Projektionsebene eingetragen worden.

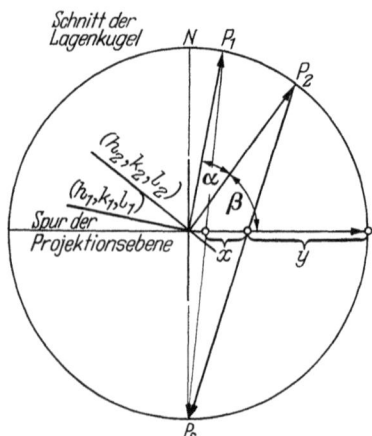

Abb. 3.7. Darstellung der Winkellage von Kristallebenen durch stereographische Projektion. Der Winkel α entspricht in der Projektion dem Abstand x

Trägt man ein Winkelnetz in die Projektionsebene ein, so können Winkelunterschiede zwischen zwei Flächen oder Richtungen direkt abgelesen werden, Abb. 3.8. Zur Darstellung von Kristallorientierungen wird häufig die Standardprojektion verwendet (Abb. 3.9), wobei die (001)-Fläche einer Kristallstruktur mit $\alpha = \beta = \gamma = 90°$ parallel der Projektionsebene gelegt wird. Sie bildet folglich den Mittelpunkt. (010), (100), (0$\bar{1}$0) und ($\bar{1}$00) liegen auf dem Umfang. Es werden nur diejenigen Flächen abgebildet, deren Pole auf der „nördlichen" Halbkugel erscheinen. Die Fläche (00$\bar{1}$) ist deshalb in Abb. 3.9 nicht

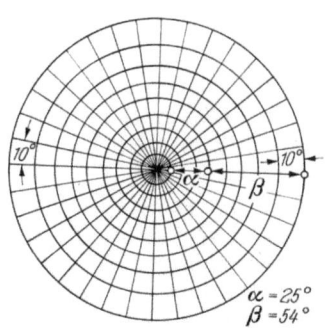

Abb. 3.8. Die Projektionsebene mit Winkeleinteilung in Zentralprojektion. Die Kristallebenen aus Abb. 3.7 sind ebenfalls eingezeichnet

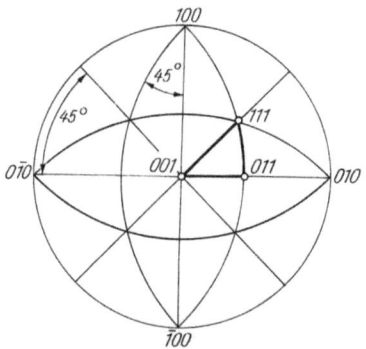

Abb. 3.9. Normalprojektion eines kubischen Kristalls in der Projektionsebene. Der Kristall ist so orientiert worden, daß die (001)-Fläche den Nordpol bildet. Die Linien, die durch Drehung der [100]-, [010]- und [001]-Achse um 45° entstehen, sind eingezeichnet. Dadurch ergeben sich 24 Orientierungsdreiecke mit den Eckpunkten {001}, {011}, {111}

vorhanden. Sie bildet den Südpol. Bei kubischen Kristallstrukturen entspricht die Einheitsprojektion der Flächen $\{hkl\}$ auch der der Richtungen $\langle u = h, v = k, w = l \rangle$, da beide für alle Werte von h, k, l senkrecht aufeinander stehen. Bei Kristallstrukturen hoher Symmetrie ist es manchmal nicht nötig, die ganze stereographische Projektion zu zeichnen. In kubischen Kristallen genügt, um jeden Flächentyp einmal zu erfassen, das Dreieck mit den Eckpunkten (001), (01$\bar{1}$) und (111). Es gibt 24 entsprechende Dreiecke in der Einheitsprojektion.

Intermetallische Phasen

Zwei oder mehr verschiedene Metallatome können miteinander Verbindungen bilden. Gegenüber den aus der Chemie bekannten Bindungsarten (heteropolar, homöopolar) überwiegt bei metallischen Verbindungen, die als intermetallische Phasen bezeichnet werden, die metallische Bindung (Kap. 8). Die Kristallstrukturen der intermetallischen Phasen folgen aus der Bindungsart und den Unterschieden der Größen der beteiligten Atome. Infolge der Vielzahl der Bindungsmöglichkeiten und Atomgrößen existiert eine große Zahl von intermetallischen Phasen. Allein 4500 aus zwei Atomarten zusammengesetzte (binäre) Phasen sind bisher gefunden worden. Viele davon besitzen allerdings die gleichen Kristallstrukturen. Bei Verbindungen mit starkem chemischen Bindungsanteil kann zur Deutung der Kristallstruktur noch von der $n = 8 - N$-Regel (Gl. 3.1) ausgegangen werden. Für die Diamantstruktur ($n = 4$; $N = 4$) lautet die Regel für eine derartige Verbindung aus zwei Atomarten A und B:

$$n = 8 - \frac{N_A + N_B}{2}. \tag{3.1a}$$

Zum Beispiel findet man die tetraedrische Atomanordnung der *Diamantstruktur* bei B^3N^5, Zn^2S^6 (Wertigkeit N als Hochzahl). Diese Regel kann auch bei der Deutung der Koordinaten mancher Kristallstrukturen mit mehr als zwei Atomarten helfen.

Es ist nicht möglich, die Kristallstrukturen aus den Eigenschaften der beteiligten Atomarten vorherzusagen. Es ist aber gelungen, eine größere Anzahl von Regeln aufzustellen, die jeweils für bestimmte Gruppen von Strukturen zutreffen. Es ist nur möglich, Kristallstrukturen innerhalb dieser Gruppen vorherzusagen. Im folgenden werden die wichtigsten Kristallstrukturgruppen und die dazugehörigen Regeln aufgezählt.

In Verbindungen mit Elementen der Gruppen IV B bis VI B ist der heteropolare Bindungsanteil stark. Man findet für Verbindungen AB das *Kochsalzgitter* (NaCl), für Verbindungen AB_2 das *Flußspatgitter* (CaF$_2$). In manchen Fällen sind Verbindungen ABC im Flußspatgitter möglich. Beispiele für Phasen mit diesen Kristallstrukturen:

AB AB_2 ABC
MgSe   Cu$_2$Se   CuCdSb

Die Zinkblende- und Wurtzitstrukturen (ZnS) sind dem CaF$_2$-Typ verwandt. Auch in diesen Verbindungen gelten noch die Valenzregeln der Chemie.

Nickel-Arsenid-Phasen findet man häufig in Verbindungen der Übergangsmetalle (T-Metalle) mit Elementen der Gruppen VB und VIB. Die Struktur ist aus abwechselnden Schichten von T-Metall- und B-Metall-Atomen aufgebaut. Die Zusammensetzung dieser Verbindung braucht aber nicht genau bei 50 Atom-% zu liegen. Das Auftreten einer intermetallischen Phase über einen größeren Konzentrationsbereich deutet auf größeren Anteil an metallischer Bindung hin, die dichteste Kugelpackungen anstrebt. Beispiele: FeS, FeSb, FeSn. In salzartigen Verbindungen mit reiner Ionenbindung können nur solche Elemente negative Ionen werden, die im periodischen System 1 bis 4 Spalten vor den Edelgasen stehen. Die Stabilität der heteropolaren Bindung nimmt mit dem Unterschied der Elektronegativität der Komponenten zu, die in jeder Periode des periodischen Systems mit zunehmender Ordnungszahl und in einer Gruppe mit abnehmender Ordnungszahl zunimmt.

Hume-Rothery-Phasen. Gold, Silber und Kupfer und einige Übergangsmetalle bilden mit B-Metallen Kristallstrukturen, deren Existenz an ein bestimmtes Zahlenverhältnis von Valenzelektronen e zu Atomen a in der Elementarzelle geknüpft ist. Folgende Beziehungen zwischen der Valenzelektronenkonzentration e/a und Kristallstrukturen kommen vor:

Tabelle 3.5

Bezeichnung der Kristallstruktur	e/a	Beispiel	a	e
β krz	3/2	CuZn	2	$1e_{Cu} + 2e_{Zn} = 3e$
ζ hdP	3/2	CuGa	2	
γ-Ms-Struktur	21/13	Cu$_5$Zn$_8$	13	$5e_{Cu} + 16e_{Zn} = 21e$
ε hdP	7/4	CuZn$_3$	4	$1e_{Cu} + 6e_{Zn} = 7e$

In diesen Phasen müssen T-Metalle nullwertig gerechnet werden, z. B.: Fe$_5$Zn$_{21}$, $a = 26$, $e = 42$, $e/a = 21/13$, γ-Ms-Struktur.

Die Hume-Rothery-Phasen sind nicht genau an die der chemischen Formel entsprechende Zusammensetzung gebunden. Sie können noch stärker davon abweichen als die NiAs-Strukturen (hoher Anteil metallischer Bindung, s. Abb. 6.13). Das Auftreten der Hume-Rothery-Phasen bei bestimmten Valenzelektronenkonzentrationen kann qualitativ aus der Elektronentheorie der Metalle abgeleitet werden (Kap. 8).

Laves-Phasen. Bei der Besprechung der Kristallstrukturen der reinen Metalle ist erwähnt, daß bei rein metallischer Bindung eine möglichst dichte Packung der Atome angestrebt wird (kfz- und hdP-Gitter). Soll eine dichteste Packung aus zwei Atomarten verschiedener Größe gebildet werden, so führt das im allgemeinen zu komplizierten Kristallstrukturen. Eine Gruppe von Phasen der Zusammensetzung AB_2 kann am einfachsten durch die Stapelfolge dichtest gepackter Ebenen beschrieben werden. Bei den Phasen handelt es sich um Kristallstrukturen aus Doppelschichten, die in verschiedener Reihenfolge gestapelt werden können.

Tabelle 3.6

$ABAB...$	hexagonal	MgZn$_2$-Struktur
$ABCABC...$	kubisch	MgCu$_2$-Struktur
$ABACABAC...$	hexagonal	MgNi$_2$-Struktur

Das wichtigste Kennzeichen für das Auftreten dieser Strukturen ist, daß das Verhältnis der Atomradien r_1 und r_2 einen bestimmten Wert $1,3 > r_1/r_2 > 1,2$ besitzt. Für die Entscheidung, welche der drei möglichen Strukturen auftritt, ist die Valenzelektronenkonzentration e/a wie bei den Hume-Rothery-Verbindungen maßgeblich.

Einlagerungsphasen. Eine zweite Gruppe von intermetallischen Phasen, bei denen die Atomgröße eine wichtige Rolle spielt, sind die Einlagerungsphasen. Sie werden von Metallen zusammen mit Nichtmetallatomen mit einem kleinen Radius r_E wie H, B, C, N und P gebildet. Falls $r_E/r < 0{,}6$ ist, kann das kleine Atom zusätzlich in das Metallgitter eingelagert werden, z. B. in die Raummitte (1/2, 1/2, 1/2) der Elementarzelle des kfz-Gitters. Es entstehen so verhältnismäßig einfache Kristallstrukturen. Ist $r_E/r > 0{,}6$, so wird der Kristallaufbau komplizierter. Von diesen Einlagerungsverbindungen spielen in der Metallkunde besonders die Karbide, die Nitride und die Hydride eine wichtige Rolle.

Anisotropie

Die meisten physikalischen Eigenschaften der Metalle hängen von der Kristallstruktur ab. Aus der Geometrie und dem Bindungscharakter eines Kristalls folgt, daß manche Eigenschaften in verschiedener Richtung des Kristalls verschiedene Werte besitzen. So wie das Kristallgitter durch Vektoren beschrieben wird, müssen diese Eigenschaften im Kristall als gerichtete Größen beschrieben werden. Man bezeichnet die Richtungsabhängigkeit als Anisotropie. Wichtige anisotrope Eigenschaften sind die elastischen Konstanten und die Sättigungsmagnetisierung. Elektrische und Wärmeleitfähigkeit und Diffusion von Atomen sind in kubischen Metallen isotrop, während sie in Kristallstrukturen niedriger Symmetrie ebenfalls anisotrop sind.

Literatur zu Kapitel 3

BARRETT, C. S.: Structure of Metals. New York: Wiley 1952 (Lehrbuch der Metallkunde mit Betonung der Kristallographie).

SCHUBERT, K.: Kristallstrukturen zweikomponentiger Phasen. Berlin/Göttingen/Heidelberg: Springer 1964 (Tabellenwerk).

HALLA, F.: Kristallchemie und Kristallphysik metallischer Werkstoffe. Leipzig: Barth 1957 (Lehrbuch der Metallkunde mit Betonung der Kristallographie).

PEARSON, W. P.: Handbook of Lattice Spacings and Structures of Metals and Alloys. London: Pergamon Press 1958 (Tabellenwerk).

Strukturbericht — Structure Report; herausgegeben von 1913 an. International Union of Crystallography (Tabellenwerk).

4. Gitterbaufehler

Überblick

Die Beschreibung der Metallkristalle als Anordnung von Atomen in einem idealen Raumgitter ist in Wirklichkeit nur näherungsweise richtig. Es treten Abweichungen von der regelmäßigen Besetzung der Gitterpunkte der Kristallstrukturen durch Atome auf, die als Gitterbaufehler bezeichnet werden. Oberhalb 0 °K ist stets eine bestimmte Zahl dieser Baufehler in Kristallen im thermodynamischen Gleichgewicht vorhanden. Häufig sind sie jedoch nicht im Gleichgewicht, z. B., wenn sie beim Erstarren oder durch plastische Verformung oder Bestrahlung entstanden sind. Nach ihren geometrischen Eigenschaften kann man Gitterbaufehler als

1. 0-dimensional: Leerstellen, Zwischengitteratome, substituierte Atome;
2. 1-dimensional: Versetzungen,
3. 2-dimensional: Korngrenzen, Zwillingsgrenzen, Stapelfehler, Antiphasengrenzen in geordneten Legierungen, Grenzflächen verschiedener Kristallarten

bezeichnen.

Unabhängig davon, ob sie mit dem Atomgitter im thermodynamischen Gleichgewicht stehen oder nicht, wirken sich die Gitterbaufehler auf die Eigenschaften von Metallen aus. Leerstellen erleichtern die Platzwechsel von Atomen (Diffusion; Kap. 9). Versetzungen bewirken, daß Metalle bei verhältnismäßig niedrigen Spannungen plastisch verformt werden können (Kap. 5). Die erwähnten Gitterbaufehler beeinflussen stark den Beginn von Ausscheidungs- und Umwandlungsvorgängen (Kap. 10, 15), die Koerzitivkraft ferromagnetischer Metalle und Legierungen (Kap. 18), die mechanischen Eigenschaften (Kap. 5) und die kritische Feldstärke bei Supraleitern (Kap. 20). (Gefügeabhängige Eigenschaften).

Leerstellen

Leerstellen sind Plätze des Kristallgitters, die nicht mit Atomen besetzt sind, (Abb. 4.1). In manchen Fällen können auch zwei oder mehrere Atome auf benachbarten Gitterpunkten fehlen. Man spricht dann von Doppel- oder Mehrfachleerstellen. Soll eine Leerstelle im Innern eines perfekten Kristallgitters entstehen, so muß ein Atom von seinem normalen Gitterplatz entfernt werden. Ist kein entsprechender Gitterplatz in der Umgebung frei, so wird es zum Zwischengitteratom (Abb. 4.1). Durch diese Reaktion entsteht also ein Paar von Gitterbaufehlern, das aus Leerstelle und Zwischengitteratom besteht (Frenkel-Paar). Dies kann zum Beispiel bei der Bestrahlung von Metallen im Reaktor vorkommen. Leerstellen oder Zwischengitteratome können auch bei plastischer Verformung entstehen. In manchen Kristallstrukturen können Atomplätze einer dichten Kugelpackung nicht besetzt sein, z. B., um eine bestimmte Valenzelektronenkonzentration einzuhalten (strukturelle Leerstellen).

Das Vorhandensein von Gitterbaufehlern, die im thermodynamischen Gleichgewicht (Gl. 2.2) auftreten (thermische Gitterbaufehler), ist folgendermaßen zu verstehen: normalerweise erhöht ein Gitterbaufehler die innere Energie des Kristalls und ebenso seine Entropie. Falls bei einer bestimmten Temperatur der Entropiebeitrag $T \Delta S$ zur freien Energie ΔF höher wird als der Beitrag der inneren Energie ΔU, so kann eine bestimmte Anzahl von Gitterbaufehlern im Gleichgewicht auftreten: $T \Delta S > \Delta U$. Dies soll am Beispiel der Gitterleerstellen gezeigt werden. ΔS_L ist die Änderung der Entropie durch Leerstellen bestimmter Anzahl und Verteilung. ΔU_L ist die entsprechende Änderung der inneren Energie. Dabei sei N die Zahl der Atome und n die Anzahl der Leerstellen in einem Kristall und u_L die Energie, die zur Bildung einer Leerstelle nötig ist. Die ge-

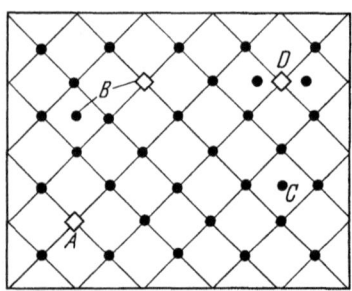

Abb. 4.1. Schematische Darstellung von Gitterbaufehlern in einer Ebene des kubisch primitiven Gitters. A Leerstellen; B Leerstelle- + Zwischengitteratom-Paar (Frenkel-Paar), C Zwischengitteratom, D Hantellage

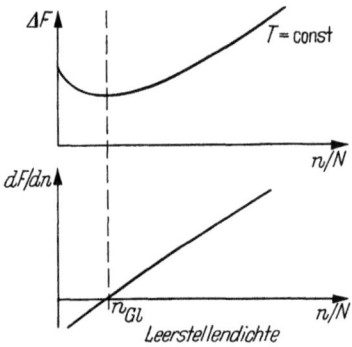

Abb. 4.2. Bedingung für thermodynamisches Gleichgewicht von n_{gl} Leerstellen, $dF/dn = 0$, bei der Temperatur T

samte Energiezunahme durch die Leerstellen ist dann $n u_L = \Delta U_L$; die Entropieänderung, die durch Mischung von n Leerstellen mit N Atomen hervorgerufen wird, ist:

$$\Delta S_L = k \ln (N + n)!/n! N! ; \qquad (4.1)$$

die freie Energie des Kristalls mit Leerstellen ist dann

$$\Delta F = \Delta U_L - \Delta S_L T = $$
$$= n u_L - kT [(N + n) \ln (N + n) - n \ln n - N \ln N]. \qquad (4.2)$$

Bei der Gleichgewichtsanzahl von Leerstellen n_{gl} gilt die Bedingung $dF/dn = 0$, aus der Voraussetzung, daß im Gleichgewichtsfall $\Delta F = \Delta U - T \Delta S = 0$ ist (Abb. 4.2). Durch Differenzieren erhält man die wichtige Beziehung zwischen Temperatur und Leerstellendichte,

$$\frac{n}{N+n} = e^{\frac{-u_L}{kT}} \approx \frac{n}{N} = e^{\frac{-u_L}{kT}} = e^{\frac{-\Delta U_L}{RT}} \qquad (4.3)$$

da $N \gg n$ ist. ΔU_L ist die Bildungsenergie von Leerstellen bezogen auf 1 Mol, $\Delta U_L = N u_L$; $R = N k$ ist die Gaskonstante. Für das kfz-

Gitter hat der Wert für u_L die Größenordnung von 1—2 eV (20 bis 50 kcal mol^{-1})[1]. Man kann daraus berechnen, daß in Metallen dicht unterhalb des Schmelzpunktes $n/N \approx 10^{-4}$ ist. u_L steht im Zusammenhang mit der Verdampfungswärme des Metalls. In Legierungen wird u_L durch die Atome des Legierungselementes stark beeinflußt. Die Leerstellenkonzentration bestimmt entscheidend den Ablauf thermisch aktivierter Prozesse in Metallen (Kap. 9). Nach Gl. (4.3) ist bei hoher Temperatur eine sehr viel größere Anzahl von Leerstellen zu erwarten als bei tiefen Temperaturen. Durch schnelles Abkühlen von T_1 auf T_2 kann die hohe Leerstellendichte von T_1 auf die tiefere Temperatur T_2 gebracht werden. Diese in Übersättigung befindlichen Leerstellen können sich durch Wandern zur Metalloberfläche, zu Korngrenzen, Versetzungen oder als Loch im Kristallgitter oder als Versetzungs- oder Teilversetzungsring ausscheiden. Derartige Leerstellenübersättigungen nach schnellem Abkühlen spielen bei vielen Ausscheidungsvorgängen eine große Rolle (Kap. 10 und 15). Abb. 4.3 zeigt Versetzungsringe und Versetzungswendeln, die in einer Al-Cu-Legierung durch Ausscheidung von Leerstellen entstanden sind.

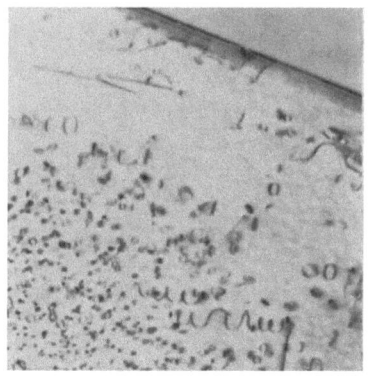

Abb. 4.3. In Übersättigung vorhandene Leerstellen können als Versetzungsringe kondensieren, an schon vorhandenen Versetzungen und an Korngrenzen ausgeschieden werden. Ausscheidung an Korngrenzen führt dazu, daß sich in ihrer Umgebung wenige Versetzungsringe bilden. Durch Ausscheidung an vorher vorhandenen Versetzungen entstehen Versetzungswendeln.
Al + 2 Gew.-% Cu, abgeschreckt von 580 °C, bei 100 °C gealtert. Elektronenmikroskopisch, Durchstrahlung, 20 000 ×

Aus Gl. (4.3) geht hervor, daß eine sehr geringe Dichte von thermischen Gitterbaufehlern zu erwarten ist, wenn $\Delta U_L \gg RT$. Für Leerstellen gilt bei 1000 °K: $\Delta U_L \approx 10\,RT \approx 20$ kcal mol^{-1}. Die meisten anderen Gitterbaufehler, z. B. Zwischengitteratome, Versetzungen und Korngrenzen, weisen sehr viel höhere Bildungsenergien als Leerstellen auf. Sie sind, wenn vorhanden, nicht im thermodynamischen Gleichgewicht (bei Antiphasengrenzen in geordneten Legierungen oder bei Stapelfehlern kann u unter bestimmten Bedingungen so klein werden, daß sie in thermischem Gleichgewicht auftreten können). Die Energie für nicht im Gleichgewicht befindliche

---

[1] eV·N = 23,06 kcal (Elektronenladung · Volt · Loschmidtsche Zahl)

Gitterbaufehler wird von äußeren Einflüssen aufgebracht, zum Beispiel können Korngrenzen bei der Erstarrung, Versetzungen bei plastischer Verformung und Zwischengitteratome bei Bestrahlung entstehen.

Versetzungen

Die Versetzungen genannten Gitterfehler mag man sich durch Einschieben der Atomebene AB oder Herausnehmen einer Ebene AB' (Abb. 4.4) entstanden denken. Die Störungszone bei A kann sich z. B. mit einer Komponente normal zur Zeichenebene im räumlichen Kristall fortsetzen. Der Verlauf des Zentrums maximaler Verzerrung einer Versetzung im Kristall wird Versetzungslinie genannt. Das Maß für Richtung und Betrag der Verzerrung in der Linie ist der Burgersvektor b. Man erhält ihn, wenn man die Versetzungslinie nacheinander in positiver und negativer Richtung mit Strecken gleicher Länge umschreibt, (Abb. 4.4). Enthält der umschriebene Bereich

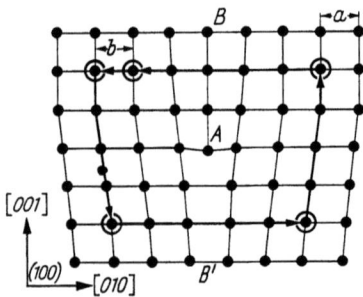

Abb. 4.4. Schematische Darstellung einer Stufenversetzung in einer (100)-Ebene des kubisch primitiven Gitters. Die Komponente b des Burgersvektors in dieser Ebene erhält man durch die angedeutete Umschreibung der Versetzungslinie um gleiche Beträge mit umgekehrten Vorzeichen

eine Versetzung mit einer Komponente des Burgersvektor in dieser Ebene, so kehrt man nicht zum Ausgangspunkt zurück. Allgemein ist die Größe und Richtung der Wegdifferenz der Burgersvektor b. Abb. 4.4 zeigt einen zweidimensionalen Schnitt durch ein kubisch primitives Gitter. Der Betrag des Burgersvektors $|b|$ der eingezeichneten Versetzung ist gleich a, der Kantenlänge der Elementarzelle. Die Versetzungslinie steht senkrecht auf der (100)-Ebene. Dieser Burgersvektor wird auch als $b = a\,[010]$ bezeichnet. Er ist gleichzeitig ein Ortsvektor des kubisch primitiven Gitters. Alle Versetzungen, deren Burgersvektoren die Bedingung erfüllen, Ortsvektoren ihrer Kristallstruktur zu sein, sind *vollständige* Versetzungen. Im kfz-Gitter ist dies z. B. erfüllt für

$$b_1 = \frac{a}{2}\,\langle 110\rangle; \quad b_2 = a\,\langle 100\rangle;$$

im krz-Gitter für

$$b_1 = \frac{a}{2}\,\langle 111\rangle; \quad b_2 = a\,\langle 100\rangle.$$

Die Energie einer Versetzung ist proportional $|\boldsymbol{b}|^2$. Daher können wir erwarten, vor allem die Versetzungen mit dem in einer Kristallstruktur kleinstmöglichen Betrag des Burgersvektors in den Metallen vorzufinden. Versetzungen mit Burgersvektoren, die keine Vektoren des Kristallgitters sind, heißen unvollständige Versetzungen oder Teilversetzungen. Im kfz-Gitter sind z. B. Burgersvektoren unvollständiger Versetzungen, (Abb. 3.5)

$$\boldsymbol{b}_1 = \frac{a}{3}\langle 110\rangle; \quad \boldsymbol{b}_2 = \frac{a}{6}\langle 112\rangle;$$

im krz-Gitter

$$\boldsymbol{b}_1 = \frac{a}{3}\langle 111\rangle; \quad \boldsymbol{b}_2 = \frac{a}{2}\langle 100\rangle.$$

Unvollständige Versetzungen sind im allgemeinen weniger stabil, d. h., sie besitzen eine höhere Energie als vollständige Versetzungen. Sie verursachen einen zweidimensionalen Baufehler der Kristallstruktur, einen *Stapelfehler*.

Eine Versetzungslinie muß innerhalb eines Kristalls geschlossen sein (Abb. 4.5). Sie kann aber auch in andere Versetzungen, in Korngrenzen oder die Kristalloberfläche einmünden. In einem Versetzungsring, der ebenso wie der Burgersvektor in der Zeichenebene

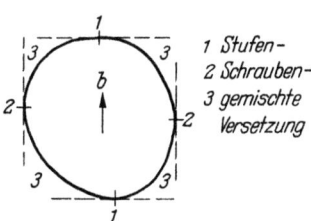
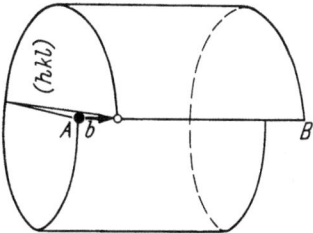

Abb. 4.5. Schematische Darstellung eines Versetzungsringes, der die verschiedenen Richtungen der Versetzungslinie zum Burgersvektor zeigt

Abb. 4.6. Schematische Darstellung einer Schraubenversetzung mit der Versetzungslinie AB. Die Ebene (hkl) wird eine Schraubenfläche

liegt, nimmt die Richtung der Linie **s** alle möglichen Winkel zur festliegenden Richtung des Burgersvektors **b** an. Davon sind besonders bemerkenswert $\boldsymbol{b} \perp \boldsymbol{s}$ und $\boldsymbol{b} \parallel \boldsymbol{s}$. Die erste Bedingung ist erfüllt, wenn sich die gestörte Zone in Abb. 4.4 normal zur Zeichenebene fortsetzt. Die Versetzung heißt dann Stufenversetzung. Man erkennt, daß der Kristall in Richtung B komprimiert, in Richtung B' gedehnt ist. Die Kristallbereiche rechts und links von der Linie sind gegeneinander verkippt. Die zweite Möglichkeit ist, daß Versetzungslinie und Burgersvektor parallel zueinander liegen. Dieser Fall wird schematisch in Abb. 4.6 gezeigt. AB ist die Versetzungslinie. Man kann sich den Kristall aufgeschnitten und längs der Versetzungslinie um b verschoben denken. Die Kristallebenen (hkl), auf denen s und b senkrecht stehen, werden dadurch Schraubenflächen mit der Ganghöhe b. Diese besondere Orientierung der Versetzungslinie heißt daher Schraubenversetzung. Versetzungslinien, die weder parallel noch senkrecht zum Burgersvektor verlaufen, sind gemischte Versetzungen. Alle gemischten Versetzungen sind aus Stufen- und Schraubenkomponenten zusammengesetzt.

Falls eine Versetzung mit dem Burgersvektor b in weitere Versetzungen b_1 und b_2 einmündet, so gelten für die Burgersvektoren Gesetze analog denen von Stromverzweigungen:

$$b = b_1 + b_2 . \qquad (4.4)$$

Diese Beziehung gibt gleichzeitig das Schema für Reaktionen zwischen Versetzungen an, die in Richtung auf Vereinigung

$$b_1 + b_2 \to b \qquad (4.4a)$$

oder Aufspaltung

$$b \to b_1 + b_2 \qquad (4.4b)$$

gehen können, je nachdem, ob für die Energien der Versetzungen $u_b \gtrless (u_{b_1} + u_{b_2})$ gilt (Gl. 4.5). Für solche Betrachtungen ist eine genauere Kennzeichnung der Energie jeder Versetzung und des Spannungsfeldes um die Versetzung herum notwendig. Für viele wichtige Eigenschaften kann man die Verhältnisse im Kern der Versetzung vernachlässigen. Die Energie einer Schraubenversetzung ist dann:

$$u_v = \frac{Gb^2}{4\pi} \ln \frac{r_1}{r_0} ; \qquad (4.5)$$

dabei ist G der Schubmodul (s. Kap. 5)
b^2 der Burgersvektor ($\sim 3 \cdot 10^{-8}$ cm)
r_0 der Radius des Kerns der Versetzung, dessen Energie vernachlässigt wird ($\sim 10^{-7}$ cm)
r_1 der Halbmesser des Kristalls (z. B. ~ 1 cm).

Man erhält für die Energie einer Versetzungslinie der Länge l einen Wert von $U_v = lu_v \sim 10^8$ eV ($l = 1$ cm); $u_v \sim 3$ eV pro Atomabstand. Daraus folgt, daß Versetzungen niemals im thermischen Gleichgewicht sein können (Gl. 4.3). Aus Gl. (4.5) folgt ferner, daß die Energie einer Versetzung proportional b^2 ist. Das kann zur Bestimmung der Richtung von Versetzungsreaktionen verwendet werden (vgl. G. 4.4)

$$b \to b_1 + b_2 \text{ wenn } b^2 > b_1^2 + b_2^2 . \qquad (4.6)$$

Die Verzerrung R parallel zur Linie einer Schraubenversetzung nimmt umgekehrt proportional zum Abstand r vom Versetzungskern ab; $R = b/2\pi r$; die Schubspannung bei r ist $\tau = GR(r)$ (s. Kap. 5). Für die Stufenversetzungen liegen die Verhältnisse ähnlich, sind aber etwas komplizierter (Abb. 4.4). In Polarkoordinaten (r = Abstand,

α = Winkel zwischen Strahlen senkrecht zur Versetzungslinie) kann die Verzerrung in erster Näherung beschrieben werden als:

$$R \sim \frac{b}{2\pi r} \sin \alpha. \qquad (4.7)$$

Der Faktor sin α bewirkt, daß R von $0-180°$ positiv und von $180-360°$ negativ ist, da das Kristallgitter auf einer Seite der Versetzung zusammengedrückt und auf der anderen Seite gedehnt ist (Abb. 4.4). Die Rolle von Versetzungen bei der plastischen Verformung von Metallen wird in Kap. 5 behandelt.

Stapelfehler

Stapelfehler sind zweidimensionale Gitterbaufehler, durch die die Stapelfolge paralleler Ebenen gestört ist. In Kap. 3 wurde erwähnt, daß die Stapelfolge von $\{111\}$ Ebenen des kfz-Gitters $ABCABC...$ ist. Ein Stapelfehler ist vorhanden, wenn diese Stapelfolge z. B. in eine Folge $ABCABABC...$ geändert wird. Die Anordnung der vier Ebenen in nächster Umgebung des Stapelfehlers entspricht dem hexagonalen Gitter. Folglich bilden sich Stapelfehler dann besonders leicht, wenn der Energieunterschied zwischen dem kfz- und dem hdP-Gitter klein ist (Kobaltlegierungen, Kap. 10). Stapelfehler können durch Einwachsen während der Erstarrung und Kristallisation oder durch Bewegung von unvollständigen Versetzungen entstehen. Die Energiebilanz der Reaktion im kfz-Gitter

$$b \rightarrow b_1 + b_2 : \frac{a}{2}\,[\bar{1}10] \rightarrow \frac{a}{6}\,[\bar{1}2\bar{1}] + \frac{a}{6}\,[\bar{2}11] \quad \text{(vgl. Abb. 3.5)}$$

$$\frac{1}{2} > \frac{1}{6} + \frac{1}{6} \quad \text{(vgl. Gl. 4.6)}$$

zeigt, daß die Aufspaltung der vollständigen Versetzung $a/2\,[110]$ in zwei Teilversetzungen begünstigt wird (Gl. 4.4). Zwischen b_1 und b_2 spannt sich dann ein Stapelfehler, da die $a/6\,[11\bar{2}]$-Versetzung die (111)-Ebene gerade in der Weise verschiebt, daß eine Folge von vier Ebenen des hdP-Gitters entsteht (Abb. 3.5 und 3.6). Die Energie des Stapelfehlers wirkt einer weiteren Entfernung der Teilversetzungen voneinander entgegen, und zwar um so mehr, je höher die Stapelfehlerenergie γ [erg cm^{-2}] eines Metalls (Tab. 4.1) oder einer Legierung ist (Abb. 7.6). Für den Abstand x der beiden Teilversetzungen b_1 und b_2 gilt $x \sim 1/\gamma$. Die Messung von x im Elektronenmikroskop kann in manchen Fällen zur Bestimmung der Stapelfehlerenergie, die eine wichtige Materialkonstante ist, verwendet werden. Abb. 4.7 zeigt durch Verformung erzeugte teilweise aufgespaltene Versetzungen in einer CuGa-Legierung.

Tabelle 4.1. *Stapelfehlerenergie, γ, reiner kfz-Metalle* (nach BERNER u. KRONMÜLLER (1965))

Metall	[erg cm $^{-2}$]
Au	10
Cu	163
Al	238

In enger Verwandschaft zu Stapelfehlern stehen Antiphasengrenzen. Man findet in Kristallgittern von Legierungen mit geordneter Atomverteilung z. B. als Folge der Atome in einer Gitterrich-

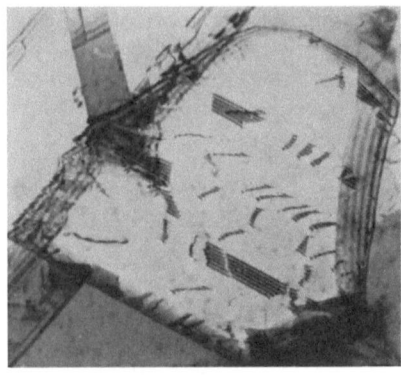

Abb. 4.7. Verschiedene Gitterbaufehler in einer 3% verformten Cu-18 Gew.-% Ga-Legierung: Korngrenzen; Zwillingsgrenzen; Stapelfehler; Versetzungslinien; Elektronenmikroskopisch, Durchstrahlung, 40 000×

tung ... $ABABAB$ .... Durch eine Antiphasengrenze wird diese regelmäßige Folge gestört, z. B. ... $ABAABAB$ .... In einer Grenzfläche treten „falsche" (gleiche) Nachbarn auf (Abb. 4.8). Antiphasengrenzen können bei der Bildung des Kristallgitters der geordneten

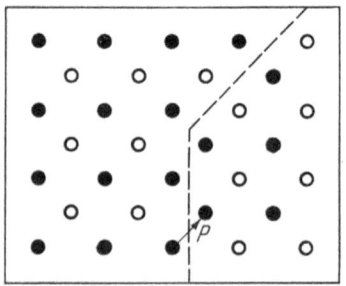

Abb. 4.8. Schematische Darstellung einer Antiphasengrenze in einer Legierung mit geordneter Anordnung der Atomart $A(\bigcirc)$ und $B(\bullet)$.
– – – – Verlauf der Antiphasengrenze. P Verschiebungsvektor, um den die Domänen beiderseits der Antiphasengrenze gegeneinander verschoben sind.

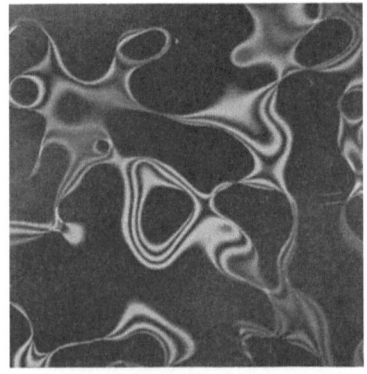

Abb. 4.9. Antiphasengrenzen, die bei der Bildung der geordneten Phase Fe_3Al aus einem ungeordneten α-Fe-Mischkristall entstanden sind. Elektronenmikroskopisch, Durchstrahlung (Dunkelfeldabbildung), 40 000×

Phase entstanden sein (Abb. 4.9) oder durch plastische Verformung künstlich erzeugt werden. Wie den Stapelfehlern kommt den Antiphasengrenzen eine Energie (pro Flächeneinheit) zu, die in diesem Falle in erster Näherung durch den Energieunterschied zwischen der geordneten und ungeordneten Phase bestimmt ist (Kap. 10).

Korngrenzen

Eine weitere Gruppe von zweidimensionalen Gitterbaufehlern sind die Korngrenzen. Bei großem Winkelunterschied zwischen zwei Kristalliten besteht im allgemeinen eine Übergangszone mit unregelmäßiger Atomanordnung mit einer Dicke von 2—3 Atomabständen (nicht-kohärente Grenzfläche, Abb. 1.1 b). Die Grenze zwischen zwei Kristallen, die mit einem kleinen Winkelunterschied gegeneinander verkippt sind, wird von einer Reihe paralleler Stufenversetzungen gebildet (Abb. 11.8). Zwischen dem Winkel der beiden Kristallite α, dem Betrag des Burgersvektors b und dem Abstand der Versetzungen d besteht folgende Beziehung:

$$\alpha \approx \sin\alpha = \frac{b}{d}. \tag{4.8}$$

Entsprechend kann ein Netz von Schraubenversetzungen die Korngrenze zwischen zwei gegeneinander verdrehten Kristalliten bilden. Je größer die Verdrehung, um so geringer ist der Abstand der Versetzungen (Teilkohärenz). Bei sehr großen Winkeln α ist die Kristallitgrenze im allgemeinen nicht mehr aus einer regelmäßigen Anordnung einzelner Versetzungen aufgebaut. Korngrenzen entstehen während der Erstarrung (Kap. 2), während Erholung (Kleinwinkelkorngrenzen) und Rekristallisation (Großwinkelkorngrenzen, Kap. 9).

Für bestimmte Orientierungsunterschiede der Kristalle und bestimmte Kristallebenen gibt es die Möglichkeit, die Grenze völlig zusammenhängend (kohärent) zu erhalten. Letzteres ist der Fall bei Zwillingsgrenzen. Die beiden Kristalle zeigen spiegelbildlich be-

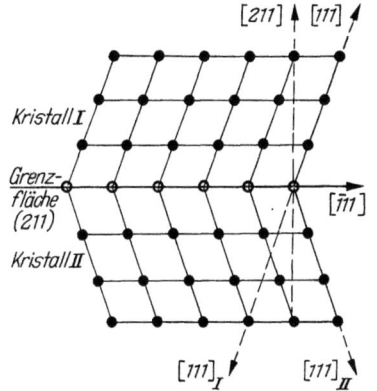

Abb. 4.10. Schematische Darstellung einer Zwillingsgrenze im krz-Gitter.
[211] ist Zwillingsebene, der Winkel der [111] Richtungen der beiden Kristallite zu [211] beträgt 17°

stimmte Winkel zueinander, die Korngrenze ist die Spiegelebene, vgl. Tab. 5.2. Dies wird in Abb. 4.10 für das krz-Gitter gezeigt. Die Zwillingsgrenze liegt in einer (211)-Ebene. In der Grenze treten keinerlei Verzerrungen auf. Zwillingsgrenzen werden am häufigsten in Metallen und Legierungen mit niedriger Stapelfehlerenergie gefunden.

Grenzen zwischen verschiedenen Kristallarten (Phasengrenzen) hängen zusätzlich zum Unterschied der Kristallitorientierungen noch vom Unterschied der Kristallstrukturen der beiden Phasen ab; wie bei Korngrenzen unterscheidet man kohärente, teil-kohärente und nicht-kohärente Grenzflächen (Kap. 10). Nicht-kohärente Grenzflächen sind bei Kristallen mit verschiedener Kristallstruktur und Gitterkonstante zu erwarten, während teilkohärente und kohärente bevorzugt bei ähnlichen Kristallstrukturen und Atomabständen in beiden Phasen auftreten (Kap. 15). In vielen Fällen genügt aber als Voraussetzung für eine kohärente Grenzfläche, daß die Atomanordnung in jeweils einer Ebene der beiden Phasen eine kohärente Anpassung der beiden Kristallgitter zuläßt.

Literatur zu Kapitel 4

VAN BUEREN, H. G.: Imperfections in Crystals. Amsterdam: North Holland 1960 (Lehrbuch über Gitterbaufehler mit metallkundlichen Anwendungsbeispielen).

SEEGER, A.: Kristallplastizität. In: Handbuch der Physik, Bd. VII/2. Berlin/ Göttingen/Heidelberg: Springer 1958.

WEERTMAN, J.: Elementary Dislocation Theory. McMillan 1964 (Monographie über Versetzungstheorie als Paperback).

AMELINCKX, S.: The Direct Observation of Dislocations. New York: Academic Press 1964 (Behandelt wird besonders die elektronenmikroskopische Analyse von Gitterbaufehlern).

SEEGER, A., Herausgeber: Moderne Probleme der Metallphysik. 1. Band, Fehlstellen, Plastizität. Berlin/Heidelberg/New York: Springer 1965 (Enthält vier zusammenfassende Einzelarbeiten über Gitterbaufehler und eine über Elektronentheorie; zu Kap. 8).

5. Elastische und plastische Verformung
Elastische Verformung

Die Verformung fester Körper kann auf zweierlei Art geschehen. *Elastische Verformung* tritt nur auf, solange eine Spannung einwirkt, während *plastische Verformung* auch noch bestehen bleibt, nachdem keine Spannung mehr vorhanden ist. Auf eine ein- oder vielkristalline Metallprobe können Kräfte in der in Abb. 5.1 gezeigten Weise einwirken. Die Kraft P pro Flächeneinheit F der Probe ist die Spannung. In Abb. 5.1a und b wirkt eine Zug- bzw. Druckspannung $\sigma = \pm P/F$, in Abb. 5.1c liegt die Kraft in der Querschnittfläche F und wird dann zur Schubspannung $\tau = P/F$. Wird mit zunehmender Zugspannung die relative Längenänderung $\Delta l/l = \varepsilon$ gemessen (Abb. 5.2), so erhält man $\sigma = f(\varepsilon)$, die Spannungsdehnungskurve, die das mechanische Verhalten eines Metalls für eine konstante Geschwindigkeit der Verformung und konstante Temperatur kennzeichnet. Abb. 5.3 und 5.4 zeigen Kurven, wie sie im allgemeinen in kfz-Einkristallen (Abb. 5.4; $\tau = f(a)$) und Vielkristallen (Abb. 5.3)

Elastische Verformung

gefunden werden. Man findet in beiden Fällen zwei grundsätzlich verschiedene Teile der Kurve. Für kleine Spannungen bei elastischer Verformung ist $\sigma \sim \varepsilon$. Die Konstante, die σ und ε verknüpft, ist bei

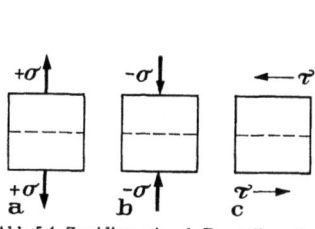

Abb. 5.1. Zweidimensionale Darstellung der Spannungen, die auf eine Fläche (gestrichelt) in einem Metallkörper wirken können. a Zugspannung, b Druckspannung, c Schubspannung

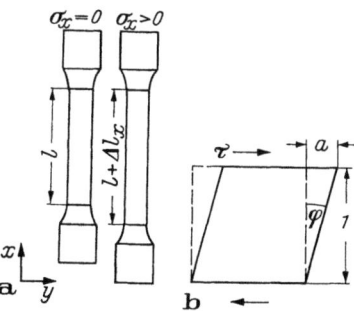

Abb. 5.2. a Verformung eines Stabes in x-Richtung durch die Zugspannung σ_x, b Verformung eines Blocks durch die Schubspannung τ

Zug- und Druckspannung der Elastizitätsmodul. Bei Schubspannung ist die Abgleitung a proportional dem Schubmodul G.

$$\sigma = E\varepsilon; \quad \tau = G\varphi = Ga. \qquad (5.1)$$

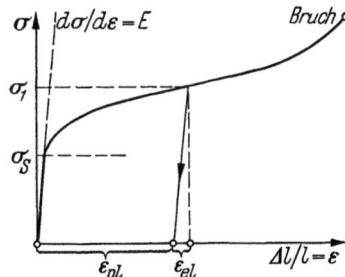

Abb. 5.3. Spannungs-Dehnungskurve eines vielkristallinen Metalls

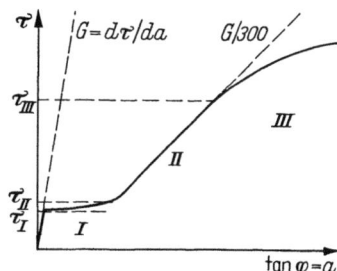

Abb. 5.4. Schubspannungs-Abgleitungskurve eines kfz-Einkristalls

Bei Spannungen unterhalb σ_s oder τ_I in Abb. 5.3 und 5.4[1] befindet sich das Metall im elastischen Bereich: Die Verformung ε oder a geht beim Entlasten auf Null zurück. Das Verhalten wird durch die elastischen Konstanten (E, G) gekennzeichnet, zu denen im vielkristallinen Metall noch die Querkontraktionszahl ν kommt. Wenn der Stab in Abb. 5.2 in x-Richtung um $\Delta l/l = \varepsilon_x$ gedehnt wird, kontrahiert er in y- und z-Richtung um $\varepsilon_y = \varepsilon_z = -\nu \varepsilon_x$. Zwischen Elastizitäts-

---

[1] Im folgenden Text wird mit τ stets die Schubspannung am Einkristall, mit σ die Zug- oder Druckspannung am quasi isotropen Vielkristall bezeichnet (außer in Gl. 13.1).

modul, Schubmodul und Querkontraktionszahl besteht folgende Beziehung

$$\nu = \frac{E}{2G} - 1. \tag{5.2}$$

Diese elastischen Konstanten gelten nur für ein isotropes Medium. Metallische Gefüge sind bei kleiner Korngröße und statistischer Verteilung der Orientierung einzelner Körner annähernd isotrop. In einzelnen Kristallen sind die elastischen Konstanten dagegen richtungsabhängig. Die Gleichungen (5.1) müssen dann für die verschiedenen Kristallrichtungen aufgestellt werden. Es ergeben sich für trikline Kristalle (Kristallklasse niedrigster Symmetrie, Tab. 3.4) 21 unabhängige Konstanten, während sich deren Zahl für kubische Kristalle auf drei verringert. Für einige Metalle sind die isotropen und anisotropen Werte von E und G in Tab. 5.1 angegeben. Dabei ist im allgemeinen $E_{max} = E_{\langle 111 \rangle}$; $G_{min} = G_{\langle 111 \rangle}$ und $E_{krz} > E_{kfz}$ (in kpmm^{-2}).

Tabelle 5.1

	$E_{\langle 111 \rangle}$	$E_{\langle 100 \rangle}$	$G_{\langle 100 \rangle}$	$G_{\langle 111 \rangle}$	$E_{isotrop}$	$G_{isotrop}$
Cu	19 400	6 800	7 400	3 100	12 500	4 600
Al	7 700	6 400	2 900	2 500	7 200	2 700
α-Fe	29 000	13 000	11 800	6 100	21 500	8 400

Streckgrenze

Das Ausbiegen der Spannungsdehnungskurve aus der elastischen Geraden bei σ_s und τ_I zeigt den Beginn der plastischen Verformung an. Nach dem Entlasten bleibt eine plastische Verformung ε_{pl} zurück (Abb. 5.3). Die Spannung, bei der die plastische Verformung ε_{pl} beginnt, heißt Streckgrenze σ_s (Abb. 5.3). Praktisch mißt man die Spannung, bei der ein bestimmter, sehr kleiner Betrag an plastischer Verformung (0,01%; 0,2%) auftritt und schreibt: $\sigma_{0,01}$ oder $\sigma_{0,2}$. Bei der Spannung $\sigma_1 > \sigma_s$ addieren sich elastische und plastische Verformung zur Gesamtverformung $\varepsilon = \varepsilon_{el} + \varepsilon_{pl}$ (Abb. 5.3). In manchen Legierungen fällt die Spannung bei der Streckgrenze σ_0 auf einen Wert σ_u ab, bei dem die plastische Verformung weitergeht. (Diskontinuierliche Streckgrenze; σ_0 obere, σ_u untere Streckgrenze, Abb. 15.12.)

Im Einkristall, an den eine zunehmende Zugspannung angelegt wird, findet man eine Abgleitung in ganz bestimmten Ebenen und Richtungen des Kristalls, wobei die Gleitrichtung immer in der Gleitebene enthalten sein muß (Kap. 3, Gl. 3.2). Gleitebene und Gleitrichtung bilden gemeinsam ein Gleitsystem. Im kfz-Gitter findet die Gleitung ausschließlich auf {111}-Ebenen in $\langle 110 \rangle$-Richtungen statt. In jeder {111}-Ebene sind 3 $\langle 110 \rangle$-Richtungen enthalten (Abb. 3.5)

Berichtigungen

S. 10, Abb. 2.2 : Ordinate: statt $-G$ lies G;
   dagegen fällt G mit steigender Temperatur,
   bei G_f stärker als bei G_k

S. 39, Gl. (5.3): statt $\sin \beta$ lies $\cos \beta$

S. 65, Gl. (7.3): statt A lies $\bar{A}$

S. 90, Abb. 10.8 (Unterschrift): statt CuA II lies CuAu II

S. 108, Zeile 7 v. u.: statt (Kathode) lies (Anode);
   statt (Anode) lies (Kathode)

S. 123, Gl. (13.1): statt $\sigma_8 \leq \sigma_1 - \sigma_3$ lies $\sigma_8 \geq \sigma_1 - \sigma_3$

S. 152, Zeile 15 v. o.: statt Gottrell-Atmosphären
   lies Cottrell-Atmosphären

(4 Gleitebenen mal 3 Gleitrichtungen = 12 Gleitsysteme). Wenn außerdem berücksichtigt wird, daß die Gleitung in den ⟨110⟩-Richtungen mit verschiedenen Vorzeichen möglich ist, ergeben sich insgesamt 24 Gleitsysteme. Im krz-Gitter sind die dichtest besetzten Flächen {110}, die dichtest besetzten Richtungen ⟨111⟩ (Abb. 3.2a). Erwartungsgemäß findet man in krz-Metallen Gleitsysteme vom Typ {110} ⟨111⟩. Da in den {110}-Ebenen immer 2 ⟨111⟩-Richtungen enthalten sind, ergeben sich 6×2×2 = 24 Gleitsysteme dieses Typs. Während im kfz-Gitter nur {111}-Ebenen als Gleitebenen wirksam werden, gibt es im krz-Gitter (beim α-Eisen) noch die Gleitsysteme {112} ⟨111⟩ und {123} ⟨111⟩. Beide Ebenentypen enthalten jeweils nur eine ⟨111⟩ Richtung. Die Ebenen treten jedoch in größerer Häufigkeit auf, so daß daraus eine große Zahl von Gleitsystemen folgt.

Untersuchungen der Streckgrenze von Einkristallen haben gezeigt, daß bei beliebiger Richtung der von außen angelegten Zugspannung zu den Achsen des Kristalls die plastische Verformung immer dann einsetzt, wenn die Schubspannungskomponente in Gleitebene und Gleitrichtung einen bestimmten Wert erreicht. Da meist verschiedene Gleitsysteme zur Auswahl stehen, wird die Gleitung immer in demjenigen Gleitsystem beginnen, für dessen Winkellage zur äußeren Spannung sich die höchste Schubspannung ergibt.

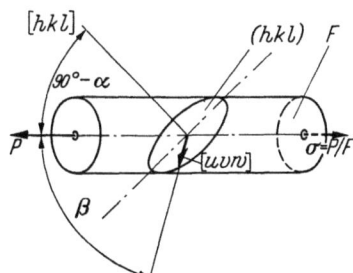

Abb. 5.5. Die Verformung eines stabförmigen Einkristalls unter der Spannung σ erfolgt in der Ebene (hkl) und der Richtung $[uvw]$

Der Wert für die Schubspannung τ bezüglich dieses Systems ergibt sich nach Abb. 5.5 aus Größe und Richtung der äußeren Spannung zu:

$$\tau = \sigma \cos \alpha \sin \beta = \frac{P}{F} \cos \alpha \sin \beta, \quad (5.3)$$

dabei ist α der Winkel zwischen Gleitebene (hkl) und σ, und β der Winkel zwischen Gleitrichtung $[uvw]$ und σ (Schmidsches Schubspannungsgesetz). Aus Gl. (5.3) folgt, daß τ bei gegebener Spannung σ einen Höchstwert besitzt, wenn $\alpha = \beta = 45°$ ist, dann gilt $\tau = \sigma \cdot 0{,}5$. Die Komponente der Spannung, die senkrecht auf einer Kristallebene steht, ist die Normalspannung. Sie ist die kritische Größe bei der Bruchbildung in Kristallen.

5. Elastische und plastische Verformung

Die kritische Schubspannung τ_I ist die Schubspannung, bei der die plastische Verformung des Einkristalls beginnt. In Abb. 5.4, der Spannungsdehnungskurve eines Einkristalls, ist bereits die Schubspannung τ anstelle der äußeren Spannung σ aufgetragen worden. Die gemessenen Werte von τ_I, bei denen wie in Abb. 5.8 eine Gleitung um mindestens einen Atomabstand auftritt, liegen bei reinen Metallen im Bereich von 1 bis 10^{-3} kp mm^{-2}.

Aus der theoretischen Berechnung der Schubspannung, die notwendig ist, um diese Verschiebung der Atome im perfekten Kristall zu bewirken, ergibt sich die theoretische Festigkeit τ_{th} eines Kristalls:

$$\tau_{th} \approx \frac{G}{30}. \qquad (5.4)$$

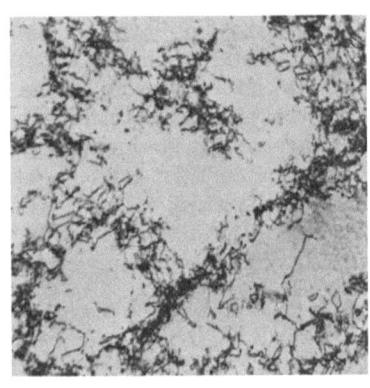

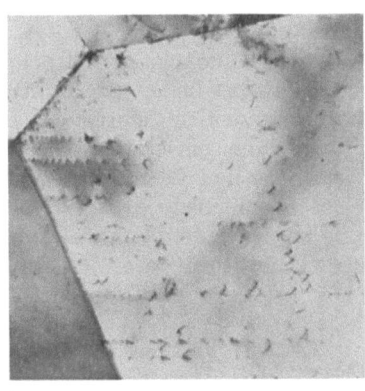

a b

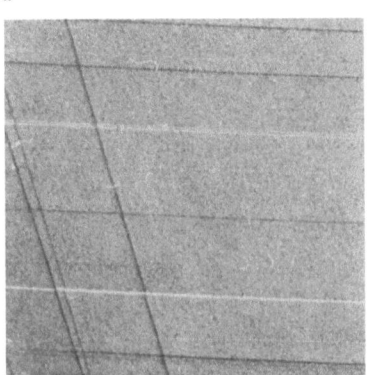

Abb. 5.6. a Zellanordnung der Versetzungen in verformtem Kupfer, hohe Stapelfehlerenergie $\gamma \approx 160$ erg cm^{-2}, Elektronenmikroskopisch, Durchstrahlung, 20 000×.

b Aufgestaute Versetzungen in den Gleitebenen in austenitischem rostfreiem Stahl, niedrige Stapelfehlerenergie $\gamma \approx 10$ erg cm^{-2}, Elektronenmikroskopisch, Durchstrahlung, 10 000×.

c Gleitlinien, die durch Austreten von Versetzungen aus polierten Oberflächen entstehen. Ni-Al-Legierung, 3% verformt, Elektronenmikroskopisch, Oberflächenabdruck, 11 000×

c

Für α-Eisen schätzen wir daraus einen Wert $\tau_{th} \approx 0{,}8 \cdot 10^3$ kp mm^{-2} ab und erkennen, daß sich theoretische und praktisch gefundene kritische Schubspannung um einen Faktor 10^4 bis 10^6 unterscheiden. Daraus ist zu schließen, daß die plastische Verformung von Metallen im allgemeinen nicht durch Verschiebung von Ebenen des perfekten Kristallgitters stattfinden kann. (Eine Ausnahme bilden aus der Gasphase erhaltene Fadenkristalle (Whiskers), bei denen manchmal τ_{th} erreicht wird.) Der Grund für die wesentlich geringere Schubspannung ist, daß eine Abgleitung wie in Abb. 5.8 durch Bewegung von Versetzungen bei sehr geringer Schubspannung eintreten kann. Falls eine Versetzung einen Burgersvektor in der Gleitrichtung vom Betrag eines ganzen Gittervektors besitzt (vollständige Gleitversetzung), findet beim Bewegen dieser Versetzung durch das Gitter eine Abgleitung um b statt. Abb. 5.7 zeigt eine Gleitversetzung $b = a/2\,[\bar{1}11]$ im (211) $[\bar{1}11]$-Gleitsystem des krz-Gitters. Eine Stufenversetzung wie in Abb. 4.4 und 5.7

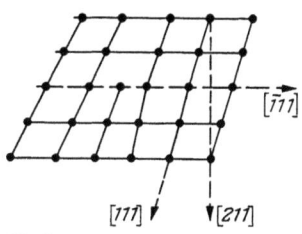

Abb. 5.7. Gleitversetzung mit $b = a/2$ $[\bar{1}11]$ im krz-Gitter, Gleitebene $[211]$

ist nur dann eine Gleitversetzung, wenn b in der Gleitebene g liegt: $b \cdot g = n =$ ganze Zahl. Eine Schraubenversetzung braucht diese Bedingung nicht zu erfüllen. Sie kann die Gleitebene wechseln (Quer-

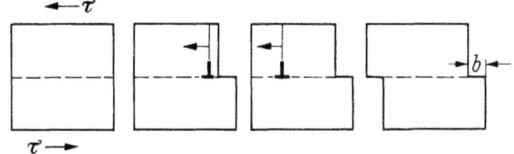

Abb. 5.8. Abgleitung um den Betrag des Burgersvektors b durch das Wandern einer Versetzung

gleitung). Abb. 5.8 zeigt schematisch, wie in der Oberfläche beim Durchwandern einer Gleitversetzung eine Stufe der Höhe b entsteht.

Die relativ niedrige Streckgrenze, die gewöhnlich in Metallen gefunden wird, ist daher durch die Kraft bestimmt, die notwendig ist:

a) schon vorhandene Versetzungen durch den perfekten Kristall zu bewegen, oder

b) Versetzungen aus Quellen zu erzeugen, oder

c) Versetzungen durch einen Kristall mit schon vorhandenen Gitterbaufehlern zu bewegen.

Einige Versetzungen sind in unverformten Metallen fast immer vorhanden. Sie können während der Erstarrung oder Rekristallisation (Kap. 9) einwachsen. Neu entstehen sie unter Spannung aus *Quellen*. Dafür kommen in Frage: die äußere Kristalloberfläche, Korngrenzen, Grenzflächen zwischen Kristallen verschiedener Struktur und schon vorhandene Versetzungen als Frank-Read-Quellen, deren Wirkungsweise beschrieben werden soll (Abb. 5.9).

5. Elastische und plastische Verformung

$A-B$ sei die Linie einer gleitfähigen Versetzung, die in den Punkten A und B mit dem Abstand l unbeweglich ist, d. h. Knoten mit Versetzungen bildet, die nicht in der gleichen Gleitebene und

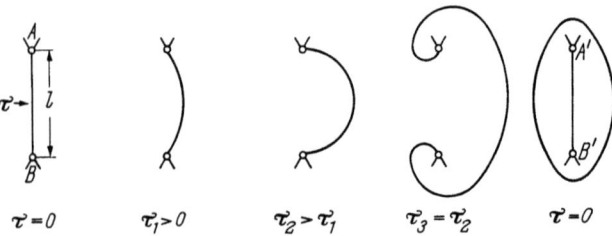

Abb. 5.9. Wirkungsweise einer Frank-Read-Quelle

-richtung liegen. Diese an zwei Punkten festgelegte Versetzung biegt sich aus, wenn eine zunehmende Schubspannung auf sie wirkt, bis sie als minimalen Radius $r_{min} = l/2$ erreicht. Bei noch weiter zunehmender Spannung wird die Anordnung instabil. Der Radius nimmt wieder zu. Die beiden Versetzungsteile vereinigen sich hinter der Quelle. Dabei entsteht eine neue Versetzung $A'B'$ und ein Versetzungsring mit $r > l/2$. Die Versetzung $A'B'$ kann nun wiederum einen Ring bilden, so daß aus $A-B$ eine große Zahl von Ringen entstehen kann. Die Spannung τ_Q, die notwendig ist, eine solche Quelle in Tätigkeit zu setzen, kann man berechnen:

$$\tau b = +K_1$$

ist die Kraft auf die Versetzung $A-B$.

$$\frac{2Gb^2}{l} = \frac{T}{l/2} = -K_2$$

ist die Kraft, die vom Durchbiegen der Versetzung mit der Linienspannung $T \approx 0{,}5b^2 G$ herrührt und die der von außen wirkenden Kraft $+K_1$ entgegenwirkt. Die Bedingung für das Gleichgewicht der Kräfte ist:

$$K_1 \pm K_2 = 0 .$$

Das Maximum von K_2 ist gegeben bei $r = r_{min} = l/2$.
Daraus folgt die Quellspannung τ_Q:

$$\tau_Q = \frac{2Gb}{l} . \tag{5.5}$$

Für l kann im unverformten Kristall ein Wert von der Größenordnung 10^{-4} bis 10^{-3} cm, im verformten 10^{-6} bis 10^{-5} cm angenommen werden.

Verfestigung

Die Schubspannungs-Abgleitungskurve, Abb. 5.4, des Einkristalls kann in drei Bereiche aufgeteilt werden. Im Bereich I findet plastische Verformung ohne nennenswerte Verfestigung statt, darauf

Verfestigung 43

folgt ein linearer Anstieg der Spannung mit der plastischen Verformung (linearer Verfestigungskoeffizient, $d\tau/da_{pl} = $ const) im Bereich II. Vom Beginn des Bereichs III an nimmt der Verfestigungskoeffizient wieder ab. Um das plastische Verhalten von Metallen zu verstehen, müssen diese makroskopischen Beobachtungen mit dem Verhalten der Versetzungen, Abb. 5.6, in Einklang gebracht werden: Im Bereich I gibt es noch keine Wechselwirkungen zwischen den einzelnen Gleitversetzungen, die den Beginn der plastischen Verformung bewirken. Vom Beginn des Bereichs II an ist es wegen der Wechselwirkung zwischen den einzelnen Gleitversetzungen notwendig, daß zur weiteren plastischen Verformung eine immer höhere Spannung aufgebracht werden muß. Das kann darauf zurückzuführen sein, daß durch Aufstauungen von Versetzungen in gleicher Gleitebene weitreichende Spannungsfelder entstehen (Abb. 5.6b) oder daß mit zunehmender Dichte der Versetzungen der Knotenabstand l (Gl. 5.5) abnimmt. Im Bereich II gilt unabhängig von diesen Annahmen für den Zusammenhang zwischen der kritischen Schubspannung im verfestigten Zustand und der Versetzungsdichte N:

$$\tau_v = \tau_0 + Gb\,(N)^{1/2}. \qquad (5.6)$$

Die Versetzungsdichte N wird in $\dfrac{\text{Zahl der Linien}}{\text{Flächeneinheit}}$ oder $\dfrac{\text{Länge der Linien}}{\text{Volumeneinheit}}$ angegeben und kann z. B. elektronenmikroskopisch bestimmt werden (Kap. 11); τ_v ist die kritische Schubspannung des verformten, τ_0 die des unverformten Kristalls. Für den Verfestigungskoeffizienten im Bereich II wird in allen kfz-Metallen $d\tau/da_{pl} \approx$ $\approx G/300$ gefunden. Das Ausbiegen der Verfestigungskurve bei noch höheren Spannungen $\tau > \tau_{III}$ ist darauf zurückzuführen, daß Versetzungen dann ihre Gleitebene verlassen (quergleiten) können. Da Quergleitung um so geringere Spannung erfordert, je höher die Stapelfehlerenergie γ (Tab. 4.1) eines Metalls ist, kann diese wichtige Größe durch Messungen der kritischen Schubspannung am Beginn des Bereichs III, τ_{III}, bestimmt werden, vgl. auch Kap. 7.

Die praktische Verwendung von Metallen geschieht meistens in vielkristalliner Form. Von der kritischen Schubspannung des Einkristalls kommt man zur Streckgrenze des Vielkristalls mit einer Korngröße, die sehr viel kleiner ist als die Probengröße, wenn gleiche Häufigkeit aller Orientierungen zur von außen anliegenden Spannung vorausgesetzt wird:

$$3{,}06\tau_0 = \sigma_0. \qquad (5.7)$$

Dieser Wert gilt aber streng nur für einen „Vielkristall mit unendlich großer Korngröße", da Korngrenzen genau wie Versetzungen Hindernisse für die Bewegung von Gleitversetzungen darstellen.

Analog Gl. (5.6) wird die Streckgrenze σ_0 proportional zur Dichte der Korngrenzen erhöht. Diese Beziehung kann auch mit Hilfe des mittleren Korndurchmessers D (Abb. 2.5) ausgedrückt werden (Petch-Beziehung):

$$\sigma_{KG} = \sigma_0 + \frac{k}{(D)^{1/2}}. \tag{5.8}$$

k ist eine Konstante, die in erster Linie vom Metall, aber nur wenig von Temperatur, Geschwindigkeit und dem Betrag der Verformung abhängt. Die Streckgrenze eines reinen Metalls, σ_s, setzt sich also zusammen aus der Spannung σ_0, die notwendig ist, Versetzungen im perfekten Kristall zu erzeugen und zu bewegen und den Anteilen, die durch Behinderung der Bewegung durch Versetzungen, $\Delta\sigma_v$, und Korngrenzen, $\Delta\sigma_{KG}$, bedingt sind:

$$\sigma_s = \sigma_0 + \Delta\sigma_v + \Delta\sigma_{KG} = \sigma_0 + i(N)^{1/2} + k(D)^{-1/2}. \tag{5.9}$$

Weitere Einflüsse, die die Streckgrenze in reinen Metallen bestimmen können, sind Temperatur, Geschwindigkeit und Änderung des Verformungsmechanismus. σ_0 nimmt stets mit sinkender Temperatur und steigender Geschwindigkeit der Verformung zu. Allerdings sind die Summanden der Gl. (5.9) verschiedene Funktionen der Temperatur. Abb. 5.10 zeigt, daß die Streckgrenze im krz-Gitter viel stärker von der Temperatur abhängt als im kfz-Gitter, während dort der Verfestigungskoeffizient $d\sigma/d\varepsilon_{pl}$ stärker temperaturabhängig ist. Die Temperaturabhängigkeit von $\Delta\sigma_v$ wird in Kap. 9 besprochen.

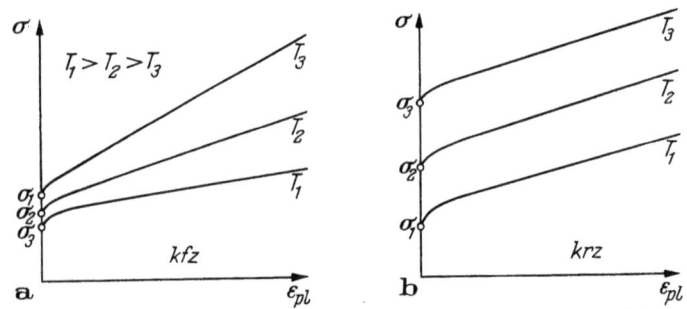

Abb. 5.10. Schematische Darstellung der Temperaturabhängigkeit der plastischen Verformung a geringe Abhängigkeit der Streckgrenze im *kfz*-Gitter, b starke Abhängigkeit der Streckgrenze im *krz*-Gitter

Zwillingsbildung

Neben der Verformung durch Gleiten mittels Bewegung von vollständigen Versetzungen gibt es noch zwei weitere Mechanismen der plastischen Verformung:
 a) Zwillingsbildung,
 b) Gitterumwandlung.

Bei der Verformung durch Zwillingsbildung ist der Betrag der Abgleitung proportional der Entfernung von der Ebene der Zwillingsbildung (Abb. 5.11). Durch Scherung in einer bestimmten Richtung

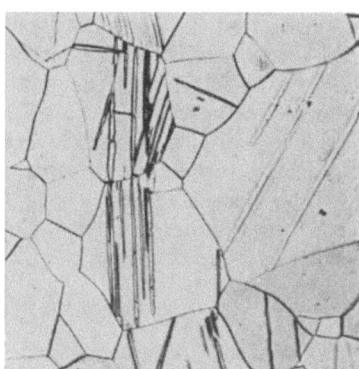

Abb. 5.11. Verformung von α-Eisen durch Zwillingsbildung. Verformungstemperatur − 180 °C, Lichtmikroskopisch, 200×

dieser Zwillingsebene entsteht im Gegensatz zur Gleitung eine neue Kristallorientierung spiegelbildlich zur ursprünglichen. Analog den Gleitsystemen findet man folgende Zwillingssysteme:

Tabelle 5.2

Gitter	Ebenen	Richtungen
krz	{112}	⟨111⟩
kfz	{111}	⟨112⟩

Die Bildung von Zwillingen erfolgt nicht durch Bewegung von vollständigen, sondern von Teilversetzungen. Zu ihrer Bildung sind meist hohe Spannungen notwendig. Außerdem ist zum Wachsen eines Zwillings ein möglichst perfekter Kristall notwendig. Deshalb treten Verformungszwillinge am häufigsten in großen Kristallen mit wenigen Gleitsystemen, bei tiefer Temperatur, oder höherer Verformungsgeschwindigkeit auf. Dies sind die gleichen Bedingungen, die hohe Normalspannungen σ_N ermöglichen, die zur Trennung von Kristallebenen führen. Zwillingsbildung und Sprödigkeit werden deshalb häufig gleichzeitig beobachtet.

Die dritte Möglichkeit der plastischen Verformung besteht darin, daß mit einer Gitterumwandlung gleichzeitig eine Formänderung verbunden ist. Plastische Verformung durch Gitterumwandlungen ist nur in metastabilen Metallen oder Legierungen möglich (Kap. 10, 15).

Verformungstextur

In Gl. (5.7) war vorausgesetzt worden, daß der Vielkristall eine isotrope, d. h. gleichmäßig häufige Verteilung der Orientierungen besitzt. Wird ein vielkristallines Metall zum Beispiel durch Walzen verformt, treten mit dem Verformungsgrad zunehmende Abweichungen von der Isotropie auf, die auf die Anisotropie der Verformung in den einzelnen Kristalliten zurückzuführen sind. Die Abweichung von der statistischen Verteilung der Orientierungen nach Verformung wird Verformungstextur oder speziell nach dem Walzen Walztextur genannt. Die Verteilung der Häufigkeit von Orientierungen in bezug auf eine Blechoberfläche kann mit Hilfe der stereographischen Projektion (Kap. 4) dargestellt werden (Abb. 5.12). Aus den Polfiguren und der Kenntnis der Anisotropie im Einkristall kann dann die Anisotropie makroskopischer Eigenschaften, z. B. der Streckgrenze oder der Sättigungsmagnetisierung, im vielkristallinen Metall abgeleitet werden.

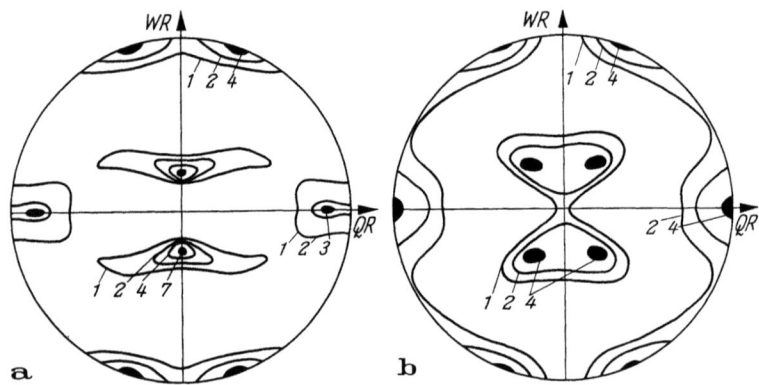

Abb. 5.12. Darstellung der Verformungstextur durch Polfiguren. Die Höhenlinien geben die Häufigkeit der Pole von {111} Ebenen an. Blechebene und Zeichenebene liegen parallel. WR — Walzrichtung; QR — Querrichtung.
a Walztextur von kfz-Metallen mit hoher Stapelfehlerenergie (Kupfer), b Walztextur von kfz-Metallen mit niedriger Stapelfehlerenergie (Messing, 70 Gew.-% Cu, Rest Zn) (F. HAESSNER)

Literatur zu Kapitel 5

COTTRELL, A. H.: Dislocations and Plastic Flow of Crystals. London: Clarendon Press 1953 (Versetzungstheorie).
COTTRELL, A. H.: The Mechanical Properties of Matter. New York: Wiley 1964 (Lehrbuch der makroskopischen und mikroskopischen mechanischen Eigenschaften von Metallen und Nichtmetallen).
SCHMID, E., und W. BOAS: Kristallplastizität. Berlin: Springer 1935 (Klassisches Lehrbuch der Verformung von Metallkristallen).
KOCHENDÖRFER, A.: Physikalische Grundlagen der Formänderungsfestigkeit von Metallen. Düsseldorf: Stahleisen-Sonderhefte 1963 (Theorie der Verformung mit Ausblick auf mechanische Eigenschaften von Stählen).
HALL, E. O.: Twinning and Diffusionless Phase Transformations in Metals. London: Butterworth 1954 (Monographie über Schervorgänge).

6. Konstitution von Legierungen

Grundlagen der heterogenen Gleichgewichte

Bisher ist nur das Verhalten reiner Metalle behandelt worden (Kap. 2, 4 und 5). Viel häufiger treten aber Legierungen auf, das heißt Stoffe mit metallischen Eigenschaften, die aus zwei oder mehr Elementen bestehen, von denen mindestens eins ein Metall ist. Im kristallinen Zustand gibt es in Legierungen Mischkristallphasen, die aus dem Kristallgitter eines der Elemente bestehen, in dem Atome der anderen Komponenten regellos verteilt sind, und intermetallische Phasen, die ein von den Komponenten abweichendes Kristallgitter haben.

Besteht eine Legierung nur aus einer Phase, so ist ihr Gefüge mikroskopisch nicht von dem eines reinen Metalls (Abb. 2.5) zu unterscheiden (homogenes Gefüge). Treten zwei (oder mehr) Phasen

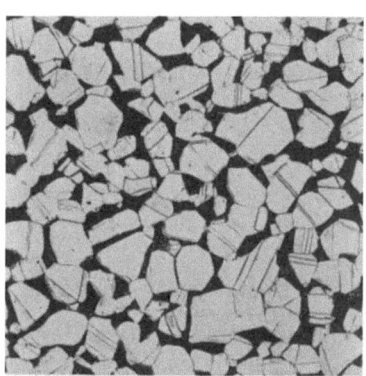

Abb. 6.1. Kupfer-42-Gew.-%-Zink-Legierung, die verformt und rekristallisiert wurde. Zweiphasiges (heterogenes) Gefüge: α-Phase mit Rekristallisationszwillingen (weiß) und β-Phase (schwarz), Lichtmikroskopisch, 100×

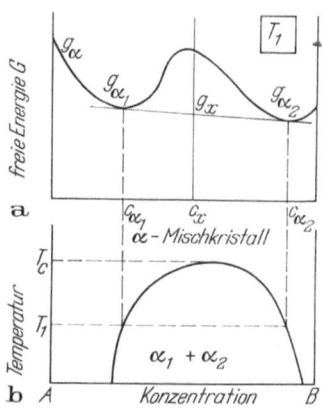

Abb. 6.2a. Schematisches Freie Energie/Konzentrations-Diagramm eines Systems mit einer Mischungslücke der Komponenten A und B im festen Zustand bei der Temperatur T_1

Abb. 6.2b. Schematisches Zustandsdiagramm eines Systems mit einer Mischungslücke der Komponenten A und B im festen Zustand

gleichzeitig auf, so lassen sie sich aufgrund ihres unterschiedlichen Ätzverhaltens im Gefügebild unterscheiden, Abb. 6.1 (heterogenes Gefüge).

Der Gleichgewichtszustand, also die Art und das Mengenverhältnis der anwesenden Phasen bei einer bestimmten Legierungskonzentration und Temperatur (und bei bestimmtem Druck), ist thermodynamisch durch das Minimum der freien Energie gegeben. Abb. 6.2 zeigt diesen Zusammenhang für ein Zweistoffsystem, in dem die

6. Konstitution von Legierungen

Komponenten bei höherer Temperatur ($> Tc$) völlig mischbar sind, bei niedrigerer ($< Tc$) dagegen zwei Mischkristalle α_1 und α_2 bilden. Eine Legierung im homogenen Bereich, also im angegebenen Beispiel in den Konzentrationsbereichen $A-c_{\alpha_1}$ und $c_{\alpha_2}-B$, hat ihr Minimum der freien Energie auf der Kurve $g_\alpha(c)$ bei der Konzentration der Legierungszusammensetzung. Eine Legierung der Zusammensetzung c_x im heterogenen Bereich $c_{\alpha_2}-c_{\alpha_1}$ dagegen hat ein Minimum der freien Energie g_x, wenn sie in die beiden Mischkristallphasen α_1 und α_2 mit den Konzentrationen c_{α_1} und c_{α_2} zerfällt. Für den Gleichgewichtszustand einer zweiphasigen Legierung gilt dementsprechend allgemein

$$g = c_1 g_\alpha + c_2 g_\beta = \text{Minimum}, \qquad (6.1)$$

worin c_1 und c_2 die Grenzkonzentrationen des Zweiphasenbereichs der Phasen α und β und g_α, g_β deren freie Energien sind. Jede Phase ist in einem g-c-Diagramm durch eine Kurve $g_i(c)$ vertreten. Für den heterogenen Bereich gilt stets, daß das Minimum der freien Energie der Legierung auf der gemeinsamen Tangente an die $g_i(c)$-Kurven der Phasen liegt ($g_{\alpha_1} - g_{\alpha_2}$ in Abb. 6.2). Diese Tangente ist durch die Bedingungen gegeben, daß sie in den Berührungspunkten die gleiche Steigung

$$\frac{dg_\alpha}{dc} = \frac{dg_\beta}{dc}$$

haben und die Berührungspunkte verbinden muß

$$\frac{dg_\alpha}{dc} = \frac{g_\beta - g_\alpha}{c_\beta - c_\alpha}.$$

Eine weitere wichtige thermodynamische Grundlage der Phasengleichgewichte ist das Gibbssche Phasengesetz. Es gibt den Zusammenhang zwischen der Anzahl der Phasen p (Gasphasen, flüssige Phasen, Mischkristallphasen, intermetallische Phasen), der Komponenten n (in Metallsystemen die Zahl der beteiligten Metalle) und der Freiheiten f (d. h. die Zahl der Zustandsveränderlichen Konzentration, Temperatur und Druck, die unabhängig voneinander geändert werden können, ohne daß die Zahl der Phasen sich ändert):

$$f + p = n + 2. \qquad (6.2a)$$

Je nach der Zahl der Komponenten ist die Zahl der gleichzeitig nebeneinander möglichen Phasen und der Zustandsänderungen begrenzt, wenn Gleichgewicht herrscht. Legierungsgleichgewichte stellt man meistens nur für Atmosphärendruck dar, weil die Gleichgewichte in den meisten Metallsystemen im festen Zustand nur wenig vom Druck abhängen, so daß eine Freiheit (Druck) entfällt und das Phasengesetz in der Form

$$f + p = n + 1 \qquad (6.2b)$$

gilt.

Zum Beispiel sind am Schmelzpunkt eines reinen Metalls, also eines Einstoffsystems ($n = 1$), flüssige und feste Phase ($p = 2$) nebeneinander beständig. Dafür folgt $f = 0$, das heißt, daß bei $T_{kf}+dT$ nur der flüssige, und bei $T_{kf} - dT$ nur der feste Zustand existiert, da wegen der Änderung der Temperatur $f = 1$ und daher $p = 1$ werden muß (s. Kap. 2). In Vielstoffsystemen können die Gleichgewichtsverhältnisse anhand dieses Zusammenhangs leichter analysiert werden.

Mischkristalle, geordnete Atomverteilung, intermetallische Phasen

Die Atomanordnung in den Phasen hat entscheidenden Einfluß auf ihre Gleichgewichte und die Eigenschaften einer Legierung.

In Mischkristallen treten oft, insbesondere in der Nähe von Phasengrenzen, örtlich begrenzte Abweichungen von der regellosen Atomverteilung auf. Diese Abweichungen werden als Nahordnung (dabei sind vorwiegend ungleichartige Atome nächste Nachbarn) bzw. als Nahentmischung (dabei sind vorwiegend gleichartige Atome nächste Nachbarn) bezeichnet.

Der Zustand einer Legierung im Gleichgewicht hängt von den Atomgrößen, den Bindungskräften, der Zusammensetzung und der Temperatur ab. Der Druck kann im allgemeinen als Variable vernachlässigt werden. Bei sehr hohen Drucken und bezüglich der Löslichkeit von Gasen in Metallen muß der Druckeinfluß auf die Gleichgewichte dagegen berücksichtigt werden.

Der Einfluß der Atomgröße auf den Legierungszustand besteht darin, daß im Mischkristall um jedes zulegierte Atom weitreichende Gitterverzerrungen bestehen, wenn sich die Atomgröße von der des Ausgangsmetalls unterscheidet. Die Gesamtenergie des Kristalls wird dadurch erhöht und die Grenze der maximalen Mischbarkeit nach niedrigeren Konzentrationen verschoben. Die Verzerrungsfelder sind weitreichend, und man findet dementsprechend, daß sich die mittleren Atomabstände und damit die Gitterparameter in Mischkristallen annähernd linear mit der Konzentration (in Atom-%) ändern. Diese lineare Abhängigkeit der Gitterparameter von der Konzentration heißt VEGARDsche Regel. Systematische empirische Untersuchungen und energetische Berechnungen ergeben, daß zwei metallische Komponenten nicht vollständig mischbar sein können, wenn ihre Atomradien sich um mehr als 15% unterscheiden. Der Grenzwert kann aber auch niedriger liegen, wenn die Bindungskräfte zwischen den Atomen deren Mischbarkeit in einem regellosen Mischkristall noch stärker einschränken.

Diese Hinweise zeigen, daß die Zustände von Legierungen, d. h. die Zahl der Phasen, ihre Kristallstruktur und Atomanordnung bisher noch nicht aus allgemeinen Prinzipien abgeleitet werden können. Die Gleichgewichte (Konstitution) werden deshalb empirisch bestimmt und in Zustandsdiagrammen beschrieben. In dieser graphischen Darstellung werden die Existenzbereiche der Phasen oder Phasengemische in Abhängigkeit von Konzentration, Temperatur und (in Metallsystemen seltener) Druck angegeben.

Die Konzentration der Komponenten wird bei wissenschaftlicher Betrachtung meistens in Atomprozenten, bei technischer Anwendung in Gewichtsprozenten angegeben. Die Konzentrationseinheiten von Zweistofflegierungen aus den Komponenten A und B können folgendermaßen ineinander umgerechnet werden:

$$a_A = 100 \frac{g_A/A_A}{g_A/A_A + g_B/A_B};$$

$$g_A = 100 \frac{a_A \cdot A_A}{a_A \cdot A_A + a_B \cdot A_B}.$$

Hierin bedeuten a_i bzw. g_i die Konzentrationsangaben in Atom- bzw. Gewichtsprozent und A_i die Atomgewichte der Komponenten i. —

Wir behandeln nun einige Grundtypen von Zustandsdiagrammen und beschränken uns dabei zunächst auf Zweistofflegierungen (binäre Systeme).

Zweistoffsysteme

Im einfachsten Fall eines Zustandsdiagramms sind beide Komponenten im flüssigen und festen Zustand bei allen Konzentrationen miteinander mischbar. Ein entsprechendes Gleichgewichtsdiagramm zeigt Abb. 6.3 (vgl. Kap. 12).

Für die Angabe der Konzentrationen und Mengen von zwei Phasen, die im Zweiphasengebiet miteinander im Gleichgewicht stehen, wird eine Konode benutzt (s. Abb. 6.3). Eine Konode ist eine isotherme Linie, die einen Punkt auf der einen Löslichkeitslinie (hier auf der Soliduslinie, c_k), den Punkt der Legierungszusammensetzung c_0 und einen Punkt auf der anderen Löslichkeitslinie (hier der Liquiduslinie, c_f) miteinander verbindet. c_k und c_f sind die Konzentrationen der bei der gewählten Temperatur im Gleichgewicht befindlichen festen und flüssigen Phasen und

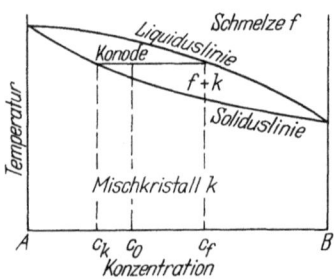

Abb. 6.3. Schematisches Zustandsdiagramm eines Systems mit völliger Mischbarkeit der Komponenten A und B im flüssigen und festen Zustand

$$\frac{m_k}{m_f} = \frac{c_f - c_0}{c_0 - c_k} \qquad (6.3)$$

ist das Verhältnis ihrer Mengen m_k und m_f. Dieser Zusammenhang wird das Hebelgesetz genannt und gilt entsprechend in allen Zweiphasengebieten.

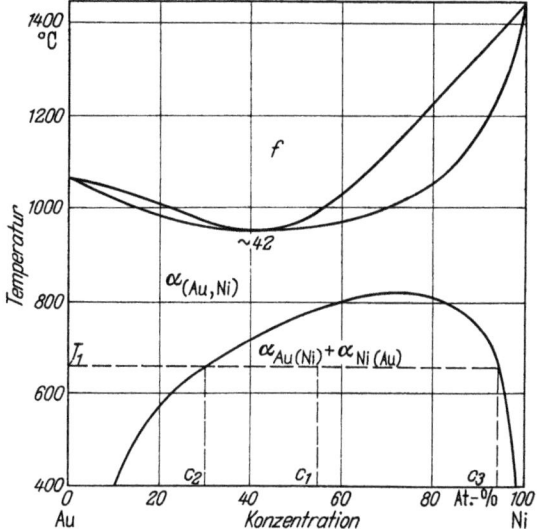

Abb. 6.4. Zustandsdiagramm Gold-Nickel, das eine Mischungslücke im festen Zustand aufweist

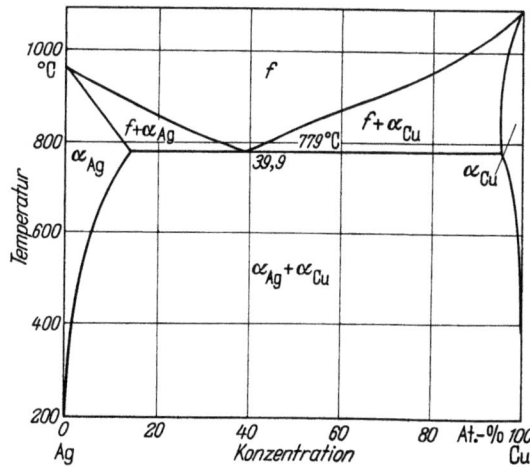

Abb. 6.5. Zustandsdiagramm des eutektischen Systems Silber-Kupfer mit begrenzter gegenseitiger Löslichkeit der Komponenten

Wenn zwei Komponenten bei tieferen Temperaturen nicht vollständig miteinander mischbar sind, so tritt diese Mischungslücke, wie in Abb. 6.4 am System Au-Ni (vgl. Abb. 6.2b) gezeigt wird, durch ein Zweiphasengebiet in Erscheinung, in dem zum Beispiel eine Legierung der Zusammensetzung c_1, bei der Temperatur T_1 aus einem Gemenge von Mischkristallen der Zusammensetzungen c_2 und c_3 besteht. Diese Abweichung der festen Lösung vom idealen Mischkristallverhalten wird auch durch eine Verlagerung des Schmelzintervalls zu tieferen Temperaturen gekennzeichnet (Abb. 6.4).

Wird die Tendenz zur Entmischung noch stärker, so überdecken sich die Erstarrungs- und Entmischungsgleichgewichte und man erhält ein eutektisches Zustandsdiagramm wie das System Ag-Cu, das in Abb. 6.5 gezeigt ist. Erstarrt eine Schmelze in dem Eutektikum genannten Gleichgewicht bei 39,9 Atom-% Kupfer:

$$f \rightleftharpoons \alpha_{Ag} + \alpha_{Cu} \qquad (6.4)$$

so erhält man beide Mischkristalle in feinlamelliertem Gemenge oder in einer anderen sehr regelmäßigen, feinen Verteilung, die günstige mechanische Eigenschaften aufweist. Gußlegierungen haben deshalb häufig eutektische Zusammensetzung (s. Kap. 12). Das Beispiel für

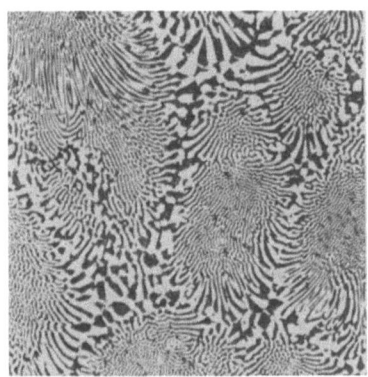
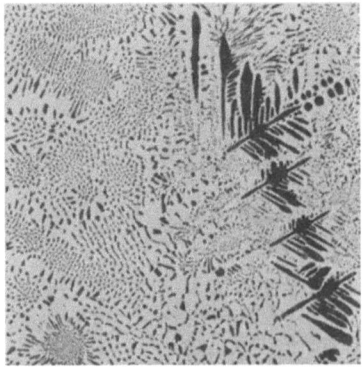

Abb. 6.6. Eutektisches Gefüge einer Silber-Yttriumlegierung (72,5 Atom-% Y). AgY (hell) und Y (schwarz) sind gemeinsam erstarrt. Lichtmikroskopisch, 200× (E. GEBHARDT)

Abb. 6.7. Eutektisches Gefüge mit dentritischen Primärkristallen einer Kadmium-Zink-Legierung (20 Gewichts-% Zn). Zn-Primär(Misch)-Kristalle (dunkel) und Cd + Zn-Eutektikum. Lichtmikroskopisch, 100× (G. PETZOW)

ein eutektisches Gefüge in Abb. 6.6 zeigt, daß heterogene (d. h. mehrphasige) Gefüge sehr verschiedene Erscheinungsformen annehmen können, vgl. Abb. 6.1.

Liegt die Zusammensetzung einer Schmelze nicht bei der eutektischen Konzentration, so scheidet sich zunächst die eine Komponente in Form von Primärkristallen aus. Die Restschmelze verändert dadurch ihre Konzentration, bis sie schließlich die eutektische Zusammensetzung erreicht und als feinverteiltes eutektisches Gefüge erstarrt, s. Abb. 6.7.

An dem eutektischen Gleichgewicht (6.4) wollen wir noch einmal das GIBBSsche Phasengesetz (6.2b) untersuchen. Bei der eutektischen Temperatur stehen drei Phasen (Schmelze, Ag-Mischkristall, Cu-Mischkristall) aus zwei Komponenten (Silber, Kupfer) im Gleichgewicht, also ergibt sich $f = 0$: das Dreiphasengleichgewicht (6.4) kann nur bei der eutektischen Temperatur bestehen.

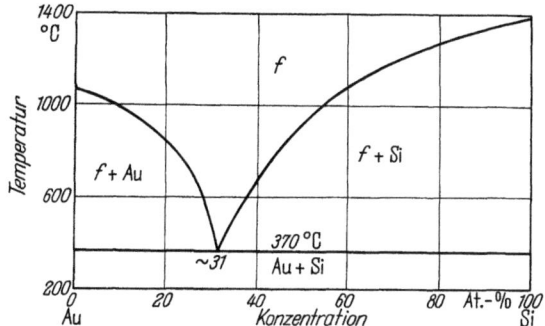

Abb. 6.8. Zustandsdiagramm des eutektischen Systems Gold-Silizium, dessen Komponenten im festen Zustand ineinander unlöslich sind

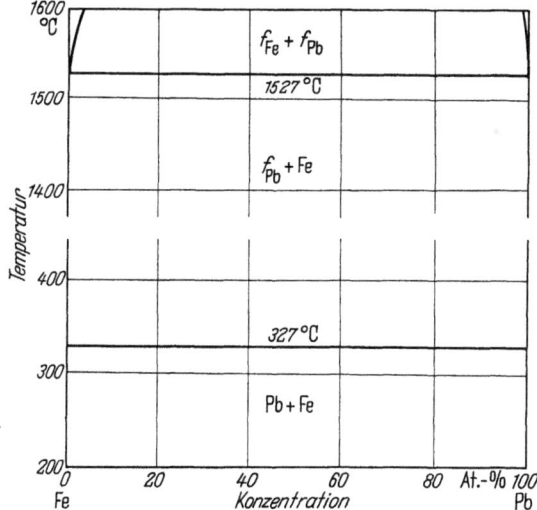

Abb. 6.9. Zustandsdiagramm des Systems Eisen-Blei, dessen Komponenten im flüssigen und im festen Zustand ineinander unlöslich sind

Ein eutektisches System ohne Mischbarkeit der Komponenten im festen Zustand zeigt das Zustandsdiagramm Au-Si in Abb. 6.8. Hier scheiden sich aus der Schmelze die Elemente Au oder Si bzw. ihr

Eutektikum aus, d. h. im festen Zustand liegt ebenfalls ein Gemenge
$$f \rightleftharpoons Au + Si$$
der beiden reinen Metalle vor. Zwei Elemente sind allerdings nie völlig unlöslich ineinander. Die in geringer Menge gelöste Komponente kann aber häufig nur mit sehr empfindlichen Meßmethoden bestimmt werden. Andererseits haben kleinste Beimengungen oft erhebliche Änderungen der Eigenschaften zur Folge. Ein Beispiel ist die Mischkristallhärtung von Eisen durch Kohlenstoff (Kap. 14).

Sind zwei Komponenten praktisch weder im festen, noch im flüssigen Zustand ineinander löslich, so ergibt sich ein Zustandsdiagramm, wie das System Fe-Pb in Abb. 6.9. Im flüssigen Zustand trennen sich die beiden Schmelzen nach dem spezifischen Gewicht.

$$f \rightleftharpoons f_{Fe} + f_{Pb}$$

Im festen Zustand liegen die Phasen in einem Gemenge vor, dessen Anordnung von den Erstarrungsbedingungen abhängt.

Tritt in einem System eine intermetallische Phase auf, so kann sich ein Zustandsdiagramm wie das System Mg-Sn in Abb. 6.10 er-

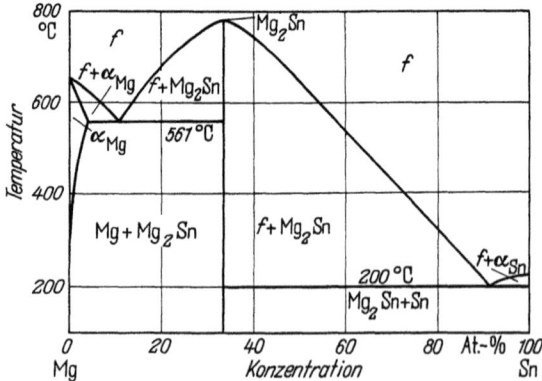

Abb. 6.10. Zustandsdiagramm Magnesium-Zinn mit einer intermetallischen Phase Mg$_2$Sn, durch deren Schmelzmaximum zwei eutektische Teilsysteme Mg-Mg$_2$Sn und Mg$_2$Sn-Sn auftreten

geben. Der intermetallischen Phase Mg$_2$Sn entspricht in diesem Falle ein Maximum in der Liquiduskurve. Die Schmelztemperaturen intermetallischer Phasen sind um so höher, je höher ihre Stabilität bzw. ihre Bildungswärme ist. Das System besteht aus zwei eutektischen Teilsystemen: Mg-Mg$_2$Sn und Mg$_2$Sn-Sn. Für die Gleichgewichte und Erstarrungsvorgänge gilt analog, was für das einfache eutektische System gesagt wurde. Eine intermetallische Phase ist oft nicht auf die stöchiometrische Zusammensetzung beschränkt, sondern kann, wie die Mischkristallphasen, einen ausgedehnten Homogenitätsbereich haben, dessen Breite zunimmt, je stärker der Anteil metallischer Bindung ist (Kap. 3). Im Falle ungeordneter Verteilung der Komponenten im Gitter der intermetallischen Phase bedeutet das lediglich eine Konzentrationsänderung. Im Falle geordneter Atomverteilung befinden sich die Atome der überschüssigen Komponente entweder auf „falschen" Gitterplätzen oder auf Zwischengitterplätzen oder werden durch Leerstellen an Gitterplätzen der unterschüssigen Phase kompensiert (strukturelle Leerstellen, s. Kap. 4).

Die Bildung einer weiteren festen Phase ist auch durch eine Reaktion der Schmelze mit einem bereits ausgeschiedenen Mischkristall möglich. Dieser Fall eines Peritektikums ist in Abb. 6.11 am Beispiel

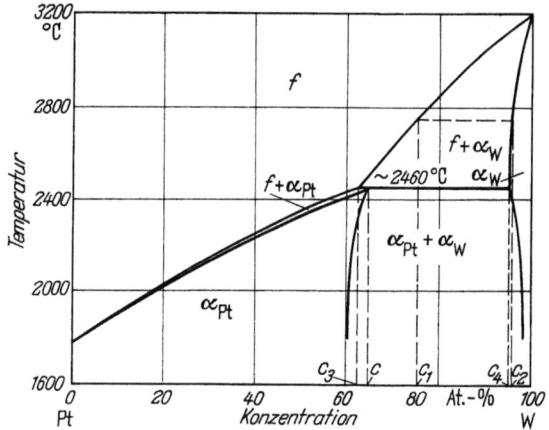

Abb. 6.11. Zustandsdiagramm des peritektischen Systems Platin-Wolfram

Pt-W dargestellt. Eine Schmelze der Konzentration c_1 scheidet zunächst einen Mischkristall der Zusammensetzung c_2 aus; die Gleichgewichtskonzentrationen verschieben sich bei der Abkühlung nach c_3 und c_4 und bei dieser peritektischen Temperatur entsteht die Phase $\alpha \updownarrow = \alpha_{Pt}$ der Konzentration c, wobei Schmelze und teilweise der Mischkristall aufgezehrt werden:

$$f + \alpha_W \rightleftharpoons \alpha_{Pt}$$

Die Temperaturabhängigkeit der Phasengleichgewichte kann thermodynamisch in Analogie zu verdünnten wäßrigen Lösungen berechnet werden. Für einen Punkt der Konzentration c_1 bei der Temperatur T_1 auf einer Löslichkeitslinie, wie sie in Abb. 6.12 dargestellt ist, heißt die entsprechende Beziehung zwischen Konzentration und Temperatur

$$\ln c_1 = \frac{Q}{RT_1} + \ln c_{max} \qquad (6.5)$$

worin c die Konzentration als Molenbruch von A, T die absolute Temperatur und R die Gaskonstante bedeutet. Q ist die Lösungswärme von A in B. Sie enthält die Umwandlungswärme und die Mischungswärme. Bezugspunkt der Kurve ist der Punkt der maximalen Löslichkeit, der experimentell bestimmt werden muß.

Mischkristalle und Mischungslücken, Eutektika und Peritektika treten in wirklichen Legierungssystemen meistens in Kombinationen auf. Im festen Zustand ändert sich dabei oft nicht nur die gegenseitige Löslichkeit der Phasen mit der Temperatur, sondern es treten auch weitere Phasenumwandlungen auf, die entweder — in Analogie zu den Schmelzgleichgewichten — aus eutektoiden oder peritektoiden Reaktionen bestehen.

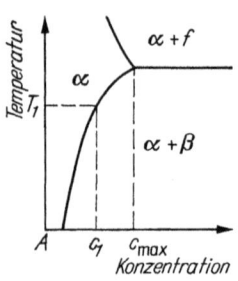

Abb. 6.12. Schematische Darstellung einer Löslichkeitslinie zur Erläuterung ihrer Berechnung aus der Lösungswärme

Als Beispiele für die Kombination verschiedener Konstitutionsfälle in wissenschaftlich und technisch wichtigen Legierungen stellen wir die beiden Zweistoffsysteme Cu-Zn und Fe-C in Abb. 6.13 und 6.14, die die Grundlage der Messinglegierungen und der Kohlenstoffstähle bilden, an den Schluß.

Im System des Messings, Cu-Zn, folgt mit steigendem Zn-Gehalt auf den Cu-Mischkristall (vgl. Hume-Rothery-Phasen, Kap. 3 Tab. 3.5) die intermetallische β-Phase, die peritektisch bzw. unmittelbar aus der Schmelze entsteht und sich bei tieferen Temperatu-

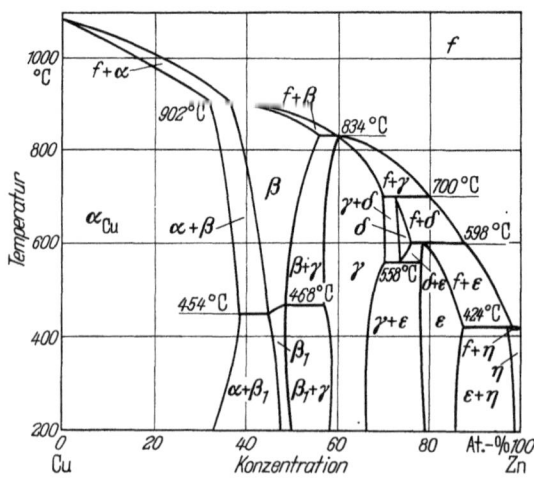

Abb. 6.13. Zustandsdiagramm Kupfer-Zink

ren in eine Ordnungsphase β_1 umwandelt. Die Phasen γ, δ, ε und der Zn-Mischkristall entstehen ebenfalls aus peritektischen Reaktionen und können außerdem unmittelbar aus der Schmelze entstehen.

δ wird bei tieferen Temperaturen instabil und zerfällt eutektoidisch in γ und ε. Es treten also folgende Reaktionen auf:

$$f + \alpha \rightleftharpoons \beta$$
$$f + \beta \rightleftharpoons \gamma$$
$$f + \gamma \rightleftharpoons \delta$$
$$f + \delta \rightleftharpoons \varepsilon$$
$$f + \varepsilon \rightleftharpoons \eta$$
$$\delta \rightleftharpoons \gamma + \varepsilon.$$

Im Eisen-Kohlenstoffsystem sind die metastabilen Gleichgewichte mit der Phase Fe_3C (Zementit) technologisch wichtiger als die stabilen Gleichgewichte mit Graphit, der sich aus Keimbildungsschwierigkeiten (Kap. 2 und 10) nur sehr langsam bilden kann. Da

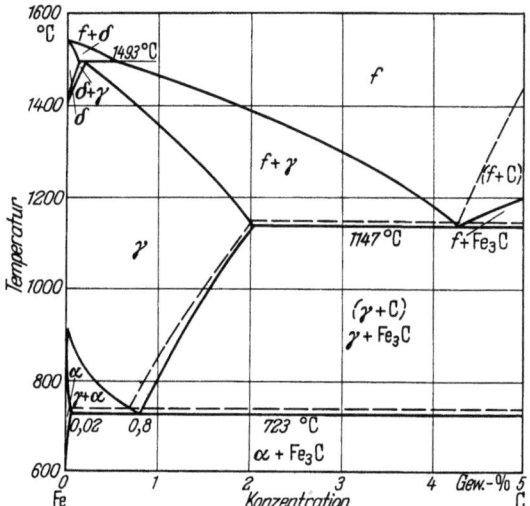

Abb. 6.14. Zustandsdiagramm Eisen-Kohlenstoff. Ausgezogene Linien: metastabiles Gleichgewicht mit dem Karbid Zementit (Fe_3C). Gestrichelte Linien: stabiles Gleichgewicht mit Graphit

reines Eisen zwei Phasenumwandlungen durchläuft, ergeben sich das Peritektikum $f + \delta \rightleftharpoons \gamma$ und das Eutektoid $\gamma \rightleftharpoons \alpha + Fe_3C$ (bzw. C). Außerdem tritt ein Eutektikum Schmelze $\rightleftharpoons \gamma + Fe_3C$ (bzw. C) auf. Es ist üblich, den Gefügen der Eisen-Kohlenstoff-Legierungen besondere Bezeichnungen zu geben. So wird das lamellare Eutektoid aus α und Fe_3C Perlit (s. Kap. 14) und das Eutektikum aus α und Fe_3C Ledeburit (s. Kap. 12) genannt. Dieses System und seine Bedeutung für die Umwandlungen und Eigenschaften von Stählen und Gußeisen werden in den Kapiteln 12 und 14 ausführlicher behandelt.

Mehrstoffsysteme

Die Gleichgewichte in Legierungen mit drei und mehr Komponenten erfordern eine bzw. weitere Dimensionen zu ihrer Darstellung. Für Dreistoffsysteme (ternäre Systeme) kann eine Darstellung wie in Abb. 6.15 angewendet werden. Im Konzentrationsdreieck ABC ist die Zusammensetzung einer Legierung durch einen Punkt festgelegt. Die Temperaturachse steht senkrecht zur Zeichenebene. Die binären Systeme $A-B, B-C, A-C$ heißen Randsysteme. Sie sind in Abb. 6.15 in die Zeichenebene geklappt worden. Das Dreieck ABC ist die Projektion der gewölbten Schmelzflächen der ternären Legierungen. Die Pfeile zeigen in Richtung abnehmender Temperatur. Sie stellen die Fortsetzung der binären Eutektika als Rinnen im ternären Konzentrations-Temperatur-Raum dar. Die Rinnen treffen sich im ternären Eutektikum E_t. Tritt in einem der Randsysteme

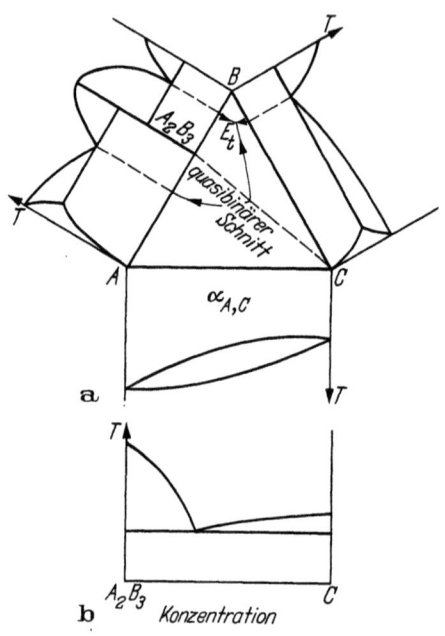

Abb. 6.15. Schematische Darstellung eines Dreistoffsystems
Abb. 6.15a. Die Schmelzflächen sind auf das Konzentrationsdreieck ABC projiziert; die binären Randsysteme sind in die Zeichenebene geklappt
Abb. 6.15b. Das Zustandsdiagramm des quasibinären Schnitts A_2B_3-C

eine intermetallische Verbindung A_2B_3 auf (vgl. Abb. 6.10), so wird der Schnitt $C-A_2B_3$ durch das Dreistoffsystem als quasibinär bezeichnet. In quasibinären Systemen (vgl. Kap. 15: Al — Zn_2Mg, Al — $SiMg_2$) wird die intermetallische Phase als Komponente (Gl. 6.2) behandelt. Abb. 6.15a zeigt eine Aufsicht auf ein schematisches Dreistoffsystem, das aus den Teildreiecken $A-A_2B_3-C$ und $B-A_2B_3-C$ besteht. Folgende binär-eutektischen Reaktionen sind möglich:

$$f \rightleftharpoons A_2B_3 + B$$
$$f \rightleftharpoons B + C$$
$$f \rightleftharpoons A_2B_3 + C$$
$$f \rightleftharpoons A_2B_3 + A$$

Der Schnittpunkt der eutektischen Rinnen im Teilsystem A_2B_3-
$-B-C$ gibt die Zusammensetzung des ternären Eutektikums E_t an:

$$f \rightleftharpoons A_2B_3 + B + C.$$

Abb. 6.15b zeigt den quasibinären Schnitt A_2B_3-C, der als eutektisches System ausgebildet ist.

Die Einstellung der Gleichgewichte in Legierungen hängt von der Keimbildung der neuen Phasen und vom Konzentrationsausgleich ab. Wenn die Aktivierungsenergie der Keimbildung (s. Kap. 2) oder des Wachstums (s. Kap. 10) bei niedrigeren Temperaturen zu hoch ist, so daß sich die Gleichgewichtszustände nicht einstellen können, treten metastabile Zustände auf (übersättigte Mischkristalle, Zwischenphasen, diffusionslos gebildete Phasen). Sie spielen bei technischen Legierungen eine wesentliche Rolle (Stahlhärtung, Kap. 14, Aushärtung, Kap. 15, rostfreie Stähle, Kap. 16).

Die Verfahren zur quantitativen Aufstellung von Zustandsdiagrammen sind in Kap. 11 angeführt.

Literatur zu Kapitel 6

VOGEL, R.: Die heterogenen Gleichgewichte. Leipzig: Akad. Verlagsgesellschaft, Geest und Portig 1959 (Lehr- und Handbuch).

HANSEN, M.: Constitution of Binary Alloys. New York/Toronto/London: McGraw-Hill Book Co., Inc. 1958 (Binäre Zustandsdiagramme mit Literaturangaben).

ELLIOTT, R. P.: Constitution of Binary Alloys. First Supplement. New York/St. Louis/San Francisco/Toronto/London/Sydney: McGraw-Hill Book Co. 1965 (Ergänzungen zu dem Standardwerk von M. HANSEN).

HUME-ROTHERY, W., J. W. CHRISTIAN und W. B. PEARSON: Metallurgical Equilibrium Diagrams and Experimental Methods for their Determination. Institute of Physics, London, 1952 (Lehr- und Handbuch).

MASING, G.: Ternäre Systeme. Leipzig: Akad. Verlagsgesellschaft m. b. H. 1949 (Elementare Einführung in die Theorie der Dreistofflegierungen).

RHINES, F. N.: Phase Diagrams in Metallurgy, Their Development and Application. New York: McGraw-Hill Book Co. 1956 (Lehr- und Handbuch).

7. Eigenschaften von Legierungen

Strukturabhängigkeit, Gefügeabhängigkeit, Mischungsregel

Die physikalischen und chemischen Eigenschaften von Metallen lassen sich danach unterscheiden, ob sie im wesentlichen von Atomart und Kristallstruktur (strukturabhängige Eigenschaft, E_K) oder vom Gefügezustand (gefügeabhängige Eigenschaft, E_G) abhängen. Gefügeabhängige Eigenschaften können sich über viele Größenordnungen mit der Art und Anordnung der Gitterbaufehler ändern. Unter den mechanischen Eigenschaften ist der Elastizitätsmodul typisch strukturabhängig, während die Verfestigung, die auf Zahl und Anordnung der Versetzungen beruht, typisch gefügeabhängig ist (vgl. Kap. 1). Alle Eigenschaften enthalten einen strukturabhängigen und einen gefügeabhängigen Anteil. Oft verhalten sich struktur- und gefügeabhängige Anteile einer Eigenschaft etwa additiv:

$$E \approx E_{\mathrm{K}} + E_{\mathrm{G}}.$$

Im Prinzip gilt die gleiche Einteilung für Legierungen. Zusätzlich treten in Legierungen jedoch die Konzentrationsabhängigkeit der Eigenschaften in Mischkristallen und die Abhängigkeit von der Phasenverteilung, d. h. vom Legierungsgefüge in mehrphasigen Zuständen, auf. Für die meisten physikalischen Eigenschaften gilt in heterogenen Legierungen, daß die Eigenschaften der beteiligten Phasen sich im Verhältnis ihrer Volumenanteile addieren, wenn die Phasen in grober Verteilung vorliegen (bei Teilchengrößen $> 1 \mu$m). Bezeichnet man eine Eigenschaft einer Legierung pro Volumeneinheit mit e, die entsprechenden Werte der Phasen mit e_α und e_β und die Volumenanteile mit v_α und v_β, so gilt die Mischungsregel

$$v_\alpha e_\alpha + v_\beta e_\beta = ve = E; \quad v_\alpha + v_\beta = v = 1. \quad (7.1)$$

Für die Beziehungen zwischen Eigenschaften und Zustandsdiagramm ist als einfacher Fall die Konzentrationsabhängigkeit der Festigkeit in einem System mit beschränkter Mischkristallbildung in Abb. 7.1 dargestellt. Der obere Teil gibt ein eutektisches System mit begrenzter gegenseitiger Löslichkeit der Komponenten wieder, und der untere Teil zeigt den Verlauf der Mischkristallfestigkeit bei $T_1 =$ const. Im Gültigkeitsbereich der Mischungsregel, also im Zweiphasengebiet, sind die Eigenschaften additiv. Andererseits zeigen Erscheinungen wie die Aushärtung von Legierungen (Kap. 15), daß eine zweite Phase in sehr feiner Verteilung eine physikalische Eigenschaft stärker als proportional zu ihrem Volumenanteil ändern kann. Für das Verständnis einer makroskopischen Eigenschaft ist es also ausschlaggebend, den Gefügezustand genau zu kennen. In diesem Kapitel wird die typische Konzentrations- und Temperaturabhängigkeit einiger wesentlicher Legierungseigenschaften behandelt.

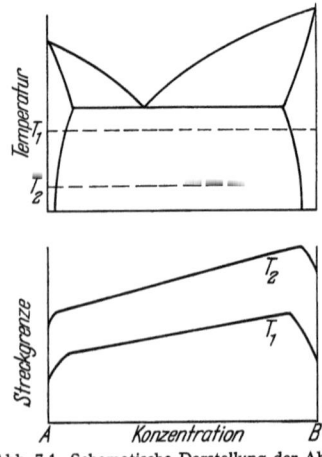

Abb. 7.1. Schematische Darstellung der Abhängigkeit der Streckgrenze von der Konzentration in einem eutektischen Zweistoffsystem

Mechanische Eigenschaften

Der (isotrope) Elastizitätsmodul eines Metalls (Kap. 5) nimmt im Mischkristall mit zunehmender Legierungskonzentration im allgemeinen ab. Die Abnahme ist auf die Gitterverzerrungen um die Legierungsatome zurückzuführen, wodurch der Widerstand des Gitters gegen elastische Verzerrungen verringert wird. Abb. 7.2 und 7.3

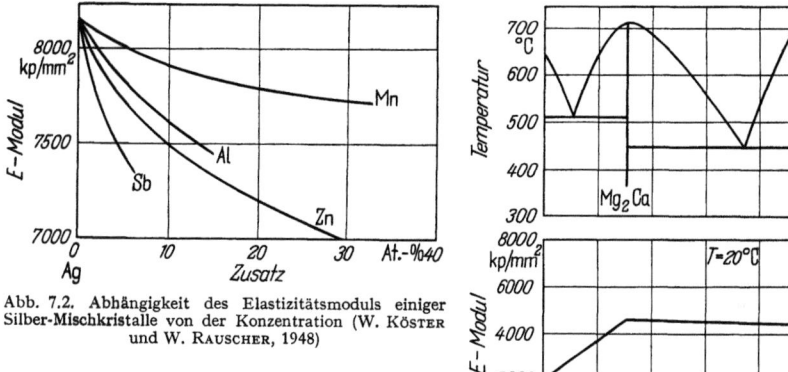

Abb. 7.2. Abhängigkeit des Elastizitätsmoduls einiger Silber-Mischkristalle von der Konzentration (W. KÖSTER und W. RAUSCHER, 1948)

Abb. 7.3. Abhängigkeit des Elastizitätsmoduls von der Konzentration in Magnesium-Kalzium-Legierungen (W. KÖSTER und W. RAUSCHER, 1948)

zeigen Beispiele für die Konzentrationsabhängigkeit des Elastizitätsmoduls. In Abb. 7.3 ist bemerkenswert, daß intermetallische Verbindungen meistens einen höheren Elastizitätsmodul aufweisen als ihre

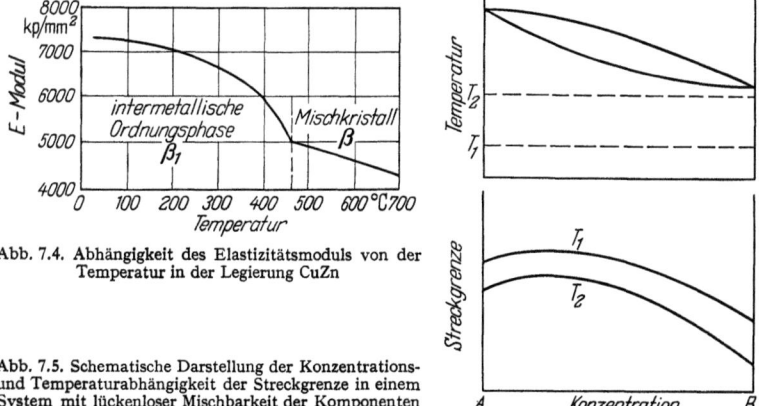

Abb. 7.4. Abhängigkeit des Elastizitätsmoduls von der Temperatur in der Legierung CuZn

Abb. 7.5. Schematische Darstellung der Konzentrations- und Temperaturabhängigkeit der Streckgrenze in einem System mit lückenloser Mischbarkeit der Komponenten

Komponenten. Die Temperaturabhängigkeit des Elastizitätsmoduls ist nahezu linear, wird aber durch Änderungen der Kristallstruktur in charakteristischer Weise beeinflußt. Bei der Bildung einer intermetallischen Phase aus einem Mischkristall wird der Elastizitätsmodul erhöht, weil die Bindungskräfte erhöht werden. Abb. 7.4 zeigt dies am Beispiel der CuZn-Ordnungsumwandlung:

$$\beta \rightleftharpoons \beta_1 \text{ (vgl. Abb. 6.13)}$$

Die Streckgrenze bzw. die kritische Schubspannung wird durch alle Eigenschaften der Struktur und des Gefüges erhöht, die die Entstehung und Bewegung von Versetzungen, als Trägern der plastischen Verformung, behindern. In Mischkristallen steigt die Streckgrenze stets mit der Konzentration der Legierungskomponente an, wie in Abb. 7.5 schematisch gezeigt wird. Diese *Mischkristallfestigkeit* beruht auf der Behinderung der Versetzungsbewegung durch die Verzerrungsfelder um die Legierungsatome aufgrund deren unterschiedlicher Größe (Atomgrößeneffekt) und durch die örtliche Änderung der elastischen Eigenschaften des Gitters durch die Legierungsatome (Moduleffekt). Für Vergleiche bezieht man die Erhöhung der kritischen Schubspannung durch den Mischkristalleffekt auf die Konzentration der gelösten Atome. Als Grundmaß für die Festigkeit der verschiedenen Metalle wird dabei ihr Schubmodul verwendet (Gl. 5.4). Die Konzentrationsabhängigkeit der kritischen Schubspannung verschiedener Mischkristallphasen ist auf diese Weise in

Tabelle 7.1. *Spezifischer Festigkeitsanstieg mit der Konzentration in Mischkristallen* (R. L. FLEISCHER, 1964)

Grund-komponente	gelöste Komponente	anfänglicher Festigkeitsanstieg $\dfrac{d\tau}{dc} \left[\dfrac{\text{kp mm}^{-2}}{\text{Atombruch}} \right]$
Al	}	$G/10$
Cu	} Substitutionsatome	$G/20$
Fe	}	$G/16$
Nb	}	$G/10$
Ni	Zwischengitteratome (C)	$G/10$
Cu	Zwischengitteratome (Cu)	$9G$
Fe	Zwischengitteratome (C)	$5G$
Nb	Zwischengitteratome (N)	$2G$

Tab. 7.1 zusammengestellt. In dieser Tabelle sind deutlich zwei Gruppen zu unterscheiden, schwache und starke Härter, in denen sich die Wirkung der gelösten Komponente um etwa 2 Zehnerpotenzen unterscheidet. Bei schwachen Härtern wird das Grundgitter vom Legierungsatom isotrop verzerrt. In diese Gruppe fallen die Substitutionsmischkristalle und kfz-Einlagerungsmischkristalle mit kleineren Zwischengitteratomen (Ni mit C). Bei starken Härtern entstehen um die Legierungsatome anisotrope (tetragonale) Verzerrungen. Beispiele sind Zwischengitteratome des Grundmetalls, die in Hantel-

konfiguration eingelagert sind (Cu in Cu) und Zwischengitteratome in krz-Einlagerungsmischkristallen, die hauptsächlich die Kantenmitten der Elementarzelle besetzen und in den Würfelrichtungen starke tetragonale Verzerrungen hervorrufen (C in Fe). Die Angaben in Tab. 7.1 sind jedoch nur als grober Anhalt für die Konzentrationsabhängigkeit zu werten. Die Mischkristallfestigkeit steigt in Abhängigkeit von der Konzentration c bei schwachen Härtern $\Delta\tau \sim Ac$, bei starken Härtern $\Delta\tau \sim Bc^{1/2}$ $(B \gg A)$. In heterogenen Legierungen addieren sich die Streckgrenzen der beiden Mischphasen, wie es Abb. 7.1 für ein eutektisches System angibt.

Eine im wesentlichen strukturabhängige Eigenschaft der Metalle und Legierungen, die ihr plastisches Verhalten beeinflußt, ist die Stapelfehlerenergie. Sie gibt an, welche Energieerhöhung eintritt, wenn ein Stapelfehler gebildet wird, d. h., wenn das Gitter auf einer Ebene um einen Vektor verschoben wird, der nicht ein Translationsvektor der Kristallstruktur ist (vgl. Kap.4). Die Stapelfehlerenergie γ nimmt in kfz-Mischkristallen im allgemeinen mit zunehmender Legierungskonzentration ab, wie es Abb. 7.6 für Silberlegierungen zeigt. Am häufigsten treten Stapelfehler deshalb bei der plastischen Verformung in Mischkristallen höherer Legierungskonzentration auf. Die Breite eines Stapelfehlers, d. h. die Aufspaltung x einer Gleitversetzung in zwei Teilversetzungen, ist der Stapelfehlerenergie umgekehrt proportional: $x \sim 1/\gamma$. Zum Quergleiten während der plastischen Verformung müssen die Teilversetzungen vereinigt werden; die dazu notwendige Spannung ist umso höher, je größer ihre Aufspaltung x ist. Daraus ergibt

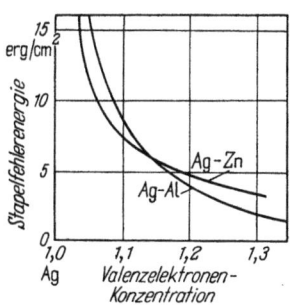

Abb. 7.6. Abhängigkeit der Stapelfehlerenergie von Silber-Zink- und Silber-Aluminiumlegierungen von der Konzentration (A. HOWIE und P. R. SWANN, 1961, und P. R. THORNTON et al., 1962)

sich, daß der Verfestigungskoeffizient mit abnehmender Stapelfehlerenergie der Legierung ansteigt (vgl. Kap. 5).

Elektrische und thermische Leitfähigkeit

Während der elektrische Widerstand der reinen Metalle im wesentlichen auf der Streuung der Elektronen durch die Wärmeschwingungen und Gitterbaufehler des Gitters beruht, bilden in Legierungen die Legierungsatome zusätzliche Streuzentren (vgl. Kap. 8). Der Widerstand ist demnach aus dem temperaturabhängigen Schwingungsanteil des Gitters ϱ_G (thermischer Anteil) und dem temperaturunabhängigen Anteil der Legierungsatome und Gitterbaufehler, dem Restwiderstand ϱ_R, zusammengesetzt (Abb. 7.7):

$$\varrho = \varrho_G + \varrho_R. \qquad (7.2)$$

Aus diesem Zusammenhang der Matthiessenschen Regel folgt, daß der elektrische Widerstand wie die Mischkristallfestigkeit beim Zulegieren stets ansteigt. Der relative Anstieg ist jedoch stärker als

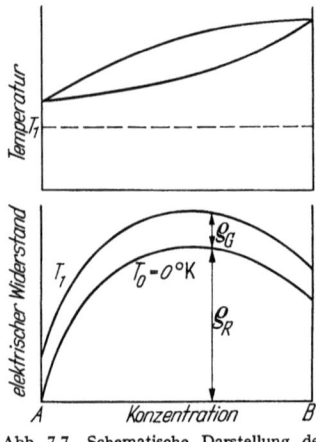

Abb. 7.7. Schematische Darstellung der Konzentrations- und Temperaturabhängigkeit des elektrischen Widerstandes in einem System mit lückenloser Mischbarkeit der Komponenten. ϱ_R bedeutet nur den Anteil des Restwiderstandes, der auf die Legierungsatome zurückzuführen ist (vgl. Gl. 7.2)

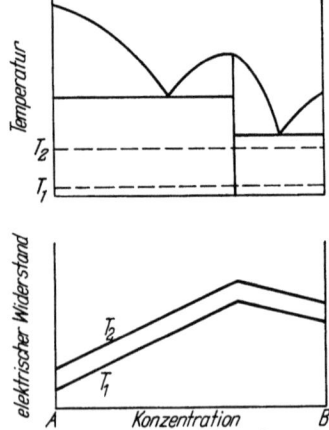

Abb. 7.8. Schematische Darstellung der Konzentrations- und Temperaturabhängigkeit des elektrischen Widerstandes in einem System mit intermetallischer Phase und völliger Unmischbarkeit der Komponenten

bei der Streckgrenze. Abb. 7.7 zeigt schematisch den Verlauf des elektrischen Widerstandes mit der Konzentration in einer lückenlosen Mischkristallreihe, Abb. 7.8 in einem System mit einer intermetallischen Phase, in dem Gl. (7,1) gilt.

Da die Wärmeleitfähigkeit der Metalle und Legierungen wie die elektrische Leitfähigkeit auf den Bewegungen der Leitungselektronen beruht (Wiedemann-Franzsches Gesetz; Kap. 8), gilt für sie auch die entsprechende Konzentrationsabhängigkeit. Typische Werte der spezifischen Wärmeleitfähigkeit sind in Tab. 7.2 angegeben. Aus der starken Verringerung der Wärmeleitfähigkeit in Mischkristallen folgt, daß sie zur gleichmäßigen Erhitzung längere Zeit erfordern als reine Metalle.

Tabelle 7.2. *Spezifische Wärmeleitfähigkeit von Metallen, Legierungen und Isolatoren*

Stoff	spezifische Wärmeleitfähigkeit λ [kcal m^{-1} h^{-1} Grad^{-1}]
Ag (20°)	360
Cu (20°)	330
Fe (20°)	63
Fe-18 Gew.-% Cr-8 Gew.-% Ni	14
Isolatoren (z. B. Porzellan, 27°)	0,7

Dichte und Wärmeausdehnung

Die Dichte ϱ eines kristallinen Festkörpers kann man aus der Anzahl n, der Atome in der Elementarzelle aus ihrem mittleren Atomgewicht $\bar{A}$[1] und dem Volumen der Elementarzelle V [Å³] berechnen:

$$\varrho = \frac{An}{VN} \, [\text{g cm}^{-3}]. \qquad (7.3)$$

Darin ist N die Loschmidtsche Zahl. In einigen Legierungen (z. B. Ni-Al, Cu-Al-Ni) treten strukturelle Leerstellen auf (Kap. 4 und 6). Sie müssen in der obigen Formel entsprechend mit $A = 0$ berücksichtigt werden.

Die Dichte ist zwar im wesentlichen nur strukturabhängig, bei genauer Messung kann man jedoch feststellen, daß die wirkliche Dichte gewöhnlich geringer ist als nach der Rechnung, weil eine metallische Probe wegen ihres Gehalts an thermischen Leerstellen und an Versetzungen sowie evtl. an Korngrenzen und Poren ein größeres spezifisches Volumen einnimmt.

Die Wärmeausdehnung von Festkörpern beruht, wie der Wärmeinhalt, auf der Zunahme der Amplitude der Wärmeschwingungen der Atome mit steigender Temperatur. Die Amplitude beträgt in der Nähe des Schmelzpunktes bei allen Metallen etwa 12% des Atomabstandes. Die Wärmeausdehnung pro Grad ist deshalb um so größer, je niedriger der Schmelzpunkt liegt. Der lineare Ausdehnungskoeffizient β, der die relative Wärmeausdehnung pro °C für eine Richtung angibt, hat für isotrope (kubische) Gitter nur einen Wert, für anisotrope (hexagonale, tetragonale usw.) Gitter ist er in verschiedenen Richtungen verschieden groß. Da β temperaturabhängig ist, geben die Tabellen meistens neben dem Zahlenwert den Gültigkeitsbereich an, in dem man ohne großen Fehler eine lineare Abhängigkeit von der Temperatur annehmen kann. β liegt in der Größenordnung 10^{-6} und nimmt gelegentlich sehr kleine ($\beta = 0{,}83 \times 10^{-6}$ für Pt-20 Gew.-%-Ir) oder negative ($\beta = -6 \times 10^{-6}$ für Pt-45 Gew.-%-Fe) Werte an. In ferromagnetischen Legierungen wirken Wärmeausdehnung und Magnetostriktion dicht unterhalb der Curie-Temperatur einander entgegen, weil sich dort die Magnetisierung und damit die Magnetostriktion stark ändern, so daß $\beta = 0$ werden kann (Kap. 18). Die Wärmeausdehnung kann in nichtkubischen Gittern richtungsabhängig sein. Diese Anisotropie erschwert z. B. die Verwendung von metallischem Uran in Kernreaktoren (Kap. 19). —

Weitere physikalische und chemische Eigenschaften von Legierungen werden an anderer Stelle in größerem Zusammenhang be-

---

[1] Das mittlere Atomgewicht wird aus den Atomprozenten a_l und Atomgewichten A_l wie folgt berechnet: $\bar{A} = \sum a_l A_l / 100$.

handelt: das Verfestigungsverhalten in Kap. 5, magnetische Eigenschaften in Kap. 8 und 18, Viskosität von Schmelzen in Kap. 12, Einfluß kleiner Teilchen in Kap. 15, das elektrochemische und Oxidationsverhalten in Kap. 16 und Eigenschaftsänderungen bei Bestrahlung in Kap. 19.

Literatur zu Kapitel 7

American Society for Metals: Metals Handbook 8. Aufl., Metals Park, Novelty, Ohio: ASM 1961 (Handbuch, Tabellen).
LANDOLT-BÖRNSTEIN: Zahlenwerte und Funktionen, IV. Band, 2. Teil, Bandteil c. Stoffwerte und Verhalten von metallischen Werkstoffen, 6. Aufl. Berlin/Heidelberg/New York: Springer 1965 (Handbuch, Tabellen).
PECKNER, D., Herausgeber: The Strengthening of Metals. New York/London: Reinhold Publishing Co. 1964 (Elementare Einführung).
McLEAN, D.: Mechanical Properties of Metals, New York/London: J. Wiley & Sons 1962 (Lehr- und Handbuch).
KUBASCHEWSKI, O., und J. A. CATTERALL: Thermochemical Data of Alloys. London/New York: Pergamon Press 1956 (Datensammlung).
KUBASCHEWSKI, O., und E. EVANS: Metallurgische Thermochemie. Berlin: VEB Verlag Technik 1959 (Lehrbuch und Datensammlung).

8. Elektronentheorie der Metalle

Die kennzeichnendste Eigenschaft aller Metalle ist ihre hohe elektrische und thermische Leitfähigkeit. Die Erklärung dieser Leitfähigkeit ist daher grundlegend für ein Verständnis des metallischen Zustandes.

Modell freier Elektronen

Schon frühzeitig wurde die Vorstellung entwickelt, daß die hohe elektrische Leitfähigkeit geladenen Teilchen zuzuschreiben sei, die sich frei durch das Kristallgitter bewegen und von einem elektrischen Feld beschleunigt werden können. Man denkt sich hierbei das Metall vereinfachend als ein Gitter aus Ionenrümpfen, zwischen denen die frei beweglichen Leitungselektronen ein „Elektronengas" bilden. Das Elektronengas bewirkt sozusagen als Kitt auch die metallische Bindung (Kap. 3). Die dabei wirksamen elektrostatischen Kräfte sind nicht gerichtet; dies hat die bei den meisten Metallen beobachtete hohe Koordinationszahl zur Folge. Daß die Elektronen in Metallen frei beweglich sind, konnte durch Trägheitseffekte experimentell nachgewiesen werden (Tolmanscher Versuch). Die freien Elektronen lassen sich durch ein elektrisches Feld freilich nicht beliebig beschleunigen, da sie durch Stöße mit den Ionen des Kristallgitters immer wieder abgebremst werden. So kommt eine viskose Bewegung der Leitungselektronen zustande, derart, daß die mittlere Geschwindigkeit der Elektronen und damit der Strom dem angelegten Feld proportional ist (Ohmsches Gesetz). Ganz entsprechend läßt sich die Wärmeleitfähigkeit deuten.

Zwei wichtige Punkte konnte das klassische Modell jedoch nicht klären: Einmal sollte bei der Erwärmung eines Leiters das Elektronengas an der Gleichverteilung der Energie teilnehmen und so einen großen Beitrag zur spezifischen Wärme eines Metalls liefern. Tatsächlich beobachtet man aber — extrem tiefe Temperaturen ausgenommen — keinen Unterschied zwischen den spezifischen Wärmen von Metallen und Nichtmetallen. Zum zweiten läßt sich nicht verstehen, warum manche Elemente Kristalle mit freien Elektronen, also Leiter, bilden, andere Elemente oder Verbindungen dagegen nicht. Wir müssen also fragen, warum die freien Elektronen so wenig zur spezifischen Wärme eines Metalls beitragen und warum Nichtleiter bei der Modellvorstellung freier Elektronen auszunehmen sind.

Diese Fragen konnten nur mit Hilfe der Quantenmechanik beantwortet werden. Wir müssen dabei die Annahme aufgeben, daß sowohl der Ort als auch der Impuls eines Elektrons gleichzeitig bestimmt werden kann. Angeben läßt sich nur noch die Wahrscheinlichkeit, daß das Elektron eine bestimmte Geschwindigkeit hat oder sich an einem bestimmten Ort aufhält. Mathematisch beschrieben wird ein solches „Teilchen" durch eine Wellenfunktion ψ, die der Schrödingergleichung genügen muß und deren Betrag im Quadrat die Aufenthaltswahrscheinlichkeit des Teilchens angibt.

Bewegen sich die Elektronen frei, also ungestört von den Gitterionen, so kann man den Metallblock in elektrischer Hinsicht durch einen Potentialtopf konstanter Tiefe annähern. Die Wellenfunktionen solcher freier Elektronen sind dann ebene Wellen von der Form

$$\psi_k = u \exp i\,\mathbf{k}\mathbf{r} \qquad (8.1)$$

mit konstantem u, der Wellenzahl $k = |\mathbf{k}| = 2\pi/\lambda$ (λ = Wellenlänge), dem Ortsvektor $\mathbf{r}$ und $i = \sqrt{-1}$. Der Impuls eines Elektrons mit der Masse m und der Geschwindigkeit $\mathbf{v}$ wird dabei $m\mathbf{v} = \hbar\mathbf{k}$ ($\hbar$ = Plancksche Konstante/2π). Die Komponenten des Wellenvektors $\mathbf{k}$ sind, wie wir sehen werden, die Quantenzahlen, die an die Stelle der Haupt- und Nebenquantenzahlen des Einzelatoms treten.

Die Komponenten der $\mathbf{k}$-Vektoren spannen den sogenannten Wellenzahlraum oder $\mathbf{k}$-Raum auf. In diesem Raum sind die Elektronen nach Richtung und Größe ihrer Impulse angeordnet, er ist reziprok zum Ortsraum und hat die Dimension Länge^{-1}.

Außerhalb des Metalls können sich die Elektronen nicht aufhalten, d. h., die Wellenfunktion muß dort den Wert Null annehmen. Diese Randbedingung hat zur Folge, daß nur bestimmte Wellenlängen bzw. $\mathbf{k}$-Vektoren für die Wellenfunktion in Frage kommen, ähnlich wie bei den bestimmten Schwingungsformen bzw. Obertönen einer Saite. Die Wellenvektoren $\mathbf{k}$ dürfen also nur diskrete Werte annehmen, sie sind „gequantelt". Wegen der großen Zahl der Gitterionen liegen die

einzelnen Zustände allerdings so dicht beisammen, daß sie ein ,,Quasikontinuum" bilden.
Die kinetische Energie freier Elektronen wird dann

$$E = \frac{1}{2}mv^2 = \frac{\hbar^2}{2m}k^2 = E(k).\tag{8.2}$$

Diese Parabel ist in Abb. 8.1 dargestellt, wobei k in jede beliebige Richtung weisen kann.

Mit Gl. (8.2) können wir aus den erlaubten k-Vektoren auf die möglichen Energiezustände schließen und berechnen, wieviele Elektronenzustände auf ein Energieintervall kommen. Diese Größe nennt man Zustandsdichte $N(E)$. Sie wird für freie Elektronen

$$N(E) = \frac{V}{2\pi^2}\left(\frac{2m}{\hbar^2}\right)^{3/2}\sqrt{E}.\tag{8.3}$$

Dabei ist V das Volumen des Metalls. Es ergibt sich wieder eine Parabel (Abb. 8.2).

Wir haben so die erlaubten Energieniveaus für freie Elektronen gefunden. Welche dieser Zustände sind nun von den Elektronen wirklich besetzt? Am absoluten Nullpunkt nehmen die Elektronen die

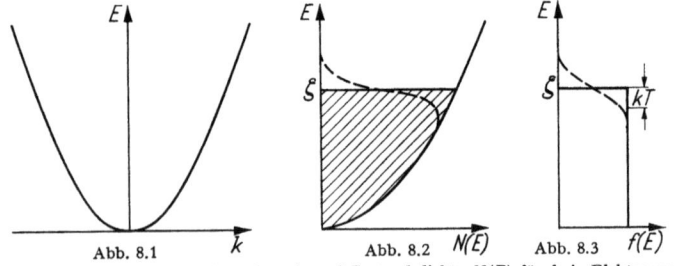

Abb. 8.1 bis 8.3. Energie E, Wellenvektor k und Zustandsdichte $N(E)$ für freie Elektronen sowie Fermische Verteilungsfunktion $f(E)$ (ζ = Fermi-Energie)

tiefsten Energiezustände ein, und zwar ist nach dem Pauli-Prinzip jeder Energiezustand mit je einem Elektron positiven und negativen Spins besetzt. Die höchste Energie, die dabei von Elektronen angenommen wird, heißt Fermi-Energie ζ. Dies ist eine wichtige Grenzenergie, die besetzte und nicht-besetzte Quantenzustände voneinander trennt. Das Modell freier Elektronen liefert hierfür

$$\zeta = \frac{\hbar^2}{2m}(3\pi^2 n)^{2/3},\tag{8.4}$$

wobei n die Zahl der freien Elektronen pro Volumeinheit bedeutet. Der Fermi-Energie ist für jede Richtung ein maximaler Wellenvektor k_F zugeordnet. Im k-Raum werden somit alle besetzten Zustände von einer Fläche gleicher Energie um den Punkt k = 0, der Fermi-Fläche, eingeschlossen. Für freie Elektronen ist dies eine Kugel mit dem Radius $k_F = (3\pi^2 n)^{1/3}$.

Bei Temperaturen ungleich Null wird die Besetzung durch die sogenannte Fermische Verteilungsfunktion

$$f(E) = \{\exp[(E - \zeta)/kT] + 1\}^{-1}$$

geregelt (Abb. 8.3). Dabei wird die Stufe an der Fermi-Grenze auf einer Breite von der Größenordnung der thermischen Energie kT (k = Boltzmannkonstante, T = absolute Temperatur) abgerundet. Die Schärfe der Fermi-Grenze wird davon jedoch nur wenig beeinflußt, da bei Metallen ζ groß gegen kT ist. Die Fermi-Energie von Kupfer z. B. beträgt etwa 7 eV, kT bei Raumtemperatur dagegen nur 0,025 eV.

Wir sehen hier, daß die Energie des Elektronengases nur über einen Faktor kT/ζ von der Temperatur abhängt, woraus sofort der geringe Beitrag der Leitungselektronen zur spezifischen Wärme folgt.

Es bleibt noch die Frage offen, warum es Leiter und Nichtleiter gibt.

Bändermodell

Im letzten Abschnitt hatten wir das Potential innerhalb des Metalls als konstant betrachtet. Dies war eine recht grobe Näherung, da das durch die Ionenrümpfe erzeugte Potential sicher noch mit der Periodizität des Gitters schwankt. Diesen Umstand kann man dadurch berücksichtigen, daß man den Faktor u in Gl. (8.1) mit der Periodizität des Gitterpotentials oszillieren läßt. Dadurch ergeben sich Abweichungen von der quadratischen $E(\boldsymbol{k})$-Kurve nach Gl. (8.2), die am größten sind, wenn der Netzebenenabstand gerade ein ganzes Vielfaches der halben Elektronenwellenlänge beträgt. Hier entstehen im $\boldsymbol{k}$-Raum periodisch wiederkehrende Spiegelebenen, an denen sich die Elektronenenergie sprunghaft ändert und die Funktion $E(\boldsymbol{k})$ Extremalwerte annimmt. Diese Ebenen werden beschrieben durch die Gleichung

$$2\boldsymbol{k} \cdot \boldsymbol{K} = 2\pi \boldsymbol{K}^2, \qquad (8.5)$$

wobei $\boldsymbol{K}$ ein Vektor des reziproken Gitters ist (vgl. Kap. 3, Abb. 11.2); sie entsprechen den bei Röntgenstrahlen bestimmter Wellenlänge und Richtung auftretenden Bragg-Reflexen (Kap. 11, Gl. 11.1). Der kleinste von solchen Flächen begrenzte und den Punkt k = 0 umgebende Körper heißt erste Brillouin-Zone.

Abb. 8.4 zeigt die Verhältnisse für den eindimensionalen Fall. Ist d der Netzebenenabstand bzw. die Gitterkonstante, so tritt bei den Werten k = $\pm\pi/d$ der erste Bragg-Reflex auf. Das kontinuierliche Energiespektrum spaltet auf in erlaubte und verbotene „Bänder" (Abb. 8.5). Der Betrag des Energiesprungs ΔE hängt von der Amplitude des Gitterpotentials ab; er ist Null für konstantes Potential (freie Elektronen). Einwertige Metalle sollten die geringste Wechselwirkung zwischen Ionengitter und Elektronen aufweisen und so durch das Modell freier Elektronen am besten angenähert werden, was sich bei den Alkalimetallen bestätigt hat.

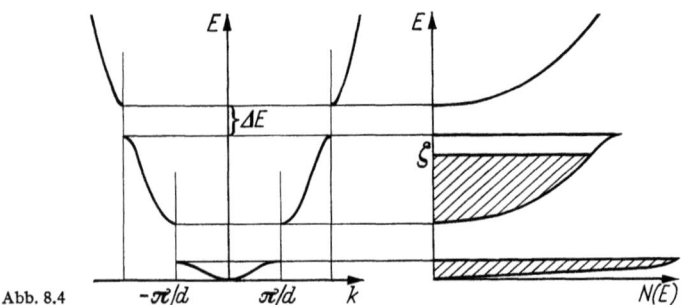

Abb. 8.4 und 8.5. Aufspaltung des Energiespektrums durch ein Potential mit der Periode d für eine Dimension

Das Bändermodell läßt sich noch in anderer Weise ableiten, nämlich indem man von Einzelatomen mit gebundenen Elektronen ausgeht: Werden die Atome zu einem Kristall zusammengefügt, so spalten wegen der elektrischen Wechselwirkung die Quantenzustände der Einzelatome zu „Bändern" auf, deren Breite und Energie vom Atomabstand a abhängt (Abb. 8.6). Der rechte Bildrand zeigt die schmalen Energieterme des freien Einzelatoms. Die Gleichgewichtslage der Atome im Gitter ist in der Abbildung mit a_0 bezeichnet (vgl. Abb. 3.1). Sie ergibt sich aus der Forderung, daß hier die negative Bindungsenergie ein Maximum hat.

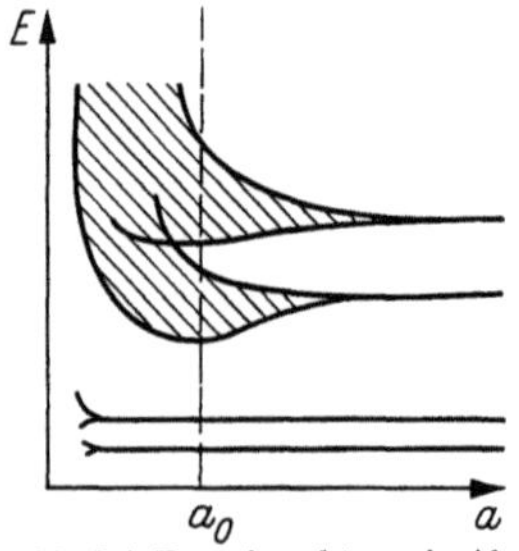

Abb. 8.6. Energiespektrum in Abhängigkeit vom Atomabstand a im Kristall

Im dreidimensionalen Fall hängt die Lage der Spiegelebenen (Gl. 8.5) und damit auch der Verlauf der Funktion $E(\mathbf{k})$ von der Richtung im Gitter ab. Abb. 8.7 zeigt den $E(\mathbf{k})$-

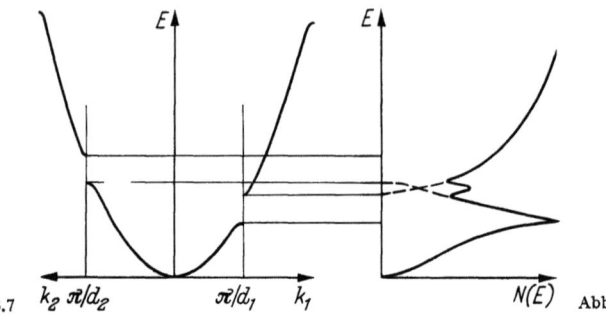

Abb. 8.7 und 8.8. Energie als Funktion von k in verschiedenen Gitterrichtungen k_1 und k_2 und der zugehörige Verlauf der Zustandsdichte $N(E)$

Verlauf in zwei kristallographisch verschiedenen Richtungen k_1 und k_2. Wenn der Energiesprung gering ist, kann er in verschiedenen Richtungen bei so verschiedenen Energiewerten liegen, daß die benachbarten Bänder durch keine Energielücke mehr getrennt werden und eine Überlappung der Bänder auftritt (Abb. 8.7 und 8.8). Anders ausgedrückt rührt die Möglichkeit einer Überlappung daher, daß die Flächen gleicher Energie und die Brillouin-Zonen in ihrer Form nicht übereinstimmen.

Als Beispiel für den dreidimensionalen Fall ist in Abb. 8.9 die erste Brillouin-Zone und die Fermi-Fläche von Kupfer dargestellt.

Das Bändermodell macht nun das Auftreten von Leitern und Nichtleitern verständlich: Eine Beschleunigung der Elektronen in einem elektrischen Feld bedeutet gleichzeitig eine Zunahme der Energie dieser Elektronen. Wegen des Pauli-Prinzips kommen dafür nur Elektronen an der Fermi-Grenze in Frage, und zwar nur dann, wenn noch freie Zustände höherer Energie zur Verfügung stehen. Teilweise gefüllte Energiebänder ermöglichen somit metallische Leitfähigkeit. Völlig aufgefüllte oder völlig leere Bänder führen dagegen zu keinerlei Leitvermögen, obwohl auch hier die Elektronen sich wellenmechanisch durch den ganzen Kristall bewegen

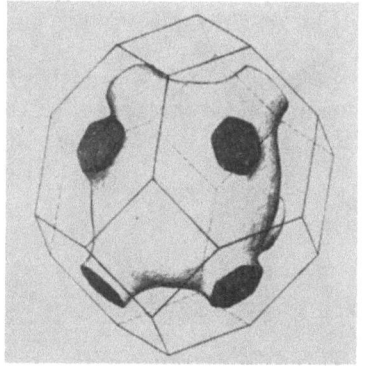

Abb. 8.9. Erste Brillouin-Zone und Fermi-Fläche von Kupfer

können. Oder mit anderen Worten: liegt die Fermi-Grenze in einem erlaubten Energiebereich, so ergibt sich die metallische Leitfähigkeit, liegt sie in einem verbotenen Intervall, so handelt es sich um einen Isolator.

Es läßt sich zeigen, daß in den meisten Gittern eine Brillouin-Zone gerade so viele Quantenzustände umschließt, wie zwei Elektronen pro Atom entspricht. Wir werden daher erwarten, daß Kristalle aus Elementen ungeradezahliger Wertigkeit metallische Leiter sind (z. B. Alkalimetalle, Cu, Ag, Au, Al oder Nb; H kristallisiert nicht als Atom, sondern als Molekül). Umgekehrt sollten Elemente geradezahliger Wertigkeit zu Nichtleitern kristallisieren (z. B. insbesondere die Edelgase). Die Ausnahmen (z. B. Erdalkalien, Zn usw.) können wir durch die Überlappung der Bänder erklären. Auf die Elektronenstruktur der Übergangsmetalle werden wir später noch kurz eingehen. Elemente mit einer Wertigkeit größer als drei können mit homöopolaren Bindungen Kristalle genügender Dichte bilden, die dann Nichtleiter sind (z. B. Diamant).

Zwischen diesen beiden Gruppen stehen die Halbleiter (Graphit, Si, Ge, Se). Halbleiterkristalle haben in reiner Form und am absoluten Nullpunkt völlig besetzte bzw. leere Energiebänder, sie unterscheiden sich also nicht grundsätzlich von Isolatoren. Allerdings ist die Breite des verbotenen Bandes, in dem die Fermi-Energie liegt, gering (von der Größenordnung 1 eV), so daß bei genügend hoher Temperatur thermisch angeregte Elektronen in das nächsthöhere Band übergehen können. Dadurch wird der Kristall leitend, wobei die Leitfähigkeit mit wachsender Temperatur nach einem Exponentialgesetz zunimmt (Eigenleiter). Ferner läßt sich die elektrische Leitfähigkeit von Halbleitern durch Zulegieren von Fremdatomen höherer oder geringerer Valenzelektronenzahl beeinflussen. Dabei werden entweder Elektronen in ein bisher leeres Energieband gebracht (n-Leiter) oder aus einem aufgefüllten Band entnommen (p-Leiter). Beides führt zu elektrischer Leitfähigkeit. Besonders interessant sind dabei die Übergänge zwischen den beiden zuletzt genannten Leitungstypen: sie zeigen eine nichtlineare Strom-Spannungs-Kennlinie und ermöglichen so den Bau von Halbleiterdioden und Transistoren.

Anwendungen

Im vorhergehenden Abschnitt wurde gezeigt, daß die Elektronen in einem Metall durch ein elektrisches Feld beschleunigt werden können. Für ein perfektes Kristallgitter würde dies zu einer unbegrenzt großen elektrischen Leitfähigkeit führen. Der tatsächlich beobachtete Widerstand rührt her von der Streuung der Elektronenwellen an Abweichungen vom regelmäßigen Gitteraufbau. Zum einen sind dies Gitterbaufehler und Fremdatome, die zu einem temperaturunabhängigen Anteil, dem Restwiderstand, führen. Zum anderen sind dies die Wärmeschwingungen der Gitterionen. Abgesehen von sehr tiefen Temperaturen ist bei den Wärmeschwingungen das mittlere Auslenkungsquadrat und damit auch der Streuquerschnitt proportional zu kT. Daher sollte der thermische Anteil des elektrischen Widerstandes proportional zur absoluten Temperatur sein. Dies wird bei den meisten Metallen und verdünnten Mischkristallen auch beobachtet. Interessante Ausnahmen, die sich durch die Bandstruktur begründen lassen, bilden einige Legierungen mit Übergangsmetallen, die zum Teil Temperaturkoeffizienten des Widerstandes um Null zeigen. Im allgemeinen sind die beiden Anteile des Widerstandes unabhängig voneinander und additiv (Matthiessensche Regel, vgl. Kap. 7).

Die Leitungselektronen transportieren außer Ladung auch Energie und liefern damit einen überwiegenden Beitrag zur Wärmeleitfähigkeit eines Metalls. Berechnet man die Wärmeleitfähigkeit $\varkappa$ und die elektrische Leitfähigkeit σ, so ergibt sich jeweils unabhängig von den Eigenschaften des speziellen Metalls

$$\frac{\varkappa}{\sigma} = \frac{\pi^2}{3}\left(\frac{k}{e}\right)^2 T = LT \qquad (8.6)$$

mit der Elementarladung e. Das heißt, das Verhältnis der thermischen zur elektrischen Leitfähigkeit ist proportional zur absoluten Temperatur mit einer allgemeinen Proportionalitätskonstante, der Lorenz-Zahl L. Gl. (8.6) ist experimentell weitgehend bestätigt (Wiedemann-Franzsches Gesetz).

Zum Schluß dieses Abschnittes wollen wir noch die Anwendung der Elektronentheorie auf die relative Stabilität verschiedener Kristallstrukturen diskutieren. Da die Form der Brillouin-Zonen von der Struktur des zugehörigen Kristallgitters abhängt und die Form der Fermi-Oberfläche sich bei Annäherung an eine Grenzfläche der Brillouin-Zone ändert, verläuft auch die Zustandsdichte $N(E)$ je nach Kristallstruktur verschieden (Abb. 8.8). Kennt man den Verlauf der Zustandsdichte verschiedener konkurrierender Gitterstrukturen, so kann man die Elektronenenergie und damit die Gesamtenergie der einzelnen Gittertypen in Abhängigkeit von der Elektronenkonzentration berechnen. Daraus sollte sich mit zunehmender Elektronenkonzentration der Reihe nach minimale Energie für das kubisch flächenzentrierte Gitter, dann für das kubisch raumzentrierte Gitter und schließlich für hexagonal dichteste Kugelpackung ergeben, wie dies den empirischen Regeln von HUME-ROTHERY (Kap. 3) entspricht. Man kann allerdings bis heute die Unterschiede in der Elektronenenergie verschiedener Gitterformen noch nicht genügend genau berechnen. Zudem müßten auch alle übrigen Anteile zur Gesamtenergie, wie etwa die Schwingungsentropie der verschiedenen Gittertypen, sehr genau bekannt sein.

Ferromagnetismus und Supraleitung

Neben der metallischen Bindung, mit der die Kompressibilität, die Wärmedehnung und die Lage des Schmelzpunktes zusammenhängt, sind auch die magnetischen Eigenschaften durch die Elektronen bedingt. Alle Stoffe haben ein magnetisches Moment m, das induziert wird, wenn man ein äußeres Magnetfeld H anlegt. Dabei unterscheidet man zwei Fälle: (a) Diamagnetismus, wenn m proportional zu H und entgegengesetzt gerichtet ist. Verbunden damit ist eine Energiezunahme des Probekörpers im Magnetfeld. (b) Paramagnetismus, wenn m proportional zu H ist und in derselben Richtung wie H liegt. Hierbei beobachtet man eine Energieabnahme des Probekörpers im Magnetfeld. Das magnetische Moment rührt her vom Bahnmoment und vom Spin der Elektronen. Bei Metallen überlagern sich beide Erscheinungen, wobei die eine oder die andere überwiegen kann.

Wir wollen hier noch kurz zwei wichtige kooperative Phänomene behandeln, nämlich Ferromagnetismus und Supraleitung.

Die Eigenschaft einiger Metalle und Legierungen, auch ohne äußeres Magnetfeld ein spontanes magnetisches Moment zu besitzen, wird Ferromagnetismus genannt. Das magnetische Moment ist hierbei also nicht proportional und parallel zu einem äußeren Magnetfeld. Dieses spontane Moment rührt her vom Spin der Elektronen. Normalerweise sind die Elektronen paarweise mit antiparallelem Spin angeordnet, wie es das Pauli-Prinzip verlangt, und die magnetischen Momente kompensieren sich. Quantenmechanische Berechnungen ergeben jedoch eine Austauschwechselwirkung zwischen den Elektronen der im Gitter benachbarten Atome, die gleichgerichtete Spins energetisch begünstigen würde. Die Voraussetzungen für eine solche Ausrichtung der Spins und damit für das Auftreten von Ferromagnetismus sind:

1. Die beteiligten Elektronen müssen aus nur teilweise gefüllten Bändern stammen, da bei der Ausrichtung der Spins wegen des Pauli-Prinzips leere Zustände höherer Energie besetzt werden müssen.

2. Die Zustandsdichte in diesen Bändern muß hoch sein, damit die Zunahme der kinetischen Energie der Elektronen geringer ist als die Abnahme der potentiellen Energie durch die Austauschwechselwirkung.

3. Die Ausrichtung der Spins vieler benachbarter Atome ist thermodynamisch ein Zustand höherer Ordnung, also geringerer Entropie. Daher muß die Temperatur genügend niedrig sein, damit das Entropieglied geringer ist als der mit der Spinausrichtung verbundene Energiegewinn (vgl. Gl. (2.2)).

Die Voraussetzungen 1. und 2. sind bei den meisten Metallen nicht gleichzeitig erfüllt. Nur die Übergangsmetalle und die seltenen Erden haben nicht-aufgefüllte Bänder hoher Zustandsdichte. Aber auch in diesen Fällen muß zudem noch ein passender Atomabstand im Kristallgitter vorliegen; ist dieser nämlich zu groß, so wird der Beitrag der Austauschwechselwirkung zu gering, ist der Abstand zu klein, so werden die Bänder breit und die Zustandsdichte geht zurück (Abb. 8.6). Bei Fe, Co, Ni, Gd und einigen Legierungen sind die genannten Voraussetzungen offenbar erfüllt. Abb. 8.10 zeigt schematisch die Bandstruktur von Nickel und das Auftreten ungepaarter Elektronenspins durch unterschiedliche Auffüllung der d-Bänder.

Die Voraussetzung 3. erklärt das Verschwinden des Ferromagnetismus oberhalb einer bestimmten Temperatur, dem Curie-Punkt.

Ferromagnetismus ist also eine Eigenschaft des kristallinen Festkörpers bei einer ganz bestimmten Elektronen- und Kristallstruktur. Die makroskopischen Erscheinungen sowie die Eigenschaften ferromagnetischer Legierungen behandelt Kap. 18.

Ein zweites makroskopisches Phänomen quantenmechanischen Ursprungs in Festkörpern ist die Supraleitung. Darunter versteht man die Erscheinung, daß einige Metalle und Legierungen bei tiefer

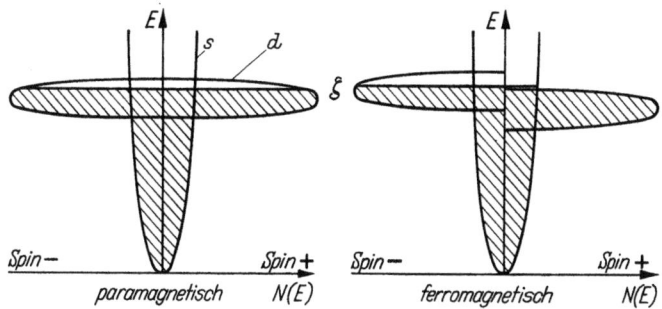

Abb. 8.10. Schematische Bandstruktur von Nickel für beide Richtungen des Spins

Temperatur einen Zustand mit unendlich hoher Gleichstromleitfähigkeit annehmen. Unabhängig davon zeichnet sich der supraleitende Zustand durch ein bestimmtes magnetisches Verhalten aus, nämlich durch die Verdrängung eines magnetischen Flusses aus dem Innern eines ausgedehnten Supraleiters (Meissner-Ochsenfeld-Effekt). Ist diese Verdrängung — abgesehen von einer dünnen Randschicht — vollständig, so spricht man von einem Supraleiter I. Art. Im Gegensatz dazu kann bei einem Supraleiter II. Art ein magnetischer Fluß ab einer gewissen Stärke des äußeren Magnetfelds als Flußfäden in die Probe eindringen, ohne daß diese ihre supraleitende Eigenschaft verliert.

Man erklärt den supraleitenden Zustand mit der Vorstellung, daß das Elektronengas im k-Raum „kondensiert". Dabei werden Elektronen mit jeweils entgegengesetzt gleichen k-Vektoren und Spins paarweise über Gitterschwingungen miteinander gekoppelt. Dies hat zur Folge, daß die einzelnen Elektronen nicht mehr von den Unregelmäßigkeiten des Kristallgitters gestreut werden können, was ja einer Drehung des k-Vektors gleichkäme, und daher wie bei einem idealen Gitter keinerlei Widerstand auftritt.

Ähnlich wie beim ferromagnetischen Curie-Punkt verschwindet eine solche „Ordnung" der k-Vektoren bei höheren Temperaturen (Sprungpunkt). Ferner bedeutet das erwähnte diamagnetische Verhalten eines Supraleiters eine Energiezunahme proportional zum äußeren Magnetfeld. Es gibt daher außer einer kritischen Temperatur auch eine kritische magnetische Feldstärke H_{c1}, bei der der supraleitende Zustand zusammenbricht bzw. der magnetische Fluß in die Probe eindringt. Bei Supraleitern I. Art ist dieser Übergang scharf ausgeprägt und eine Umwandlung erster Ordnung. Supraleiter

II. Art durchlaufen bei zunehmendem äußeren Feld beginnend bei H_{c1} einen Zwischenzustand unvollständiger Flußverdrängung, bis schließlich bei einem Wert H_{c2} auch hier der supraleitende Zustand verschwindet. Die Ausdehnung dieses Zwischenzustandes, d. h., das Verhältnis H_{c2}/H_c, wird durch Gitterstörungen beeinflußt (vgl. Kap. 20).

Literatur zu Kapitel 8

BROSS, H.: in Moderne Probleme der Metallphysik I. herausgegeben von A. SEEGER. Kapitel 6. Springer-Verlag 1965.
MOTT, N. F., und E. H. JONES: The Theory of the Properties of Metals and Alloys, Oxford. Oxford University Press 1936.
OLSEN, J. L.: Electron Transport in Metals. New York/London: Interscience Publishers 1962 (Hier sind zahlreiche weitere Zitate angegeben).
COTTRELL, A. H.: Theoretical Structural Metallurgy, Kapitel IV und V. London: Edward Arnold & Co. 1948.
RAYNOR, G. V., und J. A. CATTERALL: in The Structure of Metals. London: Iliffe & Sons Ltd., New York: Interscience Publishers 1959.
ZIMAN, J. M.: Electrons in Metals. London: Taylor & Francis Ltd. 1962.

9. Thermisch aktivierte Vorgänge

Definition

Als thermisch aktiviert bezeichnet man Vorgänge, bei denen Atome aufgrund thermischer Schwingungen ihre Gitterplätze wechseln. Für solche Platzwechsel stehen Einlagerungsatomen wegen ihrer geringen Löslichkeit meistens alle benachbarten Zwischengitterplätze frei; substituierte Atome benötigen dagegen für Platzwechsel benachbarte Leerstellen, die in wesentlich geringerer Anzahl vorhanden sind. Thermisch aktivierte Vorgänge in Substitutionsmischkristallen hängen deshalb vorwiegend von der Leerstellenkonzentration und deren Temperaturabhängigkeit ab (Kap. 4).

Entsprechende Wechselwirkungen treten auch zwischen Leerstellen und Gitterbaufehlern auf. Leerstellen sind im Gleichgewicht immer vorhanden (Gl. 4.1). Sie liegen nach dem Abschrecken von höheren Temperaturen, nach plastischer Verformung und nach Bestrahlung in höherer als der Gleichgewichtskonzentration vor. Bei thermischer Aktivierung diffundieren sie bevorzugt an Gitterbaufehler und Grenzflächen, die als Senken wirken (Abb. 4.3). An Versetzungen entstehen dadurch Sprünge, wie durch das gegenseitige Schneiden von Versetzungen bei plastischer Verformung. Bei Versetzungen mit überwiegendem Schraubencharakter führt das Aufnehmen von Leerstellen dazu, die zunächst gestreckte Versetzungslinie zu einer Wendel aufzuweiten (Abb. 4.3).

Alle Vorgänge, die von thermisch angeregten Platzwechseln von Leerstellen und Atomen abhängen, können als thermisch aktivierte

Vorgänge zusammengefaßt werden. Ihre Kinetik beruht in erster Näherung auf der temperaturabhängigen Konzentration und Beweglichkeit der Gleichgewichtsleerstellen (Kap. 4). Für die Geschwindigkeit thermisch aktivierter Vorgänge, die auf der Bewegung von Leerstellen beruht, in Abhängigkeit von der Temperatur gilt etwa:

nicht meßbar: $0-0{,}3\ T_{kf}$
langsam, meßbar: $0{,}3-0{,}7\ T_{kf}$
schnell: $>0{,}7\ T_{kf}$.

Die einfachsten Fälle thermisch aktivierter Vorgänge sind die Selbstdiffusion und die Fremddiffusion ohne Konzentrationsgefälle. Damit werden die Platzwechsel der Atome in reinen Metallen und homogenen Legierungsphasen bezeichnet. Ihre Häufigkeit hängt von der Schwingungsfrequenz der Atome und in Substitutionsmischkristallen von der Wahrscheinlichkeit eines freien Nachbarplatzes ab. In Einlagerungsmischkristallen kann man meistens alle benachbarten Zwischengitterplätze eines Zwischengitteratoms als unbesetzt annehmen. Die Richtung solcher Platzwechsel im Gitter ist makroskopisch regellos.

Häufiger sind thermisch aktivierte Vorgänge von Bedeutung, bei denen metastabile Zustände durch gerichtete Platzwechsel von Atomen in Gleichgewichtszustände überführt werden und die wir deshalb in diesem Kapitel behandeln: der Ausgleich von Konzentrationsunterschieden durch Diffusion (s. S. 78), die Erholung von Verformungszuständen durch Klettern von Versetzungen (s. S. 80), die Rekristallisation (s. S. 81), die Dehnung unter äußeren Spannungen durch Kriechen (s. S. 83). Weitere thermisch aktivierte Vorgänge sind: die Umordnung von Atomen bei Gitterumwandlungen (Kap. 10), die Ausscheidung von gelösten Atomen aus übersättigten Mischkristallen (Kap. 10 und 15) und das Ausheilen von Strahlenschäden (Kap. 19).

Aktivierungsenergie

Bei den thermisch aktivierten Vorgängen, die von einem metastabilen zu einem stabilen Zustand führen, müssen die Atome zunächst einen Zustand höherer Energie durchlaufen, bevor die freie Energie des Systems durch die Platzwechsel erniedrigt werden kann. Dieser Zusammenhang ist in Abb. 9.1 dargestellt: ein Atom liegt zunächst in der metastabilen Lage a; es muß um den Energiebetrag q, die Aktivierungsenergie, bis b angehoben werden, um seinen Platz wechseln zu können, und gelangt in die stabile Lage c, wodurch die Reaktionswärme ΔH_R frei wird.

Die Geschwindigkeit solcher thermisch aktivierter Vorgänge dV/dt ist von der Zahl n der Atome abhängig, die sich in metastabilen Lagen befinden, von ihrer Schwingungsfrequenz ν, mit der sie gegen die

Potentialschwelle b schwingen, und von der Aktivierungsenergie q.
Allgemein gilt:
$$dV/dt = A \exp(-q/kT). \quad (9.1)$$

Die Konstante A enthält n und ν; q bedeutet hier die Aktivierungsenergie pro Atom in Elektronvolt [eV]; k ist die Boltzmannsche Konstante $(1,38 \times 10^{-16}$ erg pro Grad). Die Aktivierungsenergie kann auch als Energie in Kalorien pro Grammatom gegeben sein. Der Exponent wird dann zu $-q*/RT$, worin R die Gaskonstante (2 kcal pro Grammatom) bedeutet. Im praktischen Gebrauch schreibt man die Beziehung

$$\ln(dV/dt) = \ln A - q*/RT, \quad (9.2)$$

woraus zu erkennen ist, daß sich der Logarithmus der Reaktionsgeschwindigkeit linear mit der reziproken Temperatur ändert. Trägt man die Reaktionsgeschwindigkeit gegen $1/T$ auf, so erhält man eine Gerade, deren Steigung $-q*/R$ und deren Achsenabschnitt bei $1/T = 0$ den Faktor A angibt (s. Abb. 9.2). Wie der exponentielle

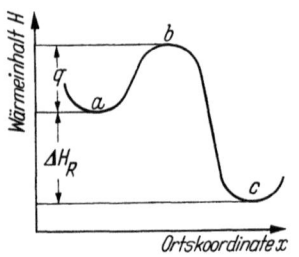

Abb. 9.1. Schematische Darstellung zur Erläuterung der Aktivierungsenergie. Ein Atom in der metastabilen Lage a benötigt die Aktivierungsenergie q, um über die Potentialschwelle b in die stabile Lage c zu gelangen

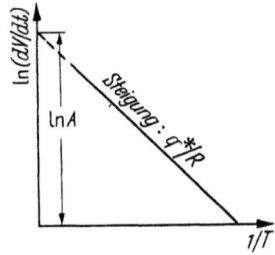

Abb. 9.2. Auftragung der Reaktionsgeschwindigkeit eines thermisch aktivierten Vorgangs gegen die Reaktionstemperatur zur Bestimmung der Aktivierungsenergie q

Zusammenhang erkennen läßt, ist die Reaktionsgeschwindigkeit sehr stark temperaturabhängig. Sie steht über die Schwingungsamplitude der Atome in einem festen Zusammenhang zum Schmelzpunkt T_{kf}.

Diffusion

Diffusion ist der thermisch aktivierte Platzwechsel einzelner Atome. Der Mechanismus kann dabei verschieden sein. Am häufigsten treten Platzwechsel der Atome mit Leerstellen auf. Zwischengitteratome können unabhängig von Leerstellen auf benachbarte Zwischengitterplätze diffundieren.

Außer der Selbstdiffusion (s. S. 77) finden in Gegenwart verschiedener Atomarten und bei Konzentrationsunterschieden in Mischkristallen und in mehrphasigen Zuständen Diffusionsvorgänge statt, die zur Gleichgewichtskonzentration (bzw. zum Ausgleich der chemischen Potentiale) führen. In der makroskopischen Beschreibung derartiger Vorgänge benutzt man folgenden Ansatz: zwischen zwei Ebenen 1 und 2 des Gitters, die um eine Entfernung x auseinanderliegen, bestehe ein Konzentrationsunterschied $c_1 - c_2$ hinsichtlich einer Komponente. Infolge der Diffusion stellt sich dann ein Fluß F (d. h. transportierte Masse pro Flächen- und Zeiteinheit) ein, der gegeben ist durch

$$F = -D\left(\frac{c_1 - c_2}{x}\right) \qquad (9.3)$$

er ist also dem Konzentrationsgradienten dc/dx proportional. Die Proportionalitätskonstante D wird Diffusionskoeffizient genannt und der Zusammenhang ist das Erste Ficksche Gesetz. Dieses Gesetz bildet die einfachste Formulierung für makroskopische Berechnungen von Diffusionsvorgängen. Der Diffusionskoeffizient ist durch einen Zusammenhang der Form:

$$D = D_0 \exp(-Q_D/RT) \; [\text{cm}^2 \text{sec}^{-1}] \qquad (9.4)$$

gegeben. In Substitutionsmischkristallen, in denen die Diffusion über Leerstellen verläuft, ist die Aktivierungsenergie Q_D in erster Linie durch die Bildungs- und Wanderungsenergie der Leerstellen bestimmt: $Q_D = Q_B + Q_W$ (dieser Zusammenhang gilt streng nur für die Selbstdiffusion). Die Werte hängen von der Atomart, Struktur und Konzentration ab. In D_0 gehen die Bildungsentropie der Leerstellen, geometrische Faktoren und die Schwingungsfrequenz der Atome ein. Eine anschauliche Darstellung der Diffusionskoeffizienten, der Sprungzeiten und der Wanderungszeiten (von 50% der Fremdatome zu einer 10^{-3} cm entfernten Korngrenze) der Atome und deren Temperaturabhängigkeit bei der Diffusion verschiedener Elemente im α-Eisen-Mischkristall gibt Abb. 9.3.

Eine quantitative Lösung der Diffusionsgleichung ist oft schwierig. Eine nützliche Näherungsformel gibt an, welchen mittleren Weg $\sqrt{\overline{x^2}}$ [cm] ein Atom mit einem Diffusionskoeffizienten $D(T)$ bei einer Temperatur T [°K] nach einer Zeit t [sec] zurückgelegt hat:

$$\sqrt{\overline{x^2}} = \sqrt{Dt} \; . \qquad (9.5)$$

Damit kann die Zeitabhängigkeit für den isothermen Konzentrationsausgleich in einer Probe mit Konzentrationsschwankungen abgeschätzt werden (Homogenisieren).

Es ist lange angenommen worden, daß die verschiedenen Atomarten in einer Legierung gleich schnell diffundieren. In Wirklichkeit diffundiert jede Atomart mit einem partiellen Diffusionskoeffizienten, der außerdem von der Konzentration abhängt. Ist der Unterschied groß, so findet in Diffusionspaaren, die aus zwei verschiedenen Metallen bestehen, ein makroskopischer Materietransport statt, bei dem sich die Grenzflächen verschieben und Löcher entstehen können (Kirkendall-Effekt).

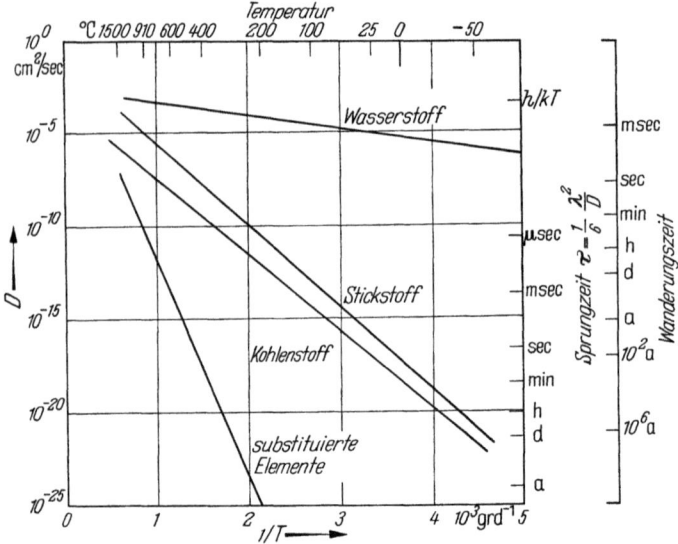

Abb. 9.3. Die Diffusionskoeffizienten, Sprungzeiten ($\lambda = 1/\nu$) und Wanderungszeiten (von 50% der Fremdatome zu einer 10^{-3} cm entfernten Korngrenze) verschiedener interstitieller Elemente (H, N, C) und der substituierten Elemente im α-Eisen-Mischkristall (nach L. DARKEN, 1959, für Kohlenstoff nach neueren Messungen geändert)

Erholung

Die Erholung verformter und verfestigter Kristalle (Versetzungsdichte 10^9 bis 10^{12} [cm^{-2}]) besteht aus der thermisch aktivierten Umordnung der Versetzungen in Anordnungen niedrigerer Energie, hauptsächlich zu Kleinwinkelkorngrenzen, wobei die Versetzungsdichte nur teilweise abgebaut wird. Für die Umordnung gibt es zwei

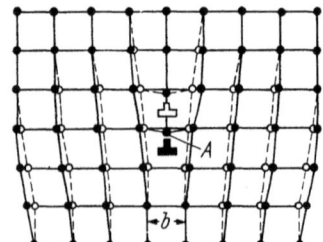

Abb. 9.4. Klettern einer Stufenversetzung: eine Leerstelle diffundiert an die Stelle des Atoms A, dadurch klettert die Versetzung (volles Symbol) in die nächste Gleitebene (offenes Symbol) und die Atome werden etwa um die angegebenen Beträge aus der Anfangsposition (volle Kreise, durchgezogene Linien) in die Endposition (offene Kreise, gestrichelte Linien) verschoben

Möglichkeiten: durch konservative Bewegung auf Gleitsystemen (kein thermisch aktivierter Vorgang) werden die Versetzungslinien gestreckt; durch Wechselwirkung mit Leerstellen, und dadurch zunehmend bei höheren Temperaturen, ist außerdem nicht-konservative Versetzungsbewegung oder Klettern möglich, Abb. 9.4. Bei diesem Vorgang diffundieren Leerstellen an die Versetzungen, dadurch werden der Halbebene einer Stufenversetzung Atome entzogen und die Versetzungslinie wird normal zum Burgersvektor verschoben. Das charakteristische Gefüge eines erholten Zustandes besteht vorwiegend aus parallelen Versetzungsgruppen und Versetzungsnetzwerken, die Kleinwinkelkorngrenzen bilden (Abb. 9.5 und 11.8).

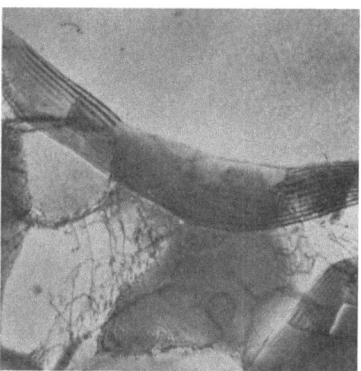

Abb. 9.5. Ein rekristallisiertes Korn (nur eine kurze Versetzungslinie sichtbar) wächst in ein Erholungsgefüge mit Kleinwinkelkorngrenzen. Aluminium, 50% verformt und 1 Std. bei 300 °C angelassen. Elektronenmikroskopisch, Durchstrahlung, 10 000 ×

Der Verlauf der Erholung kann durch kalorimetrische Messungen der durch Ausheilen der Gitterbaufehler des Verformungsgefüges freiwerdenden Energie verfolgt werden. Diese gespeicherte Energie wird bei Steigerung der Temperatur in mehreren Stufen frei. Jede Stufe entspricht der Aktivierungsenergie der Ausheilung einer spezifischen Gitterbaufehlerart oder eines bestimmten Vorgangs, wie z. B. des Kletterns. Auch andere physikalische Eigenschaften wie der elektrische Widerstand ändern sich bei Steigerung der Temperatur in entsprechenden Stufen (Erholungskurven; s. auch Kap. 19). Die Verfestigung wird durch die Erholungsvorgänge nur teilweise abgebaut.

Rekristallisation und Kornvergrößerung

Bei längeren Anlaßzeiten, bestimmten Anlaßtemperaturen ($T > 0.5\, T_{kf}$) und hohen Versetzungsdichten setzt Rekristallisation ein: die Neubildung und das Wachstum von relativ versetzungsarmen Krystalliten, Abb. 9.5. Die Struktur ihrer Wachstumsfront (Rekristallisationsfront) ist mit der einer Großwinkelkorngrenze identisch. Die treibende Kraft ist der Unterschied zwischen der hohen Energie der Versetzungsanordnung des erholten Gefüges ($\approx 10^8$ erg cm^{-3}) außerhalb und der niedrigeren des versetzungsfreien Gefüges innerhalb des rekristallisierten Bereichs. Die neugebildeten

Kristallite breiten sich, wie bei der Erstarrung, bis zur gegenseitigen Berührung aus. Die Wachstumsgeschwindigkeit ist dann etwa linear, wenn die treibende Kraft konstant ist, was voraussetzt, daß sich die Versetzungsdichte im Erholungsgefüge während der Rekristallisation nicht mehr ändert und nur Platzwechsel nächster Nachbarn in der Grenzfläche erforderlich sind. Die Wachstumsgeschwindigkeit kann durch geringe Gehalte an zulegierten Atomen stark erniedrigt werden. Die Korngröße des rekristallisierten Gefüges hängt von der Keimzahl und von der Wachstumsgeschwindigkeit ab, die ihrerseits auf dem Verformungsgrad (treibende Kraft), der Temperatur und der Anlaßzeit beruhen. Dieser Zusammenhang läßt sich in einem Rekristallisationsschaubild darstellen, Abb. 9.6. Darin fällt besonders

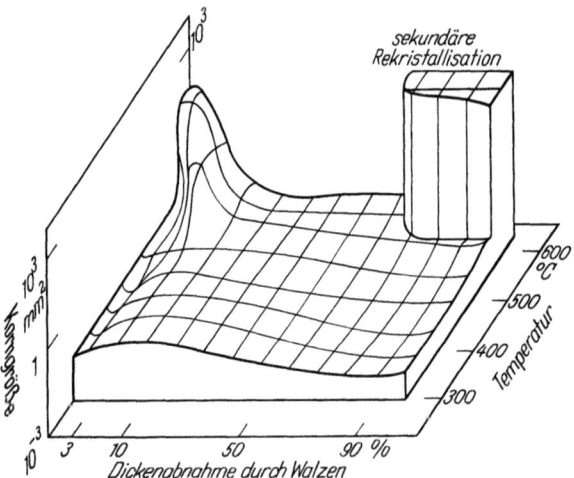

Abb. 9.6. Rekristallisationsdiagramm für Aluminium (99,6% Al) (O. DAHL und F. PAWLEK, 1936)

auf, daß bei sehr niedrigen Verformungsgraden und hoher Anlaßtemperatur außergewöhnlich große Körner gebildet werden. Bei geringer Verformung werden nur wenige und deshalb große neue Kristallite gebildet, weil die Keimzahl klein ist. Bei geeigneter Wahl von Verformungsgrad (kritische Verformung) und Rekristallisationstemperatur können auf diese Weise Einkristalle hergestellt werden (vgl. Kap. 2). Ein rekristallisiertes Gefüge, wie in Abb. 1.16, ist in diesem Zustand noch nicht im Gleichgewicht, weil die Korngrenzen nach wie vor Bereiche erhöhter Energie darstellen. Darum kommt es bei fortgesetzter thermischer Aktivierung zu weiteren Wachstumsprozessen. Wenn dabei der mittlere Korndurchmesser zunimmt, ohne daß die Korngrößenverteilung sich wesentlich ändert, wird dieser Vorgang als Kornvergrößerung bezeichnet. Wenn dagegen einzelne Körner besonders stark auf Kosten aller Nachbarn wachsen, so daß das Gefüge am Schluß nur aus wenigen, sehr großen Körnern besteht, spricht man von sekundärer Rekristallisation. Sekundäre Rekristallisation tritt bevorzugt bei hohen Verformungsgraden und hoher Temperatur auf (s. Abb. 9.6). Die Textur des rekristallisierten Gefüges (Rekristallisationstextur) ist vom Verformungsvorgang (z. B. Walzen, Pressen, Ziehen; s. Kap. 13), vom Verformungsgrad und von der Rekristallisationstemperatur abhängig. Sie unterscheidet sich meistens von der Verformungstextur. Für reine kfz-Metalle, die stark verformt und bei hohen Temperaturen rekristallisiert werden, tritt als Rekristallisationstextur die sogenannte Würfellage auf, Abb. 9.7.

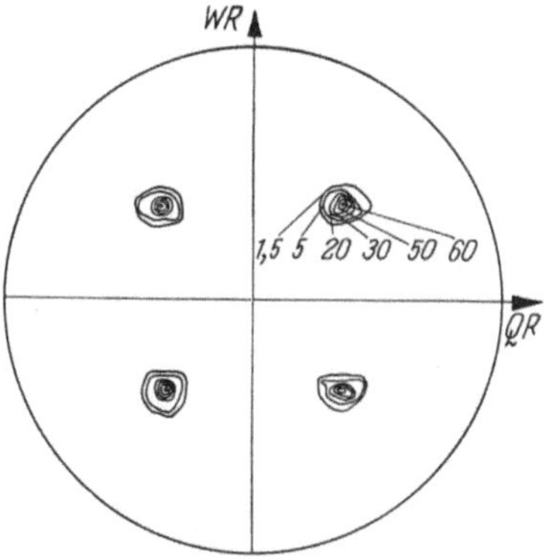

Abb. 9.7. Rekristallisationstextur von reinem Kupfer (kubisch-flächenzentriertes Metall mit hoher Stapelfehlerenergie): Würfellage. Die Projektion bezieht sich auf die {111}-Flächenpole. Zahlenangaben: willkürliche statistische Intensitätseinheiten. *WR* Walzrichtung; *QR* Querrichtung vergl. Abb. 5.12
(K. GSCHWENDTNER und F. HAESZNER, 1965)

In kfz-Legierungen findet man mit steigender Konzentration einen Übergang zu einer davon verschiedenen Textur. Dieser Unterschied ist — analog zu den Verformungstexturen — charakteristisch für den Unterschied zwischen Rekristallisationstexturen von kubisch-flächenzentrierten Metallen und Legierungen mit hoher und niedriger Stapelfehlerenergie (Kap. 7). In kubisch-flächenzentrierten, und seltener in kubisch-raumzentrierten Metallen entstehen durch Rekristallisation manchmal Kristalle mit Zwillingsorientierung. Im kubisch-flächenzentrierten Gitter nimmt die Häufigkeit dieser Rekristallisationszwillinge mit abnehmender Stapelfehlerenergie stark zu. In Aluminium werden keine Rekristallisationszwillinge gefunden, da es eine sehr hohe Stapelfehlerenergie besitzt (Tab. 4.1).

Durch die Rekristallisation nehmen die Eigenschaften die Werte des unverformten Zustandes an; so nehmen der elektrische Widerstand und die Streckgrenze ab, während die Dehnung zunimmt.

Kriechen

Die plastische Verformung bei höheren Temperaturen hängt nicht nur von der Spannung ab, wie in Kap. 5 vorausgesetzt worden war, sondern ist außerdem zeitabhängig, was auf einen Anteil thermisch aktivierter Vorgänge bei der Verformung zurückzuführen ist. Zur Untersuchung dieses Verhaltens dient die zeitabhängige Dehnung, das Kriechen im statischen Zugversuch, in dem die Probe entweder unter konstanter Last (technischer Dauerstandversuch) oder unter

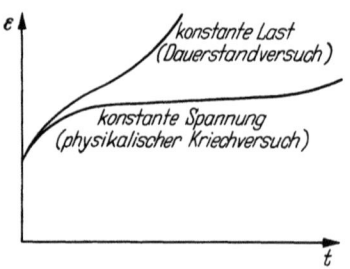

Abb. 9.8. Kriechkurven: die Dehnung einer Probe wird unter konstanter Last (technischer Dauerstandversuch) oder konstanter Spannung (physikalischer Kriechversuch) in Abhängigkeit von der Zeit gemessen

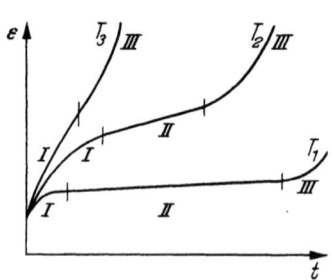

Abb. 9.9. Physikalische Kriechkurven bei verschiedenen Temperaturen; $T_1 < T_2 < T_3$

konstanter Spannung steht. Dabei wird die Dehnung ε als Funktion der Zeit t gemessen (Abb. 9.8). Aufgrund der Dehngeschwindigkeit

$$\dot{\varepsilon} \sim t^m \qquad (9.6)$$

kann die Kriechkurve bei konstanter Spannung in drei Bereiche eingeteilt werden, die, je nach der Temperatur, verschieden stark ausgeprägt sein können (Abb. 9.9):
Bereich I: $m < 1$ (Verfestigung überwiegt),
Bereich II: $m = 1$ (Verfestigung und thermisch aktivierte Vorgänge kompensieren sich),
Bereich III: $m > 1$ (thermisch aktivierte Verformungsvorgänge überwiegen).

In den Bereichen I und II, bei niedrigen und mittleren Temperaturen, sind wahrscheinlich vorwiegend thermisch aktivierte Schneidprozesse der Versetzungen geschwindigkeitsbestimmend. Dabei entstehen in den Versetzungen Sprünge, die sich, wie die Stufenanteile der Versetzungen bei der Erholung, nur durch thermisch aktiviertes Klettern bewegen können (s. S. 80). Im Bereich III, vorwiegend bei hohen Temperaturen, hat Gleitung der Kristallite entlang ihren Grenzflächen (Korngrenzengleitung) einen wesentlichen Anteil an der plastischen Verformung. Dabei tritt ein dynamischer Rekristallisationsvorgang auf, der das Kennzeichen der Warmverformung ist (Kap. 13).

Die Art des Bruchs am Ende eines technischen Zeitstandversuchs ist ebenfalls temperaturabhängig: bei $T > 0.5\, T_{kf}$ und niedrigen Dehngeschwindigkeiten ist er bevorzugt interkristallin, bei $T < 0.5\, T_{kf}$ und höheren Dehngeschwindigkeiten transkristallin.

Literatur zu Kapitel 9

SEITH, W.: Diffusion in Metallen, 2. Aufl. Berlin/Göttingen/Heidelberg: Springer 1955 (anschaulich geschriebene Übersichts-Monographie, in der auch technische Anwendungen berücksichtigt sind).

SHEWMON, P.: Diffusion in Solids. New York/San Francisco/Toronto/London: McGraw-Hill Book Co. 1963 (Lehrbuch).

HIMMEL, L., Herausgeber: Recovery and Recrystallisation of Metals. New York: Interscience Publishers 1963 (Konferenz-Sammelband über Erholung und Rekristallisation).

GARAFOLO, F.: Fundamentals of Creep and Creep-Rupture in Metals, New York: Macmillan 1965 (gute kurze Übersichts-Monographie).

10. Umwandlungen im festen Zustand

Umwandlungsarten, thermodynamische Grundlagen

Umwandlungen gehören zu den wichtigsten Vorgängen in festen Metallen und Legierungen. Aus den Gleichgewichtsdiagrammen ist zu entnehmen, bei welcher Zusammensetzung, Temperatur und bei welchem Druck Phasenumwandlungen zu erwarten sind. Im allgemeinen ist eine Umwandlung mit einer Änderung der Kristallstruktur und der Konzentration (in Legierungen) verbunden. Es gibt aber auch Fälle, in denen sich nur die Konzentration (kohärente Entmischung) oder nur die Struktur (Umwandlung in reinen Metallen, Martensitumwandlung) ändert. Phasenumwandlungen mit oder ohne Strukturänderung, die mit einer lokalen Änderung der Konzentration verbunden sind und bei denen die Kristallstruktur des größeren Volumenteils des Grundgitters (Matrix) unverändert bleibt, bezeichnet man als Ausscheidung.

Wird der Zustand (Temperatur, Druck) eines Metalls oder einer Legierung so geändert, daß dabei eine Phasengrenze überschritten wird, dann liegt ein metastabiler Zustand vor, der somit die Voraussetzung für eine Umwandlung ist (Kap. 2). Die chemische Triebkraft zur Umwandlung dieses Zustandes in eine Gleichgewichtsphase bildet der Unterschied der freien Energie G zwischen beiden Phasen bei der Temperatur T. Analog zu Gl. (2.3) gilt für die Umwandlung zwischen zwei festen Phasen

$$\Delta G_{\alpha\beta} = \Delta H_{\alpha\beta} \frac{T_{\alpha\beta} - T}{T_{\alpha\beta}}, \qquad (10.1)$$

wobei ΔH_{kf} und T_{kf} von Gl. (2.3) durch $\Delta H_{\alpha\beta}$ und $T_{\alpha\beta}$ ersetzt werden. Hierin bezeichnen α und β die beiden festen Phasen, $T_{\alpha\beta}$ ihre Umwandlungstemperatur und $T_{\alpha\beta} - T$ die Unterkühlung. Die Temperaturabhängigkeit der Umwandlungswärme $\Delta H_{\alpha\beta}$ ist hier — wie in Kap. 2 — vernachlässigt.

Umwandlungen, bei denen eine Umwandlungswärme $\Delta H_{\alpha\beta}$ auftritt und die Entropie sich am Umwandlungspunkt diskontinuierlich ändert (Gl. 2.1), werden als Umwandlungen erster Art bezeichnet. Tritt am Umwandlungspunkt nur ein Maximum der spezifischen Wärme und eine kontinuierliche Änderung der Entropie auf, so liegt eine Umwandlung zweiter Art vor. Beispiele dafür sind die magnetische Umwandlung (Kap. 8 und 18), die Umwandlung eines krz-Mischkristalls in eine Überstrukturphase vom Typ FeAl (s. S. 91) und der Übergang vom normalleitenden in den supraleitenden Zustand (Kap. 8 und 20).

Keimbildung im festen Zustand

Zu Beginn der Umwandlungen mit Änderung der Kristallstruktur ist Keimbildung erforderlich. Außer den Energiegrößen beim Erstarren (Gl. 2.4; 2.5) treten dabei im Kristall Spannungen und Verzerrungen auf, die zusätzliche Energie erfordern. Für den perfekten Kristall gilt im allgemeinen Fall für $T < T_{\alpha\beta}$:

$$\Delta G = -a \Delta g_{\alpha\beta} i + b\sigma_{\alpha\beta} i^{2/3} + cg_\epsilon i. \qquad (10.2)$$

Gegenüber Gl. (2.5) für die Erstarrung ist hier zusätzlich die Spannungsenergie g_ϵ mit dem Formfaktor c eingeführt, die durch Spannungen aufgrund von Volumenunterschieden und Schubspannungen in der Grenzfläche zwischen Grundgitter und Keim bedingt sein kann und die freie Energie des Keims erhöht, die Keimbildung also erschwert.

In Gegenwart von Gitterbaufehlern wie Versetzungen und Korngrenzen kann die Keimbildungsenergie andererseits herabgesetzt werden. Zum Beispiel kann die Grenzflächenenergie $\sigma_{\alpha\beta}$ der neuen Phasengrenze zum Teil aus der Energie $\sigma_{\alpha\alpha}$ einer bestehenden Korngrenze gewonnen werden, wenn in deren Atomanordnung die Grenzfläche zwischen dem Keim und der neuen Phase teilweise vorgebildet ist.

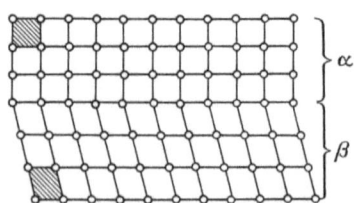
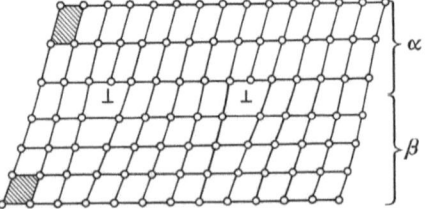

Abb. 10.1. Schematische zweidimensionale Darstellung einer kohärenten Phasengrenze zwischen den Phasen α und β: Zahl und Anordnung der Gitterpunkte in der Grenzfläche entsprechen sich bei beiden Strukturen

Abb. 10.2. Schematische zweidimenisonale Darstellung einer teilkohärenten Phasengrenze zwischen den Phasen α und β: Zahl und Anordnung der Gitterpunkte in der Grenzfläche sind bei beiden Strukturen sehr ähnlich, die Anpassung erfolgt durch regelmäßig verteilte Versetzungen

$\sigma_{\alpha\beta}$ ist dann besonders gering, wenn die beiden Phasen kohärente oder teil-kohärente Grenzflächen miteinander bilden können (Abb. 10.1 und 10.2). Die Verzerrungsenergie g_ϵ des Keims kann auch verringert werden, wenn die Verzerrungsfelder von Versetzungen die zur Keimbildung erforderliche Verzerrung (z. B. Scherung) begün-

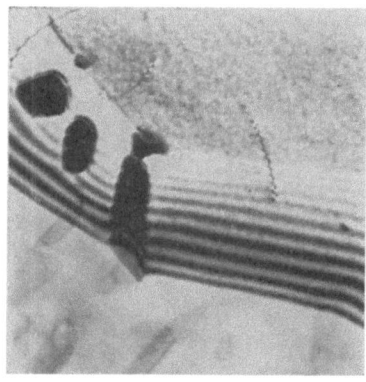

Abb. 10.3. Heterogene Keimbildung an einer Korngrenze: Teilchen der Θ-Phase (CuAl$_2$) in einer Al-3-Gew.-%-Cu-Legierung, 10' bei 300 °C gealtert. Elektronenmikroskopisch, Durchstrahlung, 50 000×

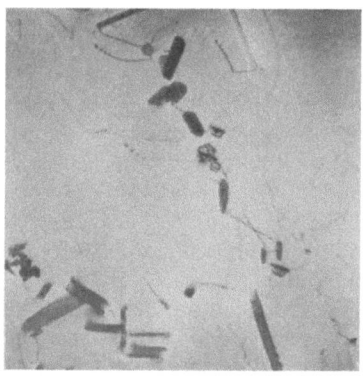

Abb. 10.4. Heterogene Keimbildung an Versetzungen: Teilchen der Θ'-Phase in einer Al-2,2-At.-%-Cu-Legierung von 540 °C abgeschreckt und 1 Min. bei 500 °C gealtert. Elektronenmikroskopisch, Durchstrahlung, 10 000 ×

stigen. Keimbildung an Gitterbaufehlern ist heterogene Keimbildung (Kap. 2). Sie überwiegt bei Umwandlungen in Festkörpern. Zur Erläuterung sind in Abb. 10.3 bis 10.5 verschiedene Beispiele der Keimbildung dargestellt. Im System Eisen-Aluminium tritt bei der Bildung der Phase Fe$_3$Al (Abb. 10.10) homogene Keimbildung auf, weil die Kristallstrukturen beider Phasen der gleichen Translationsgruppe angehören und ihre spezifischen Volumina nahezu gleich sind, so daß einerseits eine kohärente Grenzfläche gebildet werden kann und andererseits keine erhebliche Verzerrungsenergie auftritt d. h. $\sigma_{\alpha\beta}$ und g_ε haben kleine Werte.

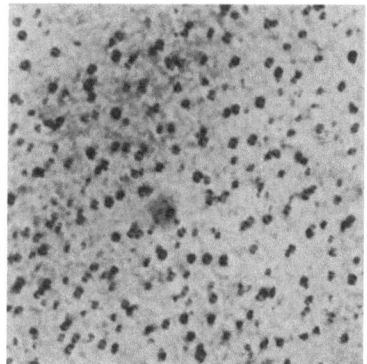

Abb. 10.5. Homogene Keimbildung: Kupferreiche Teilchen in einer Fe-0,9-Gew.-%-Cu-Legierung, 10 Std. bei 600 °C gealtert. Elektronenmikroskopisch, Durchstrahlung, 50 000 ×

Wachstumsvorgänge

Wir betrachten zunächst den Fall der Strukturumwandlung ohne Konzentrationsänderung bei reinen Metallen. Der atomare Mechanismus ist von den beteiligten Kristallstrukturen und ihrer Volumendifferenz abhängig. Sehr einfach ist die Umwandlung kfz ⇌ hdP bei

420 °C in Kobalt. Da die beiden Strukturen sich nur in der Stapelfolge der dichtest gepackten Ebenen (111) bzw. (00.1) und fast nicht im spezifischen Volumen unterscheiden (Kap. 3), können sie durch einen einfachen Versetzungsmechanismus ineinander übergehen. Bei der $\alpha \rightleftharpoons \gamma$-Umwandlung des Eisens entsprechen sich die Atomabstände in den $\langle 111 \rangle_{krz}$- und $\langle 110 \rangle_{kfz}$-Richtungen sehr gut, so daß bei der Umwandlung ein Paar dieser Richtungen bevorzugt parallel auftritt. Extrem ungünstige Wachstumsbedingungen herrschen bei der $\alpha \rightleftharpoons \beta$-Umwandlung des Zinns. Die Volumendifferenz der Phasen beträgt 21,4%, so daß der Zusammenhalt in der Grenzfläche praktisch völlig verlorengeht. — Strukturumwandlungen ohne Konzentrationsänderung können auch durch martensitische Schervorgänge erfolgen (s. S. 94).

Ändert sich die Konzentration bei der Umwandlung, so ist Diffusion erforderlich, deren Geschwindigkeit in erster Näherung durch die Diffusionskoeffizienten und Konzentrationsgradienten gegeben ist (Kap. 9). Bei diffusionsabhängigen Umwandlungen treten weitere Einflußgrößen auf, wie die geometrische Form der Umwandlungsfront, der Verlauf der Konzentrationsgradienten in der Matrix, die Beeinflussung der Diffusionskoeffizienten durch die Konzentration, die Volumen- und die Kohärenzspannungen, die alle voneinander abhängen und sich zeitlich ändern. Genaue Berechnungen ihres Verlaufs sind deshalb in den meisten Fällen äußerst schwierig. Zu Abschätzungen eignet sich auch in diesem Fall Gl. (9.5), wobei dc/dx als konstant angenommen wird.

Ausscheidung

Ausscheidung ist zu erwarten, wenn in einem Mischkristall α die Löslichkeit einer Atomart B mit sinkender Temperatur abnimmt (Abb. 10.6). Bei Abkühlung aus dem homogenen α-Bereich in das

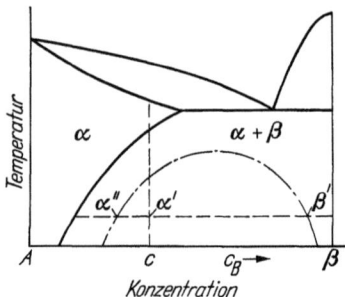

Abb. 10.6. Schematische Darstellung der Konstitutionsbedingung für einen Ausscheidungsvorgang: ein Mischkristall β muß eine mit sinkender Temperatur rückläufige Löslichkeit für eine Komponente B haben. Außerdem ist der metastabile Zwischenzustand der Ausscheidung einer Zwischenphase β' aus dem metastabilen Mischkristall α'' dargestellt. Die Konzentration der Ausgangsphase ist c

Zweiphasengebiet $\alpha + \beta$ stellt sich dann durch Ausscheidung einer B-reicheren Phase β aus dem metastabilen Mischkristall α' die Gleich-

gewichtskonzentration ein. Der Untersuchung von Ausscheidungsvorgängen und der Aushärtung (Kap. 15, Abb. 15.1) liegt dementsprechend folgende Wärmebehandlung zugrunde:
1. Homogenisieren — Halten im Gebiet des homogenen Mischkristalls.
2. Abschrecken — im allgemeinen auf $T < 0,3\, T_{kf}$, so daß keine thermisch aktivierten Vorgänge ablaufen.
3. Altern — Halten bei etwa $T = 0,5\, T_{kf}$, wo thermisch aktivierte Vorgänge mit mäßiger Geschwindigkeit, also kontrollierbar ablaufen.

Nach dem Abschrecken enthält der metastabile Mischkristall nicht nur B-Atome, sondern auch Leerstellen in Übersättigung, wodurch die Keimbildung und der Beginn des Wachstums beschleunigt werden.

Der Verlauf der Ausscheidung hängt von den Keimbildungs- und Wachstumsbedingungen ab. Es bilden sich unter Umständen metastabile Übergangsphasen, wenn deren Keimbildung gegenüber der Gleichgewichtsphase eine niedrigere Aktivierungsenergie aufweist. Ihr Auftreten kann in einem Gleichgewichtsdiagramm wie in Abb. 10.6 dargestellt werden: der Konzentrationsunterschied zwischen einem metastabilen Zwischenzustand α'' der Matrix und der metastabilen Ausscheidung β' ist geringer als im Gleichgewicht $\alpha + \beta$. Ein Beispiel sind kohärente Ausscheidungen, die an B-Atomen angereichert sind, aber die Struktur des Grundgitters beibehalten (Guinier-Preston-Zonen, Abb. 10.7). Ihre homogene Keimbildung

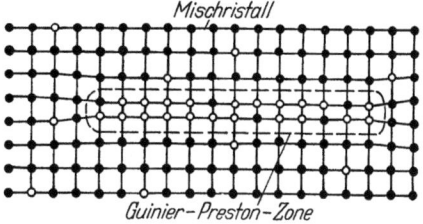

Abb. 10.7. Schematische zweidimensionale Darstellung einer kohärenten Ausscheidung *(Guinier-Preston-Zone)*: die Atome der einen Komponente (offene Kreise) haben sich bevorzugt auf zwei benachbarten Gitterebenen angesammelt. Zugleich tritt in diesem Fall eine Kontraktion auf

ist energetisch durch ihre niedrige Grenzflächenenergie und kinetisch durch den anfänglichen Leerstellenüberschuß begünstigt. Je nach den Voraussetzungen von Konstitution, Gefüge und Alterungsbedingungen können metastabile oder stabile Ausscheidungen durch homogene oder heterogene Keimbildung entstehen. Dabei ist es möglich, daß die metastabilen und stabilen Phasen sich unabhängig voneinander bilden oder auseinander hervorgehen. Die Form der Teilchen in frühen Wachstumsstadien hängt vom Verhältnis der

Verzerrungsenergie (Unterschied im spezifischen Volumen der Phasen) zur Oberflächenenergie ab. Ist die Verzerrungsenergie klein, so bestimmt die minimale Oberflächenenergie die Form: das Teilchen wächst als Kugel (Abb. 10.10). Ist die Verzerrungsenergie größer, so wird ihre Minimalisierung maßgebend, was zu Stab- oder Plattenform führen kann (Abb. 10.4). Weitere Einzelheiten über Ausscheidungsvorgänge werden im Zusammenhang mit der Aushärtung (Kap. 15) behandelt.

Umwandlungen in Ordnungsphasen

In vielen Legierungssystemen gibt es Nachbarphasen, deren Kristallstruktur sich nur in der Besetzung der Gitterplätze (Raum-

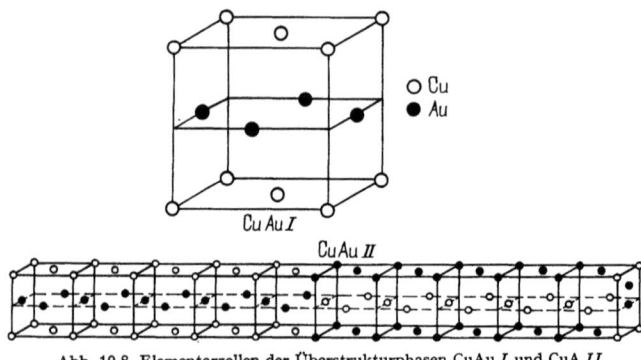

Abb. 10.8. Elementarzellen der Überstrukturphasen CuAu I und CuA II

gruppe), nicht aber, oder nur durch schwache Verzerrungen, in der Symmetrie der Gitterpunkte (Translationsgruppe) unterscheiden. Die Atome sind in der Hochtemperaturphase statistisch regellos ver-

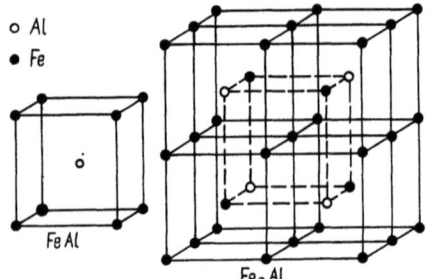

Abb. 10.9. Elementarzellen der Überstrukturphasen FeAl und Fe_3Al

teilt und gehen unterhalb einer kritischen Temperatur $T_{\alpha x_i}$ in eine geordnete Verteilung (Ordnungsphasen, Kap. 6, Kap. 11) über. Beispiele sind in Abb. 10.8 und 10.9 in Form von Elementarzellen dar-

gestellt. In manchen Fällen, wie CuAu II und Fe_3Al, führen weitreichende Bindungskräfte zu großen Elementarzellen.
Wenn regellos verteilte Atome sich beim Unterschreiten von $T_{\alpha\alpha_1}$ ordnen, setzt diese Umwandlung an verschiedenen Keimstellen ein. Da die Grenzflächen dabei kohärent sind und die Spannungsenergie sehr gering sein kann, ist die Keimzahl bei geringer Unterkühlung bereits sehr groß. Die geordnete Besetzung der Gitterpunkte beginnt nicht überall mit der gleichen Atomart auf dem gleichen Untergitter, d. h., nicht in Phase zueinander (das krz-Gitter besteht zum Beispiel aus zwei kubisch-primitiven Untergittern). Deshalb können Grenzflächen, die Antiphasengrenzen (Kap. 4), entstehen, wenn die geordneten Bereiche zusammenwachsen. In ihnen tritt ein Phasensprung bezüglich der geordnet besetzten Gitterplätze auf, so daß Antiphasengrenzen durch Beugungskontrast im Elektronenmikroskop abgebildet werden können (Abb. 4.9).

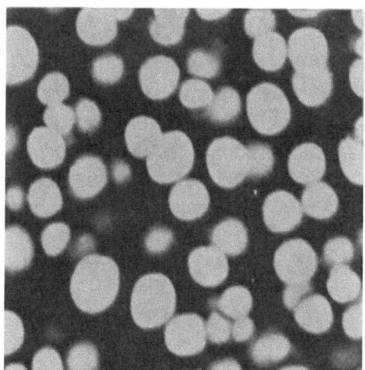

Abb. 10.10. Zweiphasiges Gefüge, das aus einer Überstrukturphase (Fe_3Al, hell) in einem Mischkristall (α-Fe, dunkel) besteht (G. LÜTJERING). Elektronenmikroskopisch, Durchstrahlung, Dunkelfeldabbildung mit einem Überstrukturstrahl, 50 000 ×

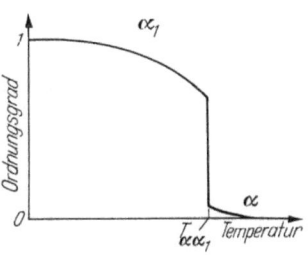

Abb. 10.11. Schematische Darstellung der Temperaturabhängigkeit des Ordnungsgrades S bei der Umwandlung einer Überstrukturphase in eine Mischkristallphase

Wenn die Zusammensetzung der Probe nicht dem ganzzahligen Atomverhältnis in der Elementarzelle entspricht, ergeben sich zwei Möglichkeiten der Gefügeausbildung: 1. die überschüssigen Atome verteilen sich regellos auf Plätze der anderen Art. In diesem Falle einer Fehlordnung erscheint ein Gefüge der geordneten Domänen wie bei perfekter Ordnung. Im Zustandsdiagramm liegt der Zustand im Homogenitätsbereich der Ordnungsphase; 2. die überschüssigen Atome bilden einen Mischkristall, so daß geordnete und ungeordnete Bereiche nebeneinander vorliegen, s. Abb. 10.10; der Zustand liegt dann in einem Zweiphasengebiet.

Der temperaturabhängige Verlauf der makroskopischen Eigenschaften (vgl. Abb. 7.4) läßt im allgemeinen auf eine Temperaturabhängigkeit des Ordnungsgrades wie in Abb. 10.11 schließen. Zur Kennzeichnung des Ordnungsgrades dient der Fernordnungsparameter S; bezeichnet a den Anteil der Gitterplätze der A-Atome, die bei vollständiger Ordnung besetzt sind (z. B. ist $a = 0{,}5$ für eine Ordnungsphase AB) und p den Anteil der wirklich von A-Atomen besetzten A-Plätze, so gilt:

$$S = \frac{p - a}{1 - a}. \qquad (10.3)$$

$S = 1$ für den vollständig geordneten und $S = 0$ für den ungeordneten Zustand, d. h. für den Mischkristall.

Bei $T_{\alpha\alpha_1}$ tritt ein scharfer Abfall ein. Bereits unterhalb von $T_{\alpha\alpha_1}$ beginnt die Entordnung. Oberhalb von $T_{\alpha\alpha_1}$ bleiben einige geordnete Bereiche kleinster Abmessungen bestehen (Nahordnung). Ordnungsumwandlungen weisen damit Kennzeichen von Umwandlungen erster und zweiter Art auf (s. S. 86).

Diskontinuierliche Umwandlungen

Eine Gruppe von diffusionsabhängigen Umwandlungen, bei denen zwei (oder mehr) Phasen gleichzeitig gebildet werden, unterscheidet sich von den bisher behandelten Umwandlungen durch zwei charakteristische Merkmale: 1. alle Konzentrationsänderungen finden in der Wachstumsfront statt (unstetige Konzentrationsänderung); 2. die neuen Phasen sind häufig lamellar zueinander angeordnet und die Kanten der Lamellen dringen auf gleicher Front als in-

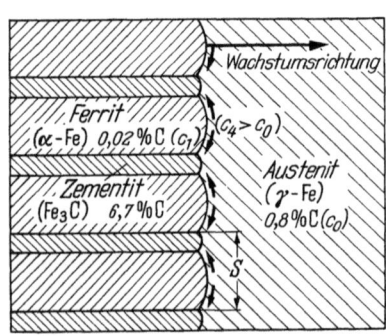

Abb. 10.12. Schematische Darstellung der Wachstumsfront bei einer diskontinuierlichen Umwandlung am Beispiel des Perlits. Die kurzen Pfeile deuten die Richtung der Kohlenstoffdiffusion in der Grenzfläche an

kohärente Grenzfläche in die metastabile Matrix vor, wie Abb. 10.12 schematisch zeigt.

Zu diesen Umwandlungen gehören im festen Zustand:
a) die eutektoide Umwandlung, z. B. zum Perlit (Kap. 14):
b) die diskontinuierliche Ausscheidung (Kap. 15).
Abb. 10.13 und 10.14 zeigen Gefügebeispiele.

Alle Umwandlungen dieser Art beginnen mit heterogener Keimbildung an Korngrenzen, die die niedrigste Aktivierungsenergie erfordert. Die Besonderheit der Wachstumsvorgänge liegt in der inkohärenten Wachstumsfront, wie bei der Rekristallisation, und in der

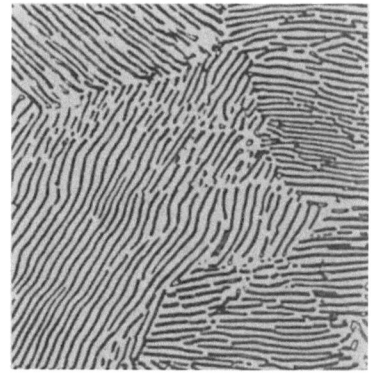

Abb. 10.13. Perlitgefüge in einem Stahl mit 0,8 Gew.-% C. Ferrit (hell) und Zementit (dunkel) sind lamellar angeordnet. Lichtmikroskopisch, 1000×

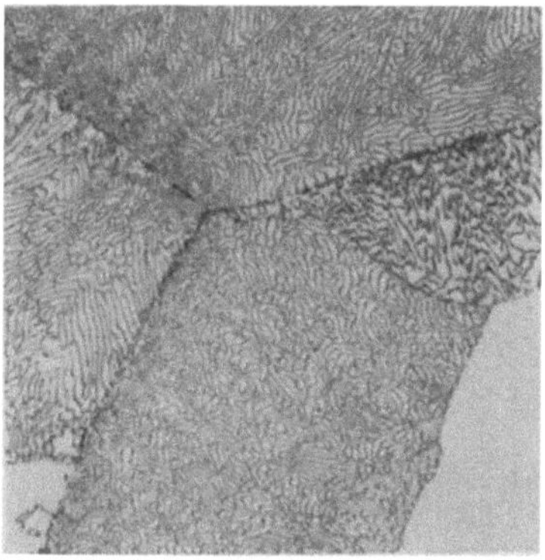

Abb. 10.14. Diskontinuierliche Ausscheidung in einer Eisen-22-Atom-%-Zink-Legierung, die 6' bei 600 °C gealtert wurde. α-Phase (hell) und γ-Phase (dunkel) sind lamellar angeordnet. Lichtmikroskopisch, 1000×

Beschränkung der Diffusion auf diese Wachstumsfront als Diffusionsweg, weil der Diffusionskoeffizient dort um 10^3 bis 10^5 höher ist als im perfekten Kristall.

Bei isothermer diskontinuierlicher Umwandlung bleibt der Lamellenabstand konstant. Dementsprechend bleiben auch die Kon-

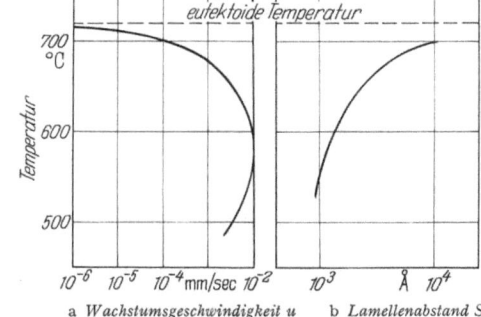

Abb. 10.15. Änderung der Wachstumsgeschwindigkeit u (a) und des Lamellenabstandes S (b) mit der Umwandlungstemperatur bei der Perlitumwandlung (nach F. C. HULL et al., 1942, und G. E. PELLISIER et al., 1942)

a Wachstumsgeschwindigkeit u b Lamellenabstand S

zentrationsgradienten unverändert und die Wachstumsgeschwindigkeit ist konstant. In Abhängigkeit von der Temperatur, Abb. 10.15a, nimmt die Wachstumsgeschwindigkeit mit abnehmender Temperatur zunächst bis zu einem Maximum zu und dann leicht ab. Die Zunahme beruht auf der gleichzeitig abnehmenden Lamellendicke (Abb. 10.15 b), wodurch die Diffusionsgradienten steiler werden. Die Verringerung der Wachstumsgeschwindigkeit bei niedrigeren Temperaturen ist auf die Abnahme des Diffusionskoeffizienten zurückzuführen. Dieser Zusammenhang ergibt sich auch aus einer Betrachtung der folgenden Beziehung, in der die Wachstumsgeschwindigkeit u in Abhängigkeit von den Konzentrationsgradienten (vergl. Abb. 10.12), dem Diffusionskoeffizienten D der hauptsächlich diffundierenden Komponente und dem Lamellenabstand S gegeben ist:

$$u = \left(\frac{c_4 - c_1}{c_0 - c_1}\right) \frac{2D\lambda}{S^2}. \qquad (10.4)$$

λ gibt die Dicke der Grenzflächenschicht an, für die der Diffusionskoeffizient D gilt. In dieser Form gilt Gl. (10.4) für das in Abb. 10.12 erläuterte Eisen-Kohlenstoff-Eutektoid, den Perlit (Kap. 14); in ähnlicher Form ist sie auch auf diskontinuierliche Ausscheidung anwendbar.

Die eutektische Erstarrung (Kap. 12) ist den diskontinuierlichen Umwandlungen eng verwandt.

Martensitumwandlungen

Martensitumwandlungen sind diffusionslose Phasenumwandlungen, die auftreten, wenn die Kristallstrukturen der alten und neuen Phase es zulassen, daß sie durch kooperative Scherbewegungen der Atome ineinander übergehen, während die Konzentration konstant bleibt. Diese Umwandlungsart wurde zuerst an der γ/α-Umwandlung in Stählen beobachtet (s. S. 134), tritt aber auch in anderen Legierungen auf, wie Tab. 10.1 an Beispielen zeigt. Die martensitischen Umwand-

Tabelle 10.1. *Martensitumwandlungen*

Legierung	Strukturänderung
Fe-C (Stähle) Fe-Ni	kfz → krz (tetragonal rz)[1]
Cu-Al Cu-Ga-Zn Cu-Sn	1. krz → kfz (orthorhombisch)[2] 2. krz → hdP (orthorhombisch)[2]
Au-Cd	krz → orthorhombisch
In-Tl	kfz → tetragonal fz
Ti	krz → hdP
U	krz, tetragonal → orthorhombisch

[1] Die tetragonale Verzerrung beruht auf einer geordneten Verteilung der interstitiell gelösten Kohlenstoffatome.
[2] Die Varianten 1. und 2. treten bei verschiedenen Konzentrationen auf. Der Strukturübergang führt prinzipiell zu kfz bzw. hdP Strukturen. Durch geordnete Atomverteilung und Verwerfungen sind die tatsächlich beobachteten Strukturen aber orthorhombisch.

lungen sind außer durch die erwähnte kristallographische Eigenart dadurch gekennzeichnet, daß das meistens plattenförmige Umwandlungsprodukt, Abb. 10.16 und 10.17, bei Unterkühlung um einen be-

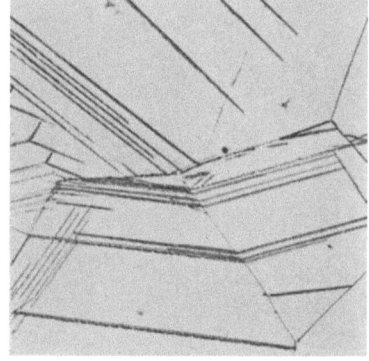

Abb. 10.16. Martensitplatten (weiß) in Austenitmatrix in einer Fe-1,25-Gew.-%-C-7,05-Gew.-%-Ni-Legierung, die aus dem Austenitbereich auf Raumtemperatur abgeschreckt wurde. Lichtmikroskopisch, 150 ×

Abb. 10.17. Martensitplatten in β-Matrix in einer Cu-14,9-At.-%-Sn-Legierung, die aus dem β-Bereich auf Raumtemperatur abgeschreckt wurde. Lichtmikroskopisch, 250 ×

stimmten Betrag unter die Gleichgewichtstemperatur gebildet wird und ein einzelner Kristallit der neuen Phase jeweils in sehr kurzer Zeit zu voller Größe wächst, d. h., bis er meistens von einer Grenzfläche aufgehalten wird. Neue Kristallite werden jeweils bei weiterer Temperaturerniedrigung gebildet. Den Vorgang der Martensitumwandlung kann man sich in zwei Teilvorgänge zerlegt denken (Abb. 10.18). Die Strukturumwandlung tritt durch eine Scherung und

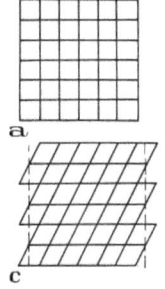
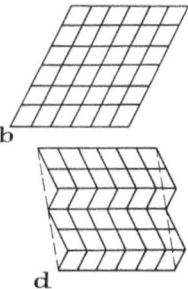

Abb. 10.18. Schematische Darstellung der Strukturumwandlung und der gleichzeitigen Verformungsvorgänge bei Martensitumwandlungen.
a Grundgitter, b Strukturumwandlung durch Scherung, c innere Verformung des umgewandelten Bereichs durch Gleitung, d innere Verformung des umgewandelten Bereichs durch Zwillingsbildung (nach B. A. BILBY und J. W. CHRISTIAN, 1961)

meistens eine ihr überlagerte Volumenänderung ein. Da der umgewandelte Bereich aber innerhalb eines Kristalls des Grundgitters die Scherbewegung nicht frei ausführen kann, erleidet er gleichzeitig eine innere Verformung, die entweder vorwiegend durch Gleitung (Abb. 10.18c) oder durch Zwillingsbildung (Abb. 10.18d), bewirkt wird. Das resultierende Gefüge im Inneren von Martensitplatten für diese beiden Fälle zeigen Abb. 10.19 und 10.20 an Beispielen. Wegen der kristallographischen Gesetzmäßigkeit solcher Umwandlungen sind

Abb. 10.19. Kontrast zahlreicher Stapelfehler im Innern einer Cu-Zn-Ga-Martensitplatte (Cu-19,2-Atom-%-Zn-12,6-Atom-%-Ga, von 780° abgeschreckt) Elektronenmikroskopisch, Durchstrahlung, 70 000 × (L. DELAEY)

Abb. 10.20. Zwillingslamellen im Innern einer Fe-Ni-Martensitplatte (Fe-30,9-Atom-%-Ni). Elektronenmikroskopisch, Durchstrahlung, 20 000 ×

die resultierende Orientierungsbeziehung zwischen Matrix- und Martensitgitter, die Ebene der größten Ausdehnung der Martensitplatte (Habitus-Ebene. Die Angabe ihrer Indizes wird auf das Grundgitter bezogen.) Und die innere Verformung für alle Martensitplatten in einer Legierung unter gleichen Umwandlungsbedingungen gleich. Zum Beispiel gilt für Stähle mit mittleren Kohlenstoffgehalten die Orientierungsbeziehung nach KURDJUMOW und SACHS

$$(111)_\gamma \parallel (110)$$
$$[1\bar{1}0]_\gamma \parallel [1\bar{1}1]$$

und die Habitusebene $(225)_\gamma$[1]. Wenn die Kristallstrukturen, die Gitterbeziehung (Entsprechung der Atomplätze in beiden Gittern) und der Verformungsmechanismus bekannt sind, können alle oben angeführten Orientierungs- und Verformungsangaben berechnet werden (phänomenologische Martensittheorie). Diese kristallographischen Zusammenhänge von Martensitumwandlungen treten auch bei anderen Umwandlungen auf, bei denen die Atombewegung nur teilweise kooperativ verläuft (Zwischenstufenumwandlung) oder die Spannungsenergie der Atomanordnung (z. B. in tetragonalen Überstrukturphasen) erniedrigt werden kann.

Die Keimbildung der Martensitphasen erfolgt heterogen. Da wegen der niedrigen Bildungstemperaturen thermische Aktivierung

---

[1] Diese Angaben sind vereinfacht. In Wirklichkeit sind die Indizes der Orientierungsbeziehung und der Habitusebene irrationale Zahlen.

meistens nicht möglich ist, muß die Keimbildungsenergie in diesen Fällen oft durch erhebliche Unterkühlung aufgebracht werden (vgl. Abb. 6.14 und 14.3). Entscheidend wird in diesem Fall die Überwindung der Spannungsenergie g_ε (Gl. 10.2). Das Wachstum beruht auf einem Versetzungsmechanismus, ähnlich wie bereits für Kobalt erwähnt. Da keine Platzwechsel durch Diffusion notwendig sind, können Martensitplatten nach ihrer Keimbildung mit bis zu Überschallgeschwindigkeit in der Ausgangsphase wachsen.

Literatur zu Kapitel 10

CHRISTIAN, J. W.: The Theory of Transformations in Metals and Alloys. Oxford/London/Edinburgh/New York/Paris/Frankfurt: Pergamon Press 1965 (sehr ausführliches Lehr- und Handbuch).
FINE, M. E.: Phase Transformations in Condensed Systems. New York: Macmillan 1964 (kurzes Lehrbuch).
BURKE, J.: The Kinetics of Phase Transformations. Oxford/London/Edinburgh/New York/Paris/Frankfurt: Pergamon Press 1965 (kurzes Lehrbuch).
ZACKAY, V. F., und H. I. AARONSON, Herausgeber: Decomposition of Austenite by Diffusional Processes. New York/London: Interscience Publishers 1962 (Konferenzbericht mit grundlegenden Arbeiten über diffusionsabhängige Phasenumwandlungen).

11. Untersuchungsverfahren

Makroskopische und mikroskopische Eigenschaften

Die makroskopischen Eigenschaften der Metalle sind nach dem in Kap. 1 gegebenen Überblick bedingt durch die Eigenschaften der einzelnen Atome, durch die Eigenschaften der Kristallgitter und durch die Gitterbaufehler und die Grenzflächen zwischen verschiedenen Kristallarten in heterogenen Legierungen. In entsprechender Weise können die Untersuchungsverfahren zur Ermittlung der Eigenschaften unterschieden werden. Makroskopische Eigenschaften sind z. B. die Leitfähigkeit, die Streckgrenze oder die Schmelztemperatur, die eine massive ein- oder vielkristalline Legierung nach einer bestimmten Vorbehandlung zeigt. Eigenschaften wie Fermiflächen, Atomradien, Kristallstrukturen, Versetzungsanordnungen und Anordnungen der Kristalle werden als mikroskopische Eigenschaften bezeichnet. Diese Eigenschaften können ebenfalls experimentell ermittelt werden. Aus ihnen können die makroskopischen Eigenschaften verstanden werden, falls gute Theorien zur Verfügung stehen, die mikroskopische und makroskopische Eigenschaften verknüpfen. Metallkundliche Arbeiten werden deshalb häufig nach folgendem Schema durchgeführt: Messung einer mikroskopischen Eigenschaft + Theorie = Deutung der makroskopischen Eigenschaft. Zum Beispiel: Bestimmung der Versetzungsanordnung eines verformten Metalls + Theorie der Verfestigung = Deutung der Streckgrenze des verformten Metalls. Durch Messung der makroskopischen Eigenschaft kann der Wert der Theorie überprüft werden. Wir beschränken uns hier auf die Untersuchungsmethoden der Kristallstruktur, des Gefüges und der makroskopischen Eigenschaften. Verfahren zur Bestimmung der Elektronenverteilung (Kap. 8) sollen nicht behandelt werden. Diese in der Festkörperphysik entwickelten Verfahren gewinnen allerdings auch in der Metallkunde zunehmend an Bedeutung.

Beugung von Röntgenstrahlen

Zur Bestimmung der Kristallstruktur wird die Beugung von Röntgenstrahlen durch Kristallgitter benutzt. Die Symmetrie der abgebeugten Strahlen steht in Beziehung zur Symmetrie des Kristalls. Die Abstände d der Atomebenen im Kristall können durch Messung des Beugungswinkels 2ϑ bestimmt werden (Abb. 11.1), unter dem gebeugte Strahlen (Reflexe) beobachtet werden. Es gilt die Beziehung:

$$\sin \vartheta = \frac{|\boldsymbol{g}|}{2/\lambda} = \frac{\lambda}{2d} \; ; \qquad (11.1)$$

$$\frac{1}{d} = \frac{\sqrt{h^2 + k^2 + l^2}}{a} \text{ für kubische Gitter.}$$

Dabei ist λ die Wellenlänge der Röntgenstrahlen (1—3 Å), $|\boldsymbol{g}| = 1/d$ der reziproke Gitterabstand bzw. Netzebenenabstand, a die Gitterkonstante, und (hkl) sind die Miller-Indizes einer beugenden Kristallebene (Kap. 3). Gl. (11.1) kann geometrisch durch eine Kugelfläche mit dem Durchmesser $2/\lambda$ beschrieben werden (Abb. 11.2). Beugung tritt immer dann auf, wenn der reziproke Gittervektor $\boldsymbol{g}$

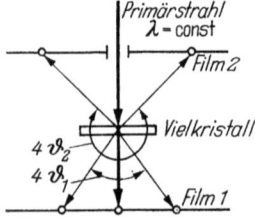

Abb. 11.1. Versuchsanordnung für Beugung von Röntgenstrahlen mit ebenem Film. $4\vartheta < 180°$ Durchstrahlungsaufnahme (ϑ_1), $4\vartheta > 180°$ Rückstrahlaufnahme (ϑ_2). Die von einer Ebenenart abgebeugten Strahlen bilden einen Kegel, der auf dem Film als Kreis erscheint (s. Abb. 11.3)

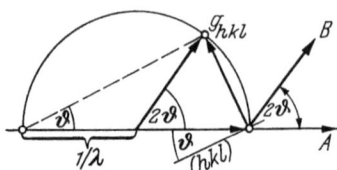

Abb. 11.2. Geometrische Darstellung der Beugungsbedingungen. Beugung tritt auf, wenn der Punkt des reziproken Gitters g_{hkl} auf dem Kreis mit dem Radius λ^{-1} liegt. (hkl) ist die beugende Kristallebene. Gl. 11.1 folgt aus dem mit ○ bezeichneten rechtwinkligen Dreieck

irgendeiner Ebene (hkl) der Kristallstruktur auf der Kugelfläche liegt. Sie kann als Reflexion des mit dem Winkel ϑ auf die Ebene (hkl) treffenden Strahles gedacht werden.

Im vielkristallinen Metall mit regelloser Verteilung der Orientierungen ist die Erfüllung dieser Bedingung durch einen Teil der Kristallite immer zu erwarten. Man erhält in einem Kristallhaufwerk von einer bestimmten Ebenenart einen kegelförmig reflektierten Strahl mit dem Öffnungswinkel 4ϑ, der als Kreis auf einem ebenen Film erscheint (Debye-Scherrer-Aufnahme, Abb. 11.1, vgl. 11.3).

Bei einem kubisch primitiven Gitter erscheinen Reflexe von allen möglichen Ebenen (hkl), während infolge von zusätzlicher Auslöschung durch Interferenz an kfz- und krz-Gittern nicht allen Ebenen Reflexe zugeordnet sind.

Tabelle 11.1

(hkl)	kub. prim.	kfz	krz
(100)	+	−	−
(110)	+	−	+
(111)	+	+	−
(200)	+	+	+
(210)	+	−	−
(220)	+	+	+
(221)	+	−	−
(222)	+	+	+

Es gelten die Regeln:
krz: $(h + k + l)$ = gerade Zahl,
kfz: (h, k, l): nur gerade oder nur ungerade Zahlen (Abb. 11.3)
Diese Tabelle gilt nur für kubische Kristalle. In anderen Kristallklassen müssen verschiedene Achslängen und Winkel zwischen den Kristallachsen berücksichtigt werden.

In geordneten kfz- und krz-Metallen treten zusätzlich Reflexe auf, die im entsprechenden ungeordneten Mischkristall nicht auftreten. Ihre Intensität $I_\text{Ü}$ ist schwächer als die der Hauptreflexe I_H. Sie werden als Überstrukturreflexe bezeichnet. Für die Intensität gilt in einfachen Fällen (CsCl; Au Cu):

$$I_\text{H} \sim (f_\text{A} + f_\text{B})^2; \quad I_\text{Ü} \sim S(f_\text{A} - f_\text{B})^2. \tag{11.2}$$

Dabei ist f_A und f_B die Streuamplitude der Atomarten A und B der Legierung für Röntgenstrahlen und S der Ordnungsparameter (Kap. 10, Gl. 10.3). Beim *Debye-Scherrer-Verfahren* werden Röntgenstrahlen einer bestimmten Wellenlänge λ verwendet. Die Beugungsbedingungen von Gl. (11.1) und Abb. 11.2 sind dadurch erfüllt, daß im vielkristallinen Metall alle möglichen Winkel der Kristallebenen zum Röntgenstrahl auftreten. Ungleichmäßige Verteilung der Intensität auf den Ringen findet man in grobkristallinen Gefügen und bei Texturen (Kap. 5 und 9).

Ein Einkristall, der bei konstanter Wellenlänge der Röntgenstrahlen untersucht wird, muß rotiert werden, damit die Beugungsbedingung für alle Kristallebenen erfüllt werden kann (*Drehkristallaufnahme*). Das Beugungsbild besteht aus Punkten, die von den einzelnen Ebenen (*hkl*) stammen. Die Orientierung von Einkristallen kann mit dieser Methode bestimmt werden. Der Einkristall braucht nicht rotiert zu werden, wenn Gl. (11.1) dadurch erfüllt ist, daß $\lambda \neq$ const., d. h., wenn ein kontinuierliches Spektrum von Röntgenstrahlen verwendet wird; *Laue-Methode*. Laue-Aufnahmen werden zur Kristallstrukturbestimmung, zur Orientierungsbestimmung, aber auch zur Bestimmung des Beginns der Rekristallisation verwendet.

Elektronenbeugung

Für Elektronenbeugung gilt Gl. (11.1) entsprechend. Die Wellenlängen von Elektronen, die üblicherweise verwendet werden, sind jedoch sehr viel kleiner als die von Röntgenstrahlen (z. B. bei einer Beschleunigung der Elektronen mit 100 kV: $\lambda_e = 0{,}037$ Å). Folglich liegen die Beugungswinkel ϑ niedrig indizierter Ebenen bei $\sim 1°$, mit Röntgenstrahlen bei $\sim 25°$. Die Bestimmung von Kristallstrukturen und Gitterkonstanten mit Elektronenbeugung ist deshalb infolge der kleinen Beugungswinkel ϑ und der dadurch verringerten

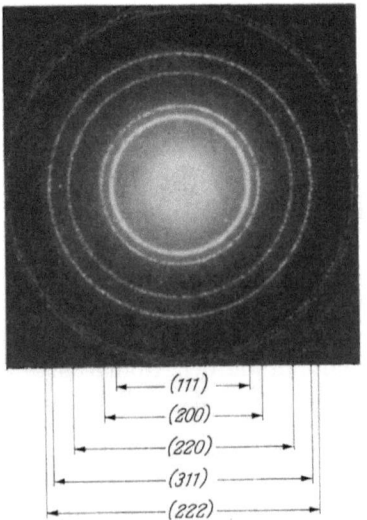

Abb. 11.3. Elektronenbeugung von feinkörniger aufgedampfter Nickelschicht (kfz-Gitter, vgl. Abb.2.1) $\lambda_{el} = 0{,}037$ A

Meßgenauigkeit weniger genau. Wegen der sehr viel größeren Streuamplitude der Atome bei Elektronenstrahlen verglichen zu Röntgenstrahlen kann aber die Kristallstruktur sehr kleiner Kristallite, z. B. extrahierter Ausscheidungsteilchen, durch Elektronenbeugung bestimmt werden. Außerdem ist die Untersuchung von Oberflächenschichten mit langsamen Elektronen möglich. Große Bedeutung hat die Elektronenbeugung in der Metallkunde aber erst im Zusammen-

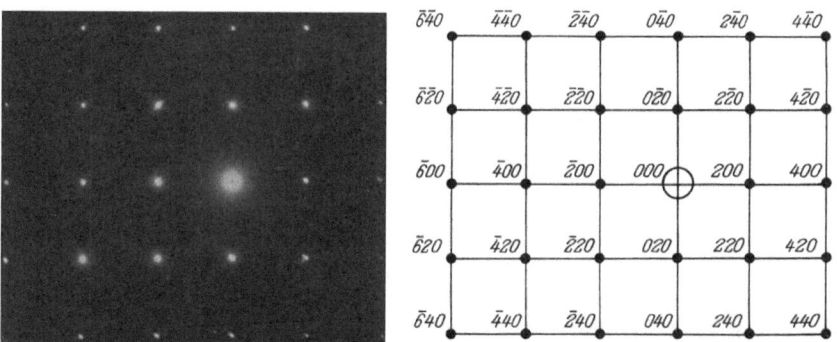

Abb. 11.4. Elektronenbeugung von kfz-Aluminiumkristall (vgl. zur Auswertung Abb. 3.4)

hang mit direkter Durchstrahlung von Metallfolien im Elektronenmikroskop erhalten. Wegen der kleinen Beugungswinkel ϑ sind Elektronenbeugungsbilder von Einkristallen fast unverzerrte Abbildungen von Ebenen des reziproken Gitters (Abb. 11.4, vgl. mit Abb. 11.2 und 3.4).

Neutronenbeugung

Neutronenbeugung wird nur dann angewandt, wenn die Beugung von Röntgenstrahlen und Elektronen versagt. Das ist z. B. der Fall, wenn in einer geordneten Legierung $f_A \approx f_B$ (FeCo). Falls für Neutronen $f_A \neq f_B$ ist, werden Überstrukturreflexe erhalten, und die Kristallstruktur kann bestimmt werden.

Lichtmikroskopie

Da Metalle für Licht undurchlässig sind, können mit dem Lichtmikroskop nur ihre Oberflächen beobachtet werden. Der Strahlengang des Metallmikroskops muß so angelegt sein, daß der beleuchtende Strahl nach der Reflexion an der Probenoberfläche ins Objektiv gelangt, um das Bild der Oberfläche zu erzeugen (Abb. 11.5). Eine ebene Oberfläche wird an einer Probe durch Schleifen und mechanisches oder elektrolytisches Polieren erzeugt. Das zu untersuchende Gefüge wird danach meist durch chemisches Ätzen sichtbar gemacht. In einphasigen Metallen können Korngrenzen (als Ätzlinien) und die Durchstoßpunkte von Versetzungslinien (als Ätzgrübchen) deswegen sichtbar gemacht werden, weil in ihrer Umgebung ein anderes chemisches Potential herrscht als am perfekten Kristall. In einem Kristallhaufwerk führt die Anisotropie der chemischen Eigenschaften der Kristallite dazu, daß Kornflächen verschiedener Orientierung zur Schliffoberfläche verschieden stark angegriffen werden (Kornflächen-

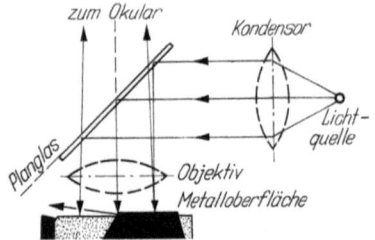

Abb. 11.5. Schematische Darstellung des Strahlenganges im Metallmikroskop. Die von der Schliffoberfläche ins Objektiv reflektierten Strahlen werden zur Abbildung verwandt

ätzung). Bei mehrphasigen Metallen wird die Anordnung der Phasen durch ihre verschiedene Anätzbarkeit sichtbar. Außerdem ergeben sich aus der Natur der Grenzflächen (kohärent, nicht-kohärent Kap. 10) bestimmte Ätzeffekte. In Legierungen können kontinuierliche Änderungen der Konzentration (Seigerungen) durch geeignete Ätzverfahren sichtbar gemacht werden. Zu erfolgreichem Arbeiten auf diesem Gebiet muß große Erfahrung in der Ätzbehandlung vereint sein mit guten metallkundlichen Grundkenntnissen. Das Auflösungsvermögen des Lichtmikroskops ist ~ 1000 Å. Manche interessanten Gefüge z. B. von ausgehärteten Aluminium- oder Nickellegierungen und das Zwischenstufengefüge von Stahl können deshalb nicht mehr aufgelöst werden.

Die Lichtmikroskopie kann auch zur Untersuchung der Anordnung von Blochwänden in ferromagnetischen Metallen verwendet werden. Auf die polierte Oberfläche wird dabei eine Aufschlämmung eines ferromagnetischen Pulvers gebracht. Durch die Streufelder in der Umgebung der Blochwände ordnen sich die Teilchen so um, daß die Lage der Wände in der Oberfläche sichtbar wird (Bitter-Methode, Kap. 18).

Elektronenmikroskopie

Bei Untersuchungen, für die das Auflösungsvermögen des Lichtmikroskops nicht ausreicht, kann das Elektronenmikroskop verwendet werden.

Wegen der kurzen Wellenlänge der Elektronen liegt das Auflösungsvermögen guter Elektronenmikroskope bei $1-2$ Å, also im Bereich der Abstände von Kristallebenen. Metallische Oberflächen können jedoch nicht wie im Lichtmikroskop direkt beobachtet werden, da das Elektronenmikroskop im allgemeinen nur zur Durchstrahlung geeignet ist, Abb. 11.6. Zur Abbildung von Oberflächen wird deshalb ein indirektes Verfahren angewendet. Dazu werden die Schliffe wie zur

Lichtmikroskopie vorbereitet. Darauf wird aus einer anorganischen Aufdampfschicht (Kohlenstoff, Metall/Kohlenstoff) oder einem dünnen organischen Film (Formvar, Kollodium) ein Oberflächen-

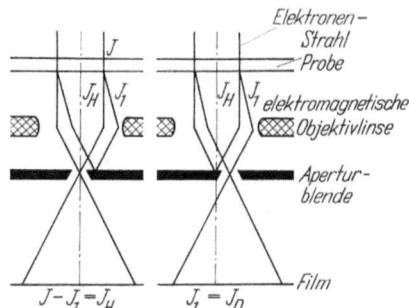

Abb. 11.6. Strahlengang bei Durchstrahlung im Elektronenmikroskop bei Hellfeld- und Dunkelfeldabbildung.
I = Intensität des Elektronenstrahles, I_H = Intensität des durchgehenden Strahles, I_1 = Intensität eines gebeugten Strahles

abdruck erhalten, der im Elektronenmikroskop untersucht werden kann (Abb. 11.7). Der Kontrast kann durch schräges Beschatten des Oberflächenabdrucks mit Schwermetallen erhöht werden (Abb. 5.6c). Durch besondere Ätzbehandlung der Probe kann erreicht werden, daß kleine ausgeschiedene Teilchen beim Abziehen des Abdrucks mitgerissen werden, deren Kristallstruktur dann im Mikroskop durch Elektronenbeugung bestimmt werden kann (Extraktionsabdruck).

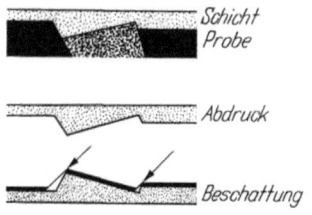

Abb. 11.7. Herstellung von Oberflächenabdrücken für elektronenmikroskopische Durchstrahlung

Die universellste Methode der Gefügeuntersuchung ist die direkte Durchstrahlung von Metallfolien im Elektronenmikroskop. Je nach Ordnungszahl des untersuchten Metalls müssen die Folien bei 100 kV Beschleunigungsspannung eine Dicke von 800 Å (Au, W) bis 3000 Å (Al, Si) haben. Diese Folien werden als Niederschlag von Metallen aus der Gasphase oder aus dem massiven Metall durch elektrolytisches Dünnen und Polieren hergestellt. Diese Methode hat zwei Vorteile:
1. Gefüge, Kristallstruktur und Kristallorientierung können durch einfaches Umschalten des Mikroskops von Abbildung auf Elektronenbeugung an der selben Probenstelle bestimmt werden.
2. Die Anordnung aller Gitterbaufehler (außer Leerstellen) und Kristallgrenzen kann in ihrer räumlichen Lage im Metall beobachtet werden. Versetzungen, Stapelfehler, Grenzflächen kohärenter Teilchen, Antiphasengrenzen in geordneten Legierungen und Mikrospannungen können nur mit dieser Methode analysiert werden. Zur

Abbildung des Gefüges kann entweder der durchgehende Strahl mit Intensität $I - I_1 = I_H$ (Hellfeld) oder ein abgebeugter Strahl mit Intensität $I_1 = I_D$ (Dunkelfeld) verwendet werden (Abb. 11.6). Es wird dabei vorausgesetzt, daß nur ein abgebeugter Strahl wesentlich zur Abbildung beiträgt. Das Bild entsteht meist durch lokale Änderung der Intensität I_1, die von einer oder mehreren Kristallebenen abgebeugt wird. I_1 hängt von örtlichen Änderungen der Streuintensität z. B. von Verzerrungen ab, wie sie durch Versetzungen hervorgerufen werden (Gl. 4.4). Deshalb erscheint der Verlauf einer Versetzungslinie im Durchstrahlungsbild als dunkle Linie (Abb. 11.8). Ein sinn-

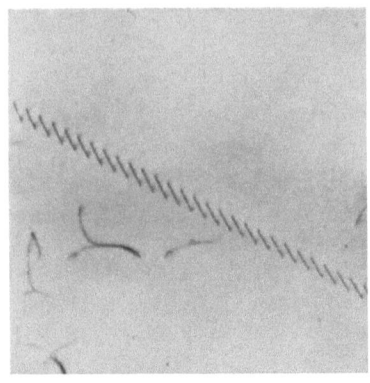

Abb. 11.8. Versetzungen in einem Al + 2-Gew.-%-Cu-Mischkristall. Die aufgereihten Versetzungen bilden eine Kleinwinkelkorngrenze (Kap. 4, Gl 4.8). Der Kontrast entsteht durch örtliche Änderung der Beugungsbedingungen. Elektronenmikroskopisch, Durchstrahlung, 20 000 ×

volles Arbeiten mit dieser Methode erfordert gute Kenntnisse der Kontrastentstehung. Die Elektronenmikroskopie erweist sich dann als die umfassendste Untersuchungsmethode für Metallgefüge.

Physikalische Eigenschaften

Die Messung der makroskopischen physikalischen Eigenschaften wird häufig als Hilfsmittel zur Untersuchung von Gefügen und von Zustandsdiagrammen verwendet.

Da die Konzentrationsabhängigkeit des gefügeabhängigen Restwiderstandes einen Knick beim Übergang vom homogenen zum heterogenen Gebiet zeigt (Abb. 7.1), können durch Widerstandsmessung Löslichkeitskurven bestimmt und Ausscheidungsvorgänge verfolgt werden. Außer gelösten Atomen führen Versetzungen, Leerstellen und andere Gitterbaufehler zu einer Erhöhung des elektrischen Widerstandes. Folglich können durch Widerstandsmessungen deren Ausheilvorgänge verfolgt werden (Kap. 9, Abb. 19.5). Ähnlich verhalten sich z. B. Hallkonstante, Streckgrenze und magnetische Suszeptibilität, deren Messung deswegen bei metallkundlichen Untersuchungen verwendet wird.

Besonders aufschlußreich sind magnetische Messungen in Legierungen, die aus einer ferromagnetischen und einer nicht-ferromagnetischen Kristallart bestehen. Durch Bestimmung der nichtgefügeabhängigen Sättigungsmagnetisierung B_s wird der Volumenanteil der ferromagnetischen Kristallart bestimmt, während durch Messung von Anfangspermeabilität oder Koerzitivkraft die Größe und Form der Teilchen sehr genau bestimmt werden kann (Abb. 11.9).

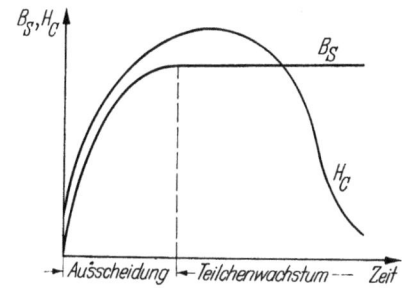

Abb. 11.9. Schematische Darstellung der Untersuchung der Ausscheidung einer ferromagnetischen Phase durch magnetische Messungen. Die Sättigungsmagnetisierung B_S ist proportional der Menge der ausgeschiedenen Phase. Aus der Koerzitivkraft H_C folgt Größe und Form der Teilchen

Zur Bestimmung von Umwandlungstemperaturen von Kristallgittern kann eine große Zahl von Eigenschaften verwendet werden, die sich mit der Kristallstruktur diskontinuierlich ändern. Am häufigsten werden gemessen die Längenänderung (Abb. 11.10), die magnetische Suszeptibilität und der elektrische Widerstand.

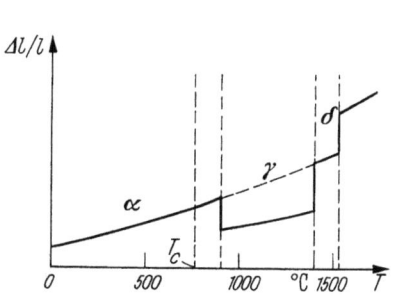

Abb. 11.10. Bestimmung der Umwandlungspunkte des Eisens durch Messung der Längenänderung

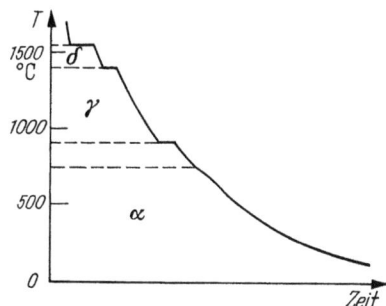

Abb. 11.11. Bestimmung der Umwandlungspunkte des Eisens durch thermische Analyse. Die durch die Umwandlungswärmen hervorgerufenen Effekte werden schematisch gezeigt. Unterkühlungen sind vernachlässigt worden

Die Änderung des Wärmeinhalts $\Delta H_{\alpha\beta}$ führt dazu, daß während des Ablaufs der Umwandlung (oder der Erstarrung und des Schmelzens) Wärme frei oder gebunden wird. Die Wärmemenge kann gemessen werden (Kalorimetrie). Zur Bestimmung von Umwandlungspunkten genügt es aber, Abkühlungskurven aufzunehmen, die infolge diskontinuierlicher Änderung des Wärmeinhalts Halte- oder Knickpunkte aufweisen. Diese *thermische Analyse* wird häufig zum Bestimmen von Zustandsdiagrammen (Kap. 6) verwandt. Abb. 11.11 zeigt halbschematisch die Abkühlungskurve von Eisen.

Dämpfung

Eine interessante Untersuchungsmethode ist die Messung der mechanischen Dämpfung zur Bestimmung der Konzentration von Einlagerungsatomen, z. B. Kohlenstoff, Stickstoff, Sauerstoff in krz-Metallen oder von Atomen in Hantellage in kfz-Metallen. Dafür werden meist Torsionspendel verwendet. Die Zwischengitteratome (Abb. 4.1) springen durch die elastischen Gitterverzerrungen der Probe in die jeweils energetisch günstigsten Positionen (mit Zugspannung). Jede Atomart besitzt für diesen Platzwechsel eine charakteristische Relaxationszeit, die bei einer bestimmten Frequenz zu maximaler Dämpfung führt. Da die Relaxationszeit temperaturabhängig ist, ergibt sich auch bei konstanter Frequenz des Pendels ein Dämpfungsmaximum bei Durchlaufen verschiedener Temperaturen (Abb. 11.12). Seine Höhe ist der Zahl der gelösten Atome pro-

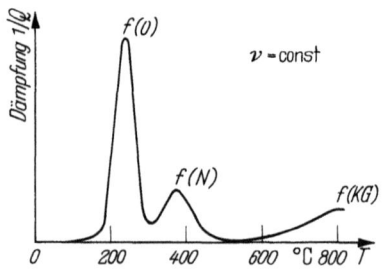

Abb. 11.12. Dämpfungsspektrum von Niob (nach C. WERT, 1953). Die Höhe der einzelnen Maxima ist proportional der Anzahl gelöster Sauerstoffatome, $f(O)$, Stickstoffatome, $f(N)$, und der Anzahl der Korngrenzen $f(KG)$

portional. Die Löslichkeit sehr kleiner Mengen eingelagerter Atome kann mit dieser Methode bestimmt werden (Kohlenstoff in α-Eisen, Abb. 6.6); außerdem kann die Ausscheidung kleiner Mengen eingelagerter Atome verfolgt werden.

Mikrosonde

Mit der Elektronen-Mikrosonde kann die chemische Zusammensetzung verschiedener Phasen eines Gefüges analysiert werden. Ein (wie im Elektronenmikroskop) gebündelter Elektronenstrahl wird dabei über die zu untersuchende Schliffoberfläche bewegt. Dort entsteht (wie an der Anode einer Röntgenröhre) Röntgenstrahlung mit einem charakteristischen Spektrum, das mit einem Zählrohrspektrometer analysiert wird. Falls Gefügebestandteile verschiedener Zusammensetzungen vom Strahl getroffen werden, ändert sich das Spektrum. Die Intensität bestimmter Linien kann der Konzentration der einzelnen Atomarten zugeordnet werden. Das Problem dieser Methode ist die feine Bündelung des Strahles. Der bisher erreichte kleinste Durchmesser von 1 μm setzt die Grenze für die Abmessungen von Kristallen, deren Zusammensetzung im Gefüge auf diese Weise bestimmt werden kann.

Radioaktive Isotope

Strahlende Isotope werden einer Legierung zugefügt, wenn die Verteilung von deren Atomart im Gefüge bestimmt werden soll. Die Konzentration dieses Elements an einem bestimmten Ort in der Oberfläche einer Probe ist proportional zur Intensität der Strahlung. Diese Methode kann bei der Untersuchung folgender Erscheinungen helfen: makroskopische und mikroskopische Seigerung, Segregation von Legierungselementen an Korngrenzen oder an andere Gitterbaufehler, Bestimmung vom Verlauf der Konzentration in Diffusionspaaren, die Verteilung von Legierungselementen auf verschiedene Kristallarten in heterogenen Gefügen, Nachweis und Messung der Selbstdiffusion.

Mössbauereffekt

Der Mössbauereffekt wird bei Emission und Absorption von elektromagnetischer (γ) Strahlung durch Atomkerne gefunden, die in Kristallgittern gebunden sind. Als Versuchsanordnung dient eine bewegliche Quelle Q und der Absorberkristall A (Abb. 11.13), die

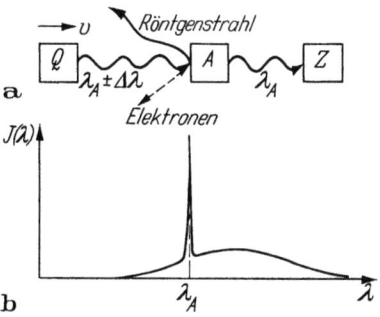

Abb. 11.13a. Versuchsanordnung bei Mössbaueruntersuchungen. Q Bewegliche Strahlenquelle für γ-Strahlen, A Probe, die die gleiche Atomart enthalten muß wie Q, Z Zählrohr zur Aufnahme des Spektrums

Abb. 11.13b. Die Wellenlänge λ wird durch die Geschwindigkeit von Q bestimmt. In Legierungen kann sich die Resonanzlinie bei λ_A aufspalten oder verschieben

beide die gleiche Isotopenart enthalten müssen. Meist werden die nicht absorbierten γ-Quanten in einem Zählrohr Z registriert. Die Atome im Absorber werden durch die γ-Strahlung von der Energie des Grundzustandes E_g in den angeregten Zustand E_a gebracht. Die

Energiedifferenz kann als γ-Strahlung der Kreisfrequenz ω_A bzw. Wellenlänge λ_A ($c =$ Lichtgeschwindigkeit im Vakuum) abgestrahlt werden:

$$E_a - E_g = \omega_A = \frac{2\pi c}{\lambda_A}. \tag{11.3}$$

Die Frequenz der Quelle Q wird nun durch Bewegen mit einer Geschwindigkeit (in der Größenordnung von ± 1 cm sek^{-1}) durch den Dopplereffekt um $\Delta\lambda$ verändert. In Kristallen tritt durch rückstoßfreie Absorption ein scharfes Maximum bei $\lambda_Q = \lambda_A$ oder $V = 0$ auf (Mössbauerlinie, Abb. 11.13). Die Anwendungen des Mössbauereffekts in der Metallkunde beruhen darauf, daß sich diese Linien aufspalten, wenn am Kernort ein magnetisches Feld herrscht (Hyperfeinstruktur HfS), oder verschieben können, wenn sich in chemischen Verbindungen die potentiellen Energien der Atomelektronen (nicht der Valenz- oder freien Elektronen) ändern (chemische Verschiebung). Mit HfS-Messungen können das Magnetfeld am Eisenatom im Kristallgitter gemessen oder die Nachbarschaftsverhältnisse in geordneten Legierungs-Strukturen mit einer ferromagnetischen Atomart, z. B. zwischen FeAl und Fe$_3$Al, ermittelt werden (Abb. 10.9). Außerdem ist zu erwarten, daß der Mössbauereffekt Aufschluß geben wird über die Atomanordnung in Mischkristallen, in intermetallischen Verbindungen und über das magnetische Verhalten der einzelnen Atomarten in Legierungen. In Tab. 11.2 sind einige Isotope aufgezählt, die für metallkundliche Experimente geeignet sind:

Tabelle 11.2

Isotop	ω_A [keV]
^{57}Fe	14
^{61}Ni	70
^{87}Zn	93
^{117}Sn	161
^{119}Sn	24
^{197}Au	77

Feldionenmikroskopie

Mit dem Feldionenmikroskop kann die Lage einzelner Atome im Kristallgitter sichtbar gemacht werden. Zwischen der nadelförmigen Probe (Kathode) und einem fluoreszierenden Bildschirm (Anode) wird mit einer Hochspannung ein elektrisches Feld erzeugt. Heliumatome, die in das zunächst evakuierte Mikroskopgefäß eingebracht werden, werden an der Probenoberfläche ionisiert. Sie bewegen sich dann in radialen Bahnen auf den Bildschirm zu. Da die Austrittsarbeit an der Probenoberfläche sich örtlich mit der Periodizität der Atomanordnung ändert, wird die Atomanordnung in der Oberfläche der Probenspitze direkt auf dem Bildschirm abgebildet (Abb. 11.14). Auf diese Weise können neben der Atomanordnung in verschiedenen Kristallebenen auch Leerstellen, Versetzungen und Korngrenzen

Abb. 11.14. Atomanordnung einer Wolframdrahtspitze im Feldionenmikroskop (B. RALPH). Etwa 1 000 000 ×.

direkt sichtbar gemacht werden. Gute Ergebnisse wurden bisher besonders mit den hochschmelzenden krz-Metallen Nb, Ta, Mo, W erhalten.

Literatur zu Kapitel 11

TAYLOR, A.: X-ray Metallography. New York: Wiley 1961 (Anwendung der Röntgenstrahlen in der Metallkunde, s. auch Literatur zu Kap. 3).
SCHUMANN, H.: Metallographie. Leipzig: VEB Deutscher Verlag für die Grundstoffindustrie 1960 (Anwendung der Lichtmikroskopie in der Metallkunde).
THOMAS, G.: Transmission Electron-Microscopy of Metals. New York: Wiley 1962 (Anwendung der Elektronenmikroskopie in der Metallkunde).
HIRSCH, P. B., A. HOWIE, R. B. NICHOLSON, D. W. PASHLEY and M. J. WHELAN: Electron Microscopy of Thin Crystals, London: Butterworths 1965 (Ausführliches Lehr- und Handbuch der Durchstrahlungs-Elektronenmikroskopie).
ASM-Seminar: Modern Research Techniques in Physical Metallurgy. ASM Cleveland 1953 (Symposium über Anwendung physikalischer Meßmethoden in der Metallkunde).
CHALMERS, B., und A. G. QUARRELL, editors: The Physical Examination of Metals. London: Arnold 1960 (Symposium über Anwendung physikalischer Meßmethoden in der Metallkunde).
WASSERMANN, G., Herausgeber: Metallkundliches Praktikum. Berlin/Heidelberg/New York: Springer 1965 (Praktikumsversuche für Metallkunde und Werkstoffprüfung).
WEGENER, H.: Der Mössbauereffekt. Mannheim: BI Hochschultaschenbücher 1965.
LARK-HOROWITZ, K., und U. A. JOHNSON: Methods of Experimental Physics, New York Academic Press 1959.

12. Erstarrung von Legierungen und Gußlegierungen

Eigenschaften von Metallschmelzen

Ein Blick auf verschiedene Zustandsdiagramme läßt erkennen, daß die meisten Metalle im flüssigen Zustand völlig mischbar sind. Das ist qualitativ dadurch zu erklären, daß die im festen Zustand durch Kristallstruktur und Atomradius gegebene Begrenzung der Mischbarkeit im flüssigen Zustand wegfällt. Es bleibt lediglich die chemische Bindung, die bei einigen Legierungen dazu führt, daß Mischungslücken oder fast völlige Unmischbarkeit (Abb. 6.9) auch im flüssigen Zustand auftreten können.

Metalle werden in wenigen Fällen wegen ihrer Eigenschaften im flüssigen Zustand verwendet. Ausnahmen sind die thermische Ausdehnung von flüssigem Quecksilber, das erst unterhalb Raumtemperatur erstarrt, und Natrium wegen seiner Eignung als Kühlflüssigkeit im Reaktorbau. Die meisten Metalle werden über den flüssigen Zustand metallurgisch gewonnen. Außerdem benutzt man die hohe Mischbarkeit im flüssigen Zustand beim Herstellen von Legierungen und bei der Herstellung von Formkörpern durch Gießen. Es ist deshalb notwendig, zusätzlich zur Erstarrung reiner Metalle (Kap. 2) die Besonderheiten bei der Erstarrung von Legierungen und einige Eigenschaften flüssiger Legierungen zu kennen.

Im flüssigen Zustand ist die Packung der Atome fast so dicht wie im festen, es fehlt jedoch die Anordnung in regelmäßigen Raumgittern. Gläser gehören wegen ihrer regellosen Molekülanordnung zu den Flüssigkeiten. Auch kleine Mengen von flüssigen Metallen können durch sehr hohe Abkühlungsgeschwindigkeit auf tiefe Temperaturen in ihrer Flüssigkeitsstruktur erhalten werden (wegen der auch in diesem Zustand vorhandenen freien Elektronen sind sie in keinem Falle durchsichtig, Kap. 8). Die Kräfte, die zwischen Atomen in einer Flüssigkeit wirken, entsprechen denen im festen Zustand. Man findet, daß im flüssigen Zustand die Koordinationszahl n_f nur wenig kleiner ist als in Kristallen der gleichen Atome, n_k:

$$n_f \approx n_k - 1\,.$$

Die Strukturen von Flüssigkeiten werden wie Kristallstrukturen meist durch Beugung von Röntgenstrahlen bestimmt. Man erhält anstelle der scharfen Ringe, von den Netzebenen der Kristalle (Abb. 11.3) diffuse Ringe, aus denen die Häufigkeit bestimmter Atomabstände berechnet werden kann. Diese Auswertung ist nicht ganz eindeutig. Es gibt deshalb zwei Vorstellungen über die Struktur von Schmelzen.

Einerseits wird eine statistische Verteilung der einzelnen Atome angenommen, während man sich andererseits die Flüssigkeit aus kleinen ,,Kristallblöcken", die nur wenige Atome enthalten und ihrerseits statistisch verteilt sind, aufgebaut denken kann. Das zweite Modell trifft wahrscheinlich für Metallschmelzen besser zu. Die etwas geringere Dichte des flüssigen Zustandes führt beim Schmelzen der meisten Metalle zu einer Volumenerhöhung. Der mechanischen Festigkeit von kristallinen Körpern entspricht die Viskosität von Flüssigkeiten. Sie ändert sich als Funktion der Temperatur über viele Größenordnungen. Außerdem ist sie von der Zusammensetzung einer Legierung abhängig. Analog der linearen Beziehung zwischen Spannung σ und Dehnung ε in Kristallen (Gl. 5.1) gilt für Flüssigkeiten, daß die Geschwindigkeit der Formänderung $\dot{\varepsilon}$ proportional σ ist. Die Konstante ist die dynamische Viskositätskonstante η [poise]

$$\sigma = 3\eta\dot{\varepsilon}. \qquad (12.1)$$

Gläser sind Flüssigkeiten extrem hoher Viskosität ($\eta > 10^{+16}$ [poise]). Die Viskosität von Metallschmelzen bei der Schmelztem-

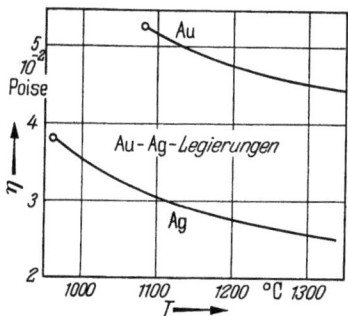

Abb. 12.1. Viskosität von Gold, Silber und deren Legierungen (nach E. GEBHARDT, 1951)

peratur (Abb. 12.1) $\eta \approx 10^{-2}$ [poise] spielt für die Vergießbarkeit eine Rolle. Dazu kommen noch weitere Faktoren wie die Oberflächenenergie und die Bildung von Oxidhäuten.

Bildung von Mischkristallen

Bei der Besprechung der Erstarrungsvorgänge in Kap. 2 war davon ausgegangen worden, daß nur *eine* Atomart vorhanden ist. In binären Legierungen können die beiden Möglichkeiten vorkommen, daß die Atomart B im flüssigen (I) oder im festen Zustand (II) die größere Löslichkeit besitzt: $C_f > C_k$; $C_f < C_k$ (Abb. 12.2). Der Verteilungskoeffizient $C_k/C_f = k$ bestimmt nach seinem Betrag die Entmischung zwischen flüssigem und festem Zustand bei einer Temperatur T (Abb. 12.2). Der Verlauf der Erstarrung einer Legierung mit der Zusammensetzung $C°$ wird in Abb. 12.3 gezeigt. Es wird vorausgesetzt, daß die Abkühlung von T_{fk} auf T_{kf} so langsam erfolgt, daß die Schmelze ihre Zusammensetzung längs $C_f^o \to C_f'$ und der Mischkristall längs $C_k' \to C_k^o$ ändern kann. Bei endlichen Abkühlungsgeschwindigkeiten werden aber im flüssigen und besonders im

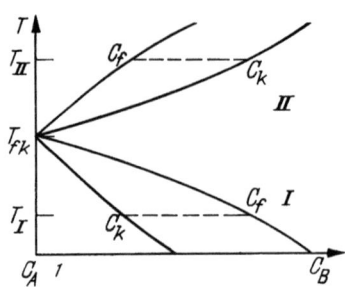

Abb. 12.2. Zwei Fälle der Bildung von Mischkristallen. $I\ C_k < C_f, II\ C_k > C_f$

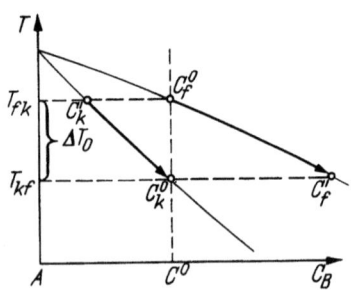

Abb. 12.3. Bildung eines Mischkristalls der Zusammensetzung C^o mit vollständigem Konzentrationsausgleich im flüssigen und festen Zustand. T_{fk} = Beginn der Erstarrung; T_{kf} = Ende der Erstarrung; $\Delta T_0 = T_{fk} - T_{kf}$, maximale konstitutionelle Unterkühlung der Schmelze in einer Kristallisationsfront

kristallinen Zustand Abweichungen von den Gleichgewichtskonzentrationen auftreten, da Diffusionsvorgänge zeitabhängig sind. Ein relativ einfacher Fall ist mit der Annahme gegeben (Abb. 12.4), daß die Flüssigkeit ihre Zusammensetzung entsprechend dem Gleichgewicht $C_f^o \to C_f'$ ändern kann, während ein Konzentrationsausgleich $C_k' \to C_k^o$ wegen zu langsamer Diffusion nicht möglich ist. Der zuerst erstarrte Kristall behält dann die Zusammensetzung C_k'. Die Erstarrung ist deshalb erst bei der Zusammensetzung C_k'' beendet. Die mittlere Zusammensetzung der Kristalle folgt $C_k' \to C_m^o$. Es bilden sich Kristalle mit Schichten verschiedener Konzentration (Schichtkristalle).

Betrachtet man die Erstarrung einer flüssigen Legierung mit der Front $a-b$ (Abb. 12.5), so hat nach Abb. 12.3 das kristalline Metall die Zusammensetzung C_k'. Bei begrenzter Diffusion im festen Zustand (Abb. 12.4) kann ein Gradient mit den Grenzkonzentrationen C_k' und C_k'' erwartet werden. Das ist gleichbedeutend mit einer Verschiebung des Legierungselementes zu der rechten Seite der Probe. In Wirklichkeit ist nicht nur im kristallinen, sondern auch in der Nähe der Erstarrungsfront, im flüssigen Zustand die Konzentration nicht konstant. Trotzdem ist qualitativ immer mit Verschiebung von B-Atomen nach rechts für $k < 1$ und nach links für $k > 1$ zu erwarten.

Die Verschiebung der Konzentration wird beim Zonenschmelzen ausgenutzt. Dieses Verfahren wurde zur Herstellung sehr reiner Kristalle von Halbleitern (Ge, Si) entwickelt, die für Transistoren gebraucht werden. Es kann auch angewendet werden, um sehr reine

Bildung von Mischkristallen 113

Metalle, meist für wissenschaftliche Untersuchungen, zu erzeugen. Beim Zonenschmelzen bewegt man eine schmale flüssige Zone in einer bestimmten Richtung durch einen Kristall (Abb. 12.6). Die Schmelz-

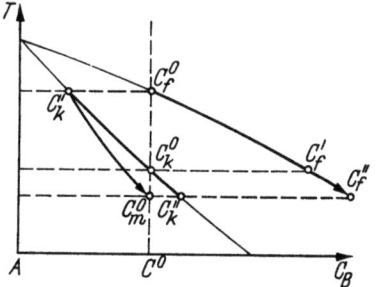
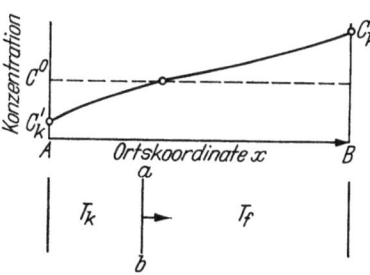

Abb. 12.4. Bildung eines Mischkristalls der mittleren Zusammensetzung C^0 bei unvollständigem Konzentrationsausgleich im festen Zustand

Abb. 12.5. Verschiebung der Konzentration durch eine Kristallisationsfront, $a-b$, die sich von A nach B bewegt

zone wird durch die Oberflächenspannung zwischen den beiden Kristallteilen gehalten. In ihr reichert sich die „Verunreinigung" an, die nach rechts transportiert wird, wenn $k < 1$. Diese Anreicherung und damit der Wirkungsgrad des Zonenschmelzens ist um so größer, je kleiner k ist. Eine Möglichkeit zum Reinigen durch Zonenschmelzen besteht nicht für Legierungen mit $k \approx 1$. In der Praxis läßt man die Schmelzzone mehrmals nacheinander in der gleichen Richtung durch das Metall laufen und erhält zunehmende Reinheit am linken Ende und eine Anreicherung des Elements B am rechten Ende der Probe.

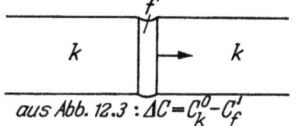

aus Abb. 12.3 : $\Delta C = C_f^0 - C_f'$

Abb. 12.6. Schematische Darstellung des Zonenschmelzens. Die Schmelzzone f, die die Verunreinigungen löst, läuft wiederholt in der gleichen Richtung durch den Kristall k

Beim Besprechen der Erstarrung reiner Metalle wurde erwähnt (Kap. 2, Abb. 2.8), daß sich eine stabile oder instabile Erstarrungsfront ausbilden kann. Bei reinen Metallen ist Instabilität nur bei einer niedrigeren Temperatur des flüssigen Metalls möglich ($T_f < T_k$). In Mischkristallen ist diese Bedingung jedoch nicht notwendig, da Schmelztemperatur des Kristalls und der Schmelze gleicher Zusammensetzung sich um ΔT_0 unterscheiden (Abb. 12.3). Vorausgesetzt, daß der Kristall in der Kristallisationsfront seine Schmelztemperatur T_{kf} besitzt und Schmelze und Kristall dort die gleiche Zusammensetzung haben, ist die Flüssigkeit um den Betrag ΔT_0 unterkühlt. Abb. 12.7 zeigt schematisch, daß in Legierungen auch bei $T_f > T_k$ Unterkühlung möglich ist. Dieser Vorgang wird *konstitutionelle Unterkühlung* genannt. In Wirklichkeit folgt aus der Änderung der Zusammensetzung der Schmelze ein kontinuierlicher Verlauf der Unterkühlung in der Kristallisationsfront. Wegen konstitutioneller

Unterkühlung findet man in Legierungen häufig instabile Kristallisationsfronten, die zu stengelförmiger und dentritischer Kristallisation führen (Abb. 2.9 und 12.12).
Beim Erstarren entstehen neben Korngrenzen immer auch Versetzungen. Es wird beobachtet, daß mit zunehmender Reinheit des

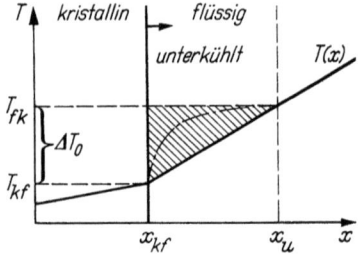

Abb. 12.7. Schematische Darstellung der konstitutionellen Unterkühlung in der Erstarrungsfront einer Legierung (vgl. mit Abb. 2.8 und 12.3). $T(x)$ ist der Verlauf der Temperatur, die in der Schmelze stärker ansteigen soll als im festen Zustand. Die Erstarrungsfront befindet sich bei x_{kf}. Die Schmelze wäre an dieser Stelle um ΔT_0 unterkühlt, falls sie die gleiche Zusammensetzung wie der Kristall besitzt (schraffierter Bereich). Die Unterkühlung der Schmelze reicht bis x_u. Der Bereich der Unterkühlung bei Konzentrationsänderung in der Schmelze ist durch die strich-punktierte Linie gegeben

erstarrenden Metalls die Versetzungsdichte abnimmt. Wahrscheinlich bilden sich diese Versetzungslinien durch Kondensation von Leerstellen, die in der Erstarrungsfront entstehen.

Eutektische Erstarrung

In Legierungen mit Mischungslücken im festen Zustand müssen beim Erstarren bei eutektischer Zusammensetzung der Schmelze gleichzeitig zwei oder mehrere Kristallarten gebildet werden. Die Reaktion $C_E \to \alpha + \beta$ (Abb. 12.8) kann mit endlicher Geschwindigkeit nur bei einer bestimmten Unterkühlung $\Delta T = T_E - T$ ablaufen. Die beiden Kristallarten α und β entstehen dann entweder durch individuelle Keimbildung oder durch Wachstum einer Kristallisationsfront, die aus Lamellen von α und β besteht (Abb. 12.9). Falls die Kristallarten α und β die gleiche Keimbildungsenergie ΔG_K (Kap. 2) besitzen, entsteht ein Gemenge von α- und β-Kristallen, dessen Keimzahl von der Unterkühlung ΔT abhängt. Häufig ist die Keimbildungswahrscheinlichkeit von α und β verschieden. Bilden sich z. B. nur Keime von α-Kristallen, so ändert die übrigbleibende Schmelze ihre Zusammensetzung längs der metastabilen Verlängerung der Liquiduslinie unterhalb T_E. Bei weiterer Unterkühlung wird sich schließlich auch β bilden. Verschiedene Keimbildungsbedingungen von α und β führen zu ungleicher Kristallgröße der Komponenten des Eutektikums (entartetes Eutektikum).

Keimbildungsschwierigkeiten bei Eutektika sind die Ursache dafür, daß die Reaktion häufig durch lamellares Wachstum von α und β erfolgt. Der Mechanismus ist der perlitischen Umwandlung (Kap. 10 und 14) und der diskontinuierlichen Ausscheidung (Kap. 10 und 15) analog. Die Diffusion erfolgt vor der Wachstumsfront im flüssigen Zustand (Abb. 12.9). Die Konzentrationsgradienten enthalten eine Komponente in der Erstarrungsfront. Der Lamellenabstand nimmt mit zunehmender Unterkühlung ab, außerdem kann ein Übergang zu indi-

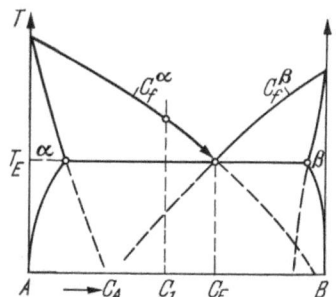

Abb. 12.8. Eutektisches System mit beschränkter Löslichkeit der beiden reinen Metalle ineinander. Die gestrichelten Linien zeigen die metastabilen Zustände, die auftreten, bevor die Keimbildung der Phasen α und β erfolgt

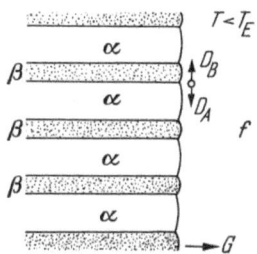

Abb. 12.9. Die Kristallisationsfront eines Eutektikums bewegt sich mit der Geschwindigkeit G in die Schmelze. Die Entmischung erfolgt durch Diffusion von A- und B-Atomen in verschiedener Richtung vor der Kristallisationsfront

vidueller Keimbildung bei sehr hoher Unterkühlung auftreten, genau wie bei den Reaktionen im festen Zustand. Die Zusammensetzung vieler technischer Gußlegierungen liegt bei Eutektika, um deren niedrige Schmelztemperatur und die meist feinverteilte Ausbildung der Kristallite auszunützen: Aluminium-Silizium-Gußlegierung Al + 11,3 Atom-% Si, Gußeisen, Fe + 17,1 Atom-% C, Hartblei, Pb + 17,5 Atom-% Sb.

Falls eine Legierung nicht eutektisch zusammengesetzt ist, sondern z. B. die Zusammensetzung C_1 (Abb. 12.8) hat, ändert die Schmelze ihre Zusammensetzung durch Bildung von α-Kristallen nach C_E (Abb. 12.12). Bei dieser Zusammensetzung bildet sich das Eutektikum $\alpha + \beta$. Falls die Keimbildung von α schwierig ist, findet man, daß die α-Komponente des Eutektikums an die primär gebildeten α-Kristalle ankristallisiert. Ein solches Gefüge wird ebenfalls als entartetes Eutektikum bezeichnet.

Seigerung

Aus den beschriebenen Vorgängen bei der Erstarrung von binären Legierungen können einige Erscheinungen, die beim Erstarren von technischen Legierungen beobachtet werden, erklärt werden:

Bei *Blockseigerung* ist das Innere eines Gußblockes mit dem Legierungselement angereichert. Die Erscheinung ist auf ungenügenden Diffusionsausgleich zwischen der zuerst erstarrten Blockwand und dem Blockinneren bei Legierungen mit $k < 1$ zurückzuführen.

Kornseigerung ist der entsprechende Vorgang im einzelnen Kristall. Sie tritt wiederum besonders bei Legierungen mit $k \ll 1$ auf.

Die Zusammensetzung des Kristalls bei der Keimbildung hat einen minimalen Gehalt an B (C'_k, Abb. 12.4), der beim Wachsen dann schalenförmig bis C''_k zunimmt. Das Zustandsdiagramm zeigt an, in welchem Maße Seigerung in bestimmten Legierungen möglich ist.

In Blöcken mit *umgekehrter Blockseigerung* ist die niedriger schmelzende Komponente B im äußeren Teil des Blockes angereichert. Diese Erscheinung ist noch nicht eindeutig geklärt. Am wahrscheinlichsten ist, daß, nachdem dentritische Kristalle größerer Reinheit bis in die Mitte des Blockes gewachsen sind, beim weiteren Abkühlen des Blockes Restschmelze geringerer Reinheit zurück in die Zwischenräume der Dentriten in die kühle Zone gesaugt wird, wo sie schließlich erstarrt.

Schwereseigerung ist immer dann zu erwarten, wenn ein flüssiges Metall aus zwei Atomarten mit sehr verschiedenem Atomgewicht besteht. Im flüssigen Zustand reichert sich die schwere Atomart im unteren Teil des Blockes an, z. B. Kupfer und Aluminium.

Unberuhigter und beruhigter Stahl. Beim Erstarren von vielen technischen Legierungen spielen im flüssigen Zustand gelöste Gase eine Rolle, die sich beim Übergang zum festen Zustand ausscheiden. Neben der Volumenkontraktion (Abb. 2.10) können sie ein weiterer Grund für Poren im Gußstück sein.

Bei in Formen gegossenen Stahlschmelzen reagiert der sich aus dem flüssigen Metall ausscheidende Sauerstoff mit dem im flüssigen Eisen gelösten Kohlenstoff: $O + C \to CO$. Das Kohlenoxid entweicht aus dem flüssigen Teil, im Innern des Blockes, was zum „Kochen" der Stahlschmelze führt. Dadurch wird die Kristallisation im Innern des Blockes eine Zeitlang verhindert und die Schmelze reichert sich währenddessen an Kohlenstoff, Stickstoff, Mangan, Phosphor etc. an. Nach völliger Erstarrung besteht der Block aus einer Randzone aus ziemlich reinem Eisen und einem Kern, in dem die Legierungselemente angereichert sind. Diese Verteilung bleibt auch in fertig gewalzten Stahlprofilen erhalten und kann durch eine besondere Ätzbehandlung sichtbar gemacht werden. Um die CO-Entwicklung zu vermeiden, können dem abgegossenen flüssigen Stahl Metalle zugesetzt werden, die den gelösten Sauerstoff chemisch abbinden: Al, Si. Das „Kochen" unterbleibt dann. Der beruhigte Stahl enthält feinverteiltes Al_2O_3 oder SiO_2, und die Seigerungszone tritt nicht auf. Dies ist immer dann notwendig, wenn eine gleichmäßige Verteilung von Legierungselementen notwendig ist: In Stählen mit hohen Kohlenstoffgehalten und in legierten Stählen.

Gußlegierungen

Bei der Auswahl der Zusammensetzung technischer Legierungen für den Formguß müssen einerseits die Faktoren der Vergießbarkeit wie Schmelztemperatur, Viskosität der Schmelze und Neigung zu

Seigerungen und andererseits die technischen Eigenschaften des Metalls im festen Zustand berücksichtigt werden.

Es ist schon erwähnt worden, daß eutektische Legierungen wegen ihres niedrigen Schmelzpunktes häufig als Gußlegierungen verwendet werden. Wegen der geforderten Eigenschaften des Gußstückes ist das jedoch nicht immer möglich: z. B. bei Stahlguß, Bronzeguß und aushärtbarem Aluminiumguß. Im folgenden sollen einige technische Gußlegierungen kurz besprochen werden.

Gußeisen. Gußeisen hat eine Zusammensetzung, die etwa bei dem Eutektikum des Eisen-Kohlenstoffdiagramms liegt (Abb. 6.14).

Graues Gußeisen entsteht, wenn die eutektische Erstarrung nach dem stabilen Gleichgewicht: $f \rightarrow \gamma\text{-Fe} + \text{Graphit}$ erfolgt. Die Form der eutektischen Gefüge hängt von Abkühlungsbedingungen und Zusammensetzung ab. Der Graphit tritt im Gefüge meist als Lamellen oder Nester auf (Abb. 12.10). Wegen der geringen Festigkeit des Graphits besitzt das Gußeisen eine geringe Zugfestigkeit. Die nützliche Wirkung des Graphits im Gefüge besteht darin, mechanische Schwingungen sehr stark zu dämpfen. Graues Gußeisen kann daher immer angewandt werden, wo komplizierte Formen am besten durch Gießen erhalten werden können, keine hohen Zugspannungen, aber Schwingungen auftreten, z. B. als Gehäuse für Motoren oder als Konstruktionsteile von Werkzeugmaschinen.

Durch eine Behandlung der Gußeisenschmelze z. B. mit Ce kann die Kristallisation des Graphits als Kugeln (Sphäroliten, Abb. 12.11) erreicht werden. Dieses Gußeisen ist schmiedbar. *Sphäroguß* wird

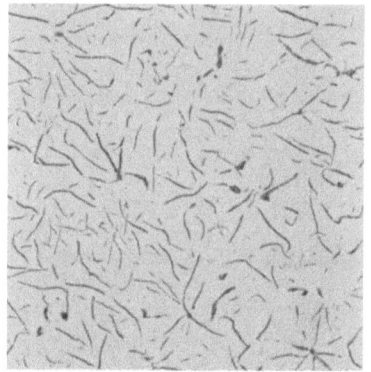
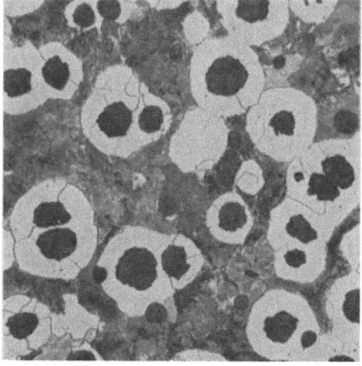

Abb. 12.10. Graphitlamellen in grauem Gußeisen. Lichtmikroskopisch 50×, ungeätzt (J. Motz)

Abb. 12.11. Sphärolitischer Graphit umgeben von Ferrit (α-Eisen) in Grundmasse aus Perlit. Lichtmikroskopisch, 200× (J. Motz)

z. B. für Kurbelwellen in Automobilmotoren verwendet. Eine andere Möglichkeit, schmiedbares Gußeisen zu erhalten, ist der *Temperguß*. Dazu wird Gußeisen anschließend an das Gießen bei 1200° geglüht,

12. Erstarrung von Legierungen und Gußlegierungen

wobei ein Gefüge aus α-Eisen und Graphit in günstiger, zusammengeballter Form entsteht.

Eutektische Eisen-Kohlenstofflegierungen können auch nach dem metastabilen Zustandsdiagramm erstarren $f \rightarrow \gamma\text{-Fe} + \text{Fe}_3\text{C}$. Wegen der Farbe der Bruchfläche wird dieser Zustand *weißes Gußeisen* genannt (Abb. 12.12). Es hängt vom Legierungsgehalt und von der Abkühlungsgeschwindigkeit ab, ob das Gußeisen grau oder weiß erstarrt. Hohe Abkühlungsgeschwindigkeit oder Zusatz von Mangan fördert „weiße" Erstarrung, langsame Abkühlung oder Zusatz von Silizium die „graue" Erstarrung. Es gibt Übergänge, in denen Graphit und Fe_3C nebeneinander vorkommen. Die Abhängigkeit des

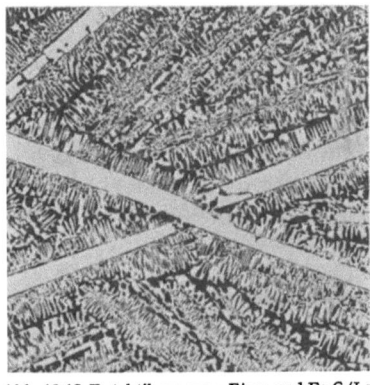

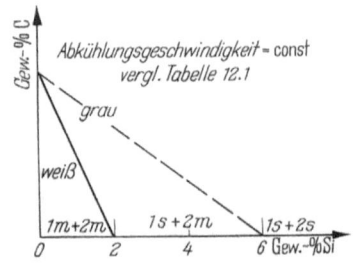

Abb. 12.12. Eutektikum aus γ-Eisen und Fe_3C (Ledeburit) und primär ausgeschiedenes Fe_3C in weißem Gußeisen. Lichtmikroskopisch, 100 × (G. Petzow)

Abb. 12.13. Das Gußeisendiagramm gibt eine Übersicht über die Gefüge, die in Eisenlegierungen mit verschiedenem Kohlenstoff- und Siliziumgehalt zu erwarten sind (vgl. Tab. 12.1)

Gefüges von der Abkühlungsgeschwindigkeit oder vom Legierungsgehalt wird im Gußeisendiagramm dargestellt (Abb. 12.13, Tab. 12.1) Weißes Gußeisen findet Verwendung, wenn hohe Härte und Verschleißfestigkeit gefordert werden.

Tabelle 12.1 (vgl. Abb. 6.14, 12.10 bis 13)

s. Abb. 6.6	stabil (s)	metastabil (m)
Eutektikum (1)	γ + Graphit	γ + Fe_3C
Eutektiod (2)	α + Graphit	α + Fe_3C

Aluminiumgußlegierungen. Eine wichtige Aluminiumgußlegierung, das Silumin (Al + 11 bis 13 Gew.-% Si), ist ebenfalls eine eutektische Legierung. Das Gefüge des Eutektikums besteht aus großen ungleichmäßig verteilten, spießförmigen Siliziumkristallen im Aluminium.

Der Zusatz von kleinen Mengen von Natrium zur Schmelze bewirkt eine sehr feine, technisch günstige Verteilung der Phasen (Veredeln des Silumins). Wie beim Sphäroguß wird der Effekt durch Zusatz kleiner Mengen eines dritten Metalls verursacht. Es ist nicht sicher, ob das dritte Element die Keimbildung oder die Oberflächenspannung in der Erstarrungsfront beeinflußt. Andere technische Gußlegierungen des Aluminiums haben keine eutektischen Zusammensetzungen, da besondere Eigenschaften verlangt werden. Aluminiumlegierungen mit 2—5 Gew.-% Cu werden als aushärtbare Gußlegierungen verwendet (Abb. 15.1). Legierungen mit 4—11 Gew.-% Mg sind besonders korrosionsbeständig.

Gußeisen wird häufig durch Aluminiumguß ersetzt, wenn das spezifische Gewicht eine Rolle spielt. Das ist der Fall für Motorengehäuse von Kraftfahrzeugen und Flugzeugen und für Motorzylinder und -kolben. Die am häufigsten verwendeten Kolbenlegierungen bestehen aus Al mit Si und Cu oder mit Cu, Ni und Mn.

Letternlegierungen. Die dritte Gruppe der technisch wichtigen eutektischen Legierungen sind die Letternlegierungen, bei denen ein möglichst niedriger Schmelzpunkt, gute Fließfähigkeit und eine gewisse Festigkeit (Abriebfestigkeit) verlangt werden. Man verwendet z. B. Bleilegierungen mit 30 Gew.-% Sb und 5 Gew.-% Sn.

Durch Eutektika in Vielstoffsystemen (Abb. 6.15) können die Schmelztemperaturen der Grundmetalle stark erniedrigt werden. Bekannt ist das Woodsche Metall (25 Gew.-% Pb, 50 Gew.-% Bi, 12,5 Gew.-% Sn, 12,5 Gew.-% Cd) mit einer Schmelztemperatur von 70 °C. Legierungen dieser Art oder mit Zinnbasis können zum Weichlöten verwendet werden.

Gießtechnik

Die Methoden des Formgusses können nach dem Material der Form unterschieden werden. Die *Sandgußform* wird aus feuchtem Sand um ein Modell gestampft. Das Modell mit der Form des Gußkörpers wird aus dem zwei- oder mehrteiligen Formkasten genommen und der Hohlraum mit flüssigem Metall gefüllt (Abb. 12.14). Ein Steiger dient zum Nachsaugen erstarrender Schmelze. In der Sandform erstarrt das Metall relativ langsam.

Eine *Kokille* ist eine Metallform, in die das flüssige Metall gegossen wird. Die hohe Wärmeleitfähigkeit der Kokillenwand führt zu hoher Abkühlungsgeschwindigkeit. Die Kokille kann mehrfach verwendet werden.

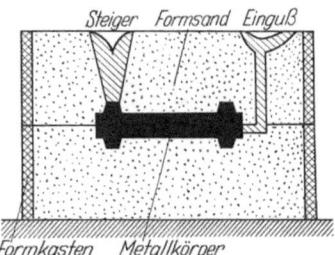

Abb. 12.14. Sandformguß

12. Erstarrung von Legierungen und Gußlegierungen

Beim *Spritzguß* oder *Druckguß* wird das flüssige Metall unter Druck in eine Kokille gepreßt, so daß trotz schneller Erstarrung komplizierte Formen gut ausgefüllt werden. Spritzgußlegierungen haben häufig Aluminium- oder Zinkbasis.

Beim *Strangguß* wird das flüssige Metall in einen wassergekühlten Kupferring gegossen, an dem das Metall schnell erstarrt. Das feste Metall wird nach unten abgesenkt. Mit diesem Verfahren können beliebig lange Blöcke mit allen möglichen Profilen (auch Rohre) gegossen werden. Die Seigerungserscheinungen, die bei in Kokillen erstarrten Blöcken auftreten, findet man beim Strangguß in einem viel geringeren Maße. Der Strangguß wird meist nicht zur Herstellung von Fertigprodukten, sondern für Halbzeug verwendet (Abb. 12.15).

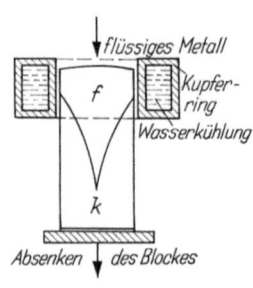

Abb. 12.15. Prinzip des Stranggusses

Gase sind in flüssigen Metallen viel stärker löslich als in Kristallen. In Übersättigung gelöste Gase führen bei der Erstarrung häufig zur Bildung von Poren oder Mikrorissen oder zu allgemeiner Versprödung von Mischkristallen. Durch *Schmelzen und Gießen im Vakuum* wird verhindert, daß Gase aus der Atmosphäre aufgenommen werden.

Die *Verbindung von Metallteilen* kann durch geschmolzene, etwa gleichartige Legierungen erfolgen (Schmelzschweißen). Das Gefüge der Schweißnaht ist bestimmt durch die Erstarrungsbedingungen der Schmelze und durch die thermisch aktivierten Vorgänge (Rekristallisation, Ausscheidung), die in den verschieden stark erwärm-

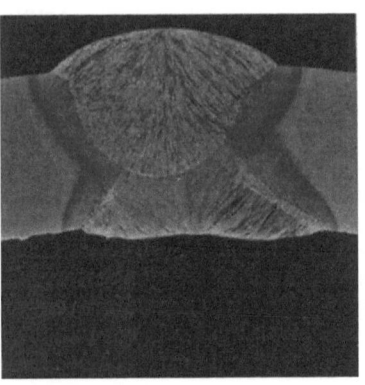

Abb. 12.16. Gefüge einer Schweißnaht von elektrisch geschweißtem Stahl; Stengelkristalle von der erstarrten Schmelze, daran anschließend Erwärmungszone, 2× (G. Petzow)

ten Zonen in der Umgebung der Schweißnaht auftreten können (Abb. 12.16). Metalle, die an Luft eine dichte Oxidschicht bilden (Aluminium), können nur unter einem Schutzgas verschweißt werden.

Literatur zu Kapitel 12

CHALMERS, B.: Principles of Solidification. New York: Wiley 1964 (Theorie der Erstarrung von Legierungen).
CHADWICK, G. A.: Eutectic Solidification. London: Pergamon Press 1963 (Monographie über Thermodynamik und Gefüge von Eutektika).
PFANN, W.: Zone Melting. New York: Wiley 1958 (Monographie über Theorie und Technik des Zonenschmelzens).
PIWOWARSKY, E.: Hochwertiges Gußeisen. Berlin/Göttingen/Heidelberg: Springer 1958 (Standardwerk über Metallkunde und Technik der Gußlegierungen auf Eisenbasis).
IRMAN, R.: Aluminiumguß in Sand und Kokille. Düsseldorf: Aluminium-Verlag 1959 (Technologie der Aluminiumgußlegierungen).

13. Technische Formgebung und Werkstoffprüfung

Einfluß von Gefüge, Temperatur und Verformungsgeschwindigkeit

Bei der mechanischen Formgebung wird gleichzeitig mit der Form immer auch das Gefüge geändert. Vor allem ändern sich die Dichte und Anordnung der Versetzungen, die Kornform und die Verteilung der Phasen. Wegen der Gefügeänderungen und wegen der Temperaturabhängigkeit der Streckgrenze (Abb. 5.10) hat die Verformungstemperatur entscheidenden Einfluß. Man unterscheidet Warm- und Kaltverformung, je nachdem, ob der Verformung thermisch aktivierte Vorgänge überlagert sind oder nicht. Die Temperaturgrenze zwischen beiden liegt bei $T \approx 0.5\, T_{kf}$ (Kap. 9). So ist die Verformung von Zinn ($T_{kf} = 505\,°K$) bei Raumtemperatur Warmverformung und von Wolfram ($T_{kf} = 3683\,°K$) bei 1000 °C Kaltverformung.

Bei der *Warmverformung* werden die Temperatur und die Verformungsgeschwindigkeit so gewählt, daß sich das Material während der Verformung erholt oder rekristallisiert und dadurch eine konstante niedrige Versetzungsdichte beibehält. Auf diese Weise bleibt die Streckgrenze konstant und pro Verformungsschritt kann ein relativ hoher Verformungsgrad erzielt werden. Um Grobkornbildung während der Warmverformung weitgehend einzuschränken, wird der Verformungsgrad pro Verformungsschritt möglichst groß und die Temperatur möglichst wenig oberhalb der Rekristallisationstemperatur gewählt, die dem Rekristallisationsdiagramm entnommen werden kann (Kap. 9). Nachteile der Warmverformung sind die erhöhte Gaslöslichkeit und Oxydationsgeschwindigkeit vieler Metalle bei höheren Temperaturen. Die Gasaufnahme kann zu Versprödung, die oberflächliche Oxydation zu erheblichen Materialverlusten und Oberflächenfehlern führen. Warmverformung hinterläßt im Querschnitt eine uneinheitliche Korngröße, weil die Oberfläche stärker und bei niedrigerer Temperatur verformt wird als das Innere des Materials.

13. Technische Formgebung und Werkstoffprüfung

Zur *Kaltverformung* ist eine höhere Verformungsenergie erforderlich als zur Warmverformung, weil die Streckgrenze bei niedrigerer Temperatur höher ist (Kap. 5, Abb. 5.10a) und weil die zunehmende Versetzungsdichte zu Verfestigung führt, während das Dehnungsvermögen (Duktilität) abnimmt (Abb. 5.3). Die erreichbare Querschnittsabnahme pro Verformungsschritt ist deshalb bei der Kaltverformung geringer, und wird es erforderlich, das Material durch Zwischenglühungen (Weichglühen) zwischen den Verformungsschritten zu rekristallisieren, um es weiter plastisch verformen zu können. Die Verfestigung im letzten Verformungsschritt wird häufig auf die gewünschte Festigkeit des Fertigprodukts abgestimmt.

Außer der Temperatur beeinflußt die Verformungsgeschwindigkeit den Verformungsvorgang, und zwar einerseits durch die Zeitabhängigkeit der thermisch aktivierten Vorgänge und andererseits durch die Abhängigkeit des Verformungsmechanismus von der Verformungsgeschwindigkeit. Die technischen Verformungsgeschwindigkeiten liegen im Bereich von 10 cm sec^{-1} (langsames Strangpressen) bis 10^4 cm sec^{-1} (schneller Schmiedehammer) und sind meistens höher als die Verformungsgeschwindigkeiten im Zugversuch (10^{-5} bis 10^{-1} cm sec^{-1}). Dadurch treten bei technischer Formgebung höhere Fließspannungen auf ($\sigma_F = 1$ bis $3\ \sigma_s$). Außerdem bewirkt hohe Verformungsgeschwindigkeit bei Warmverformung eine Erhöhung der Rekristallisationstemperatur, da bei Warmverformung die thermisch aktivierten Vorgänge schneller ablaufen müssen als die Neubildung von Versetzungen im Verformungsvorgang. Das schränkt den nutzbaren Temperaturbereich ein und erschwert die Warmverformung unter Betriebsbedingungen. Seit kurzem werden zur Formgebung auch durch Explosionen oder Funkenentladungen erzeugte Stoßwellen verwendet (Kap. 20).

Die Gefügeänderungen während der Verformung haben sowohl Rückwirkungen auf den Verformungsvorgang als auch Auswirkungen auf die Eigenschaften des verformten Werkstoffs. Die Streckgrenze σ_s hat erheblichen Einfluß auf den Kraftbedarf für die Formgebung, deshalb sind alle vorherigen Wärmebehandlungen günstig, die gefügeabhängige Anteile der Festigkeit verringern; z. B. Rekristallisation, Überalterung (Teilchenvergröberung) in ausgehärteten Legierungen oder Einformung in lamellaren Umwandlungsgefügen wie Perlit. In manchen Fällen kann das Mengenverhältnis von anwesenden Phasen durch Wärmebehandlung so geändert werden, daß eine Phase mit günstigeren Verformungseigenschaften überwiegt.

Das Auftreten von Phasenumwandlungen während der Verformung ist im allgemeinen nachteilig, weil Härtungserscheinungen, Umwandlungsspannungen und örtliche Volumenänderungen durch Umwandlungen zur Erhöhung des Kraftbedarfs für die Formgebung und zu Bruchbildung führen können. Gelegentlich werden aber

Umwandlung oder Ausscheidung während der Verformung absichtlich erzeugt, wenn der damit verbundene hohe Verfestigungskoeffizient nützlich ist oder durch die Wirkung der Gleitversetzungen als Keimstellen eine besonders feindisperse Ausscheidung erzielt werden kann (Kap. 14) und 15).

Mechanik der Formgebung

Die Spannungszustände, die bei der technischen Formgebung auftreten, sind meistens mehrachsig und kompliziert. In der Behandlung der Mechanik der Formgebung werden deshalb häufig Näherungen angewendet, bei denen die Anisotropie des einzelnen Kristalliten vernachlässigt wird. Die Voraussetzung für diese Näherung erfüllt ein feinkörniges Gefüge mit regelloser Orientierung der Kristallite am besten.

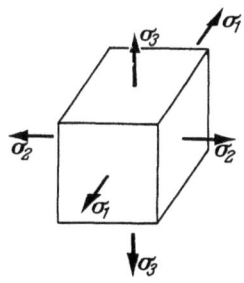

Für einen ebenen Spannungszustand (z. B. Walzen) wird die Hypothese aufgestellt, daß Fließen einsetzt, wenn die maximale Schubspannung $\tau_{max} = \dfrac{\sigma_1 - \sigma_3}{2}$ einen kritischen Wert erreicht hat. Im einachsigen Spannungszustand ist $\sigma_1 = \sigma_s$ und $\sigma_2 = \sigma_3 = 0$, daher ist $\tau = \sigma_s/2$. Es folgt als Bedingung für das Einsetzen plastischer Verformung:

Abb. 13.1. Normalspannungen an einem Volumenelement eines Werkstoffes mit isotropen Eigenschaften bei der Verformung. Die Bezeichnungen werden so gewählt, daß $\sigma_1 > \sigma_2 > \sigma_3$.

$$\sigma_s \leq \sigma_1 - \sigma_3 \qquad (13.1)$$

dabei ist σ_1 die größte und σ_3 die kleinste Normalspannung (vgl. Abb. 13.1). Derartige Hypothesen haben sich für die Behandlung komplizierter Spannungszustände, wie sie bei technischen Verformungsprozessen auftreten, als nützlich erwiesen (s. auch Gl. 5.9 und Abb. 5.3).

Die Verfestigung eines Materials steigt bei mehrachsiger Kaltverformung wegen der Betätigung von mehr Gleitsystemen stärker an als im einachsigen Zugversuch. Die Spannungsdehnungskurve, die für einen Formgebungsvorgang gilt, muß deshalb unter Bedingungen ermittelt werden, die denen des technischen Formgebungsverfahrens möglichst ähnlich sind. Die so erhaltene Kurve heißt Fließkurve. Sie kann dadurch bestimmt werden, daß man das Formgebungsverfahren bis zu verschiedenen Verformungsgraden anwendet, die Streckgrenzen der verschiedenen Proben im Zugversuch mißt und daraus die Fließkurve konstruiert, wie in Abb. 13.2 gezeigt ist.

Für viele Formgebungsverfahren ist es erforderlich, die Reibung, die durch Druckspannungen zwischen Werkstück und Werkzeug entsteht, wesentlich zu verringern. Dazu werden verschiedene Gleitmittel benutzt, z. B. Seife beim Draht- und Rohrziehen, ein Phosphat beim Kalt-Strangpressen von Stahl, geschmolzenes Glas beim Warm-Strangpressen von Stahl, Graphit beim Warm-Strangpressen von Kupferlegierungen und weichere Metalle (Cu) beim Strangpressen

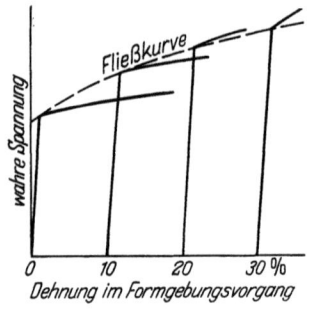

Abb. 13.2. Fließkurve für einen Formgebungsvorgang. Die Formgebung (z. B. Drahtziehen) wird bis zu bestimmten Dehnungsbeträgen (z. B. Querschnittsverminderungen) ausgeführt; in diesen Zwischenzuständen wird jeweils die Streckgrenze im einachsigen Zugversuch gemessen; die Verbindungslinie der Streckgrenzenwerte ergibt die Fließkurve

härterer Metalle (V). Glatte Werkzeugoberflächen verringern die Reibung ebenfalls.

Formgebungsverfahren

Schmieden ist Formgebung durch Hämmern oder Pressen. Die Verformung durch einen Schmiedehammer beginnt mit hoher Geschwindigkeit und hohem Druck, die beide während des Schlages auf null absinken. Dadurch ist die Eindringtiefe der Verformung begrenzt. Die Schmiedepresse arbeitet dagegen mit niedrigen Verformungsgeschwindigkeiten, der Druck steigt andererseits während der Verformung an, so daß die Eindringtiefe der Verformung beim Pressen wesentlich größer ist. Die Schmiedewerkzeuge (Gesenke) sind

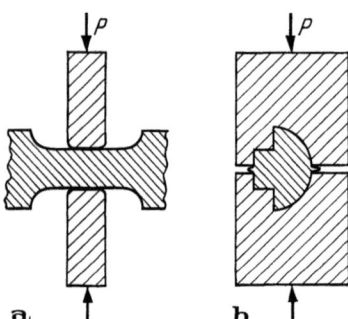

Abb. 13.3. Gesenkformen: a offenes Gesenk zum freien Schmieden, b geschlossenes Gesenk zum Schmieden eines bestimmten Formkörpers

entweder offene Gesenke, mit denen das Werkstück frei geformt wird wie mit Hammer und Amboß (Abb. 13.3a), oder geschlossene Gesenke, in die die Gestalt der fertigen Werkstücke jeweils eingeformt ist; sie werden bei großen Stückzahlen verwendet (Abb. 13.3b). Der Materialfluß beim Schmieden wird stark durch die Reibung zwischen Gesenk und Werkstück bestimmt. Abb. 13.4 zeigt ein Beispiel; beim Schmieden eines einfachen Zylinders in achsialer Richtung bleibt je ein konusförmiger Bereich im Anschluß an die Reibungsflächen praktisch unverformt, weil dort die Reibungskraft $R = \mu P$ am größten ist, während radialer Materialfluß zur Ausbauchung in der Zylindermitte führt.

Walzen ist Formgebung durch zwei rotierende glatte oder profilierte Zylinder (Walzen). Warmwalzen dient im allgemeinen dazu, den Querschnitt eines Gußblocks bis nahe an die Dimensionen des endgültigen Werkstücks zu reduzieren. Kaltwalzen wird zur Fertig-

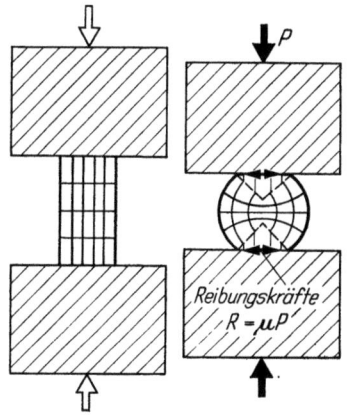
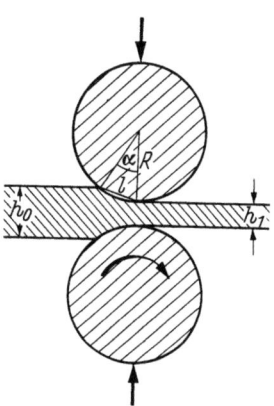

Abb. 13.4. Schematische Darstellung des Materialflusses beim Schmieden eines Zylinders in axialer Richtung oder beim Druckversuch. In konischen Bereichen (gestrichelt) bleibt der Zylinder unverformt, weil die Reibungskraft an den Stirnflächen größer ist als im Probeninnern

Abb. 13.5. Geometrie der Verhältnisse im Walzspalt. Zur Erzielung einer bestimmten Dickenabnahme $h_0 - h_1$ ist ein dazu proportionaler Kontaktwinkel α erforderlich

stellung verwendet, weil dabei Maße, Verfestigung und Oberflächengüte sehr genau eingehalten werden können. Der Materialfluß geht vorwiegend in Walzrichtung, das heißt beim Blechwalzen, daß die Längenzunahme bei weitem die Breitenzunahme übertrifft. Die Querschnittsabnahme ist dem Kontaktwinkel α proportional (Abb. 13.5). In erster Näherung gilt

$$h_0 - h_1 \sim \alpha \approx \frac{l}{R}. \qquad (13.2)$$

Daraus ist zu ersehen, daß zur Erzielung der gleichen relativen Querschnittsabnahme der Walzendurchmesser proportional zur Materialstärke abnehmen muß. Zum Walzen dünner Bleche und Folien werden deshalb Walzen benötigt, die so dünn sind, daß sie unter dem Walzdruck durchbiegen würden; sie werden darum von Stützwalzen angedrückt.

Beim *Strangpressen* wird der Werkstoff durch ein Werkzeug gepreßt, dessen Öffnung die Form des gewünschten Profils hat. Dabei wird ausgenützt, daß die Duktilität von Metallen bei dreiachsigem Druck stark zunimmt. Strangpressen dient hauptsächlich zur Herstellung von Stangen, Rohren und verschiedensten Profilen durch Warmverformung, in Einzelfällen durch Kaltverformung. Beim Vorwärtspressen (Abb. 13.6) bewegen sich Stempel und Werkstoff in

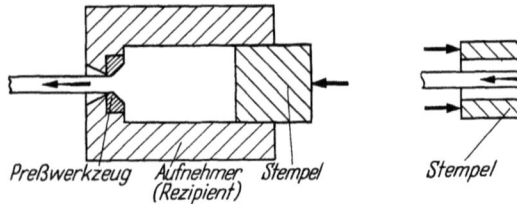

Abb. 13.6. Schematische Darstellung des Vorwärts-Strangpressens

Abb. 13.7. Schematische Darstellung des Rückwärts-Strangpressens

gleicher Richtung, es tritt aber Reibung zwischen Rohling und Aufnehmerwand auf. Dieser Reibungseinfluß wird beim Rückwärtspressen (Abb. 13.7) vermieden, wo Stempelbewegung und Materialfluß einander entgegengerichtet sind. Da beim Strangpressen überwiegend Druckspannungen auftreten, ist die Möglichkeit zur Bruchbildung gegenüber anderen Verfahren stark eingeschränkt. Auf den Materialfluß wirkt die Reibung beim Strangpressen derart, daß das Material im Probeninnern den Oberflächenschichten vorauseilt, wie in Abb. 13.8 schematisch angegeben ist.

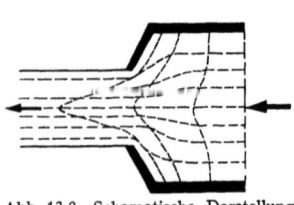

Abb. 13.8. Schematische Darstellung des Materialflusses beim Strangpressen

Stangen-, Draht- und Rohrziehen sind Formgebungsverfahren, bei denen das Material durch ein Werkzeug (Matrize, Ziehdüse) gezogen

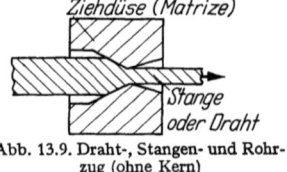
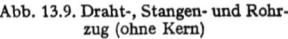
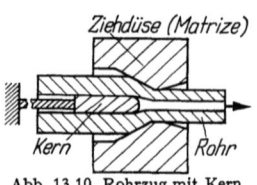

Abb. 13.9. Draht-, Stangen- und Rohrzug (ohne Kern)

Abb. 13.10. Rohrzug mit Kern

wird, dessen Öffnung die Größe und Form des gewünschten Querschnitts hat. Stangen- und Drahtzug (Abb. 13.9) unterscheiden sich nur durch den Materialdurchmesser, beim Rohrzug kann zur genaueren Bemessung des Innendurchmessers außer der Matrize ein Kern benutzt werden (Abb. 13.10). Die Verfahren werden nur zur Kaltverformung verwendet und die Formänderung in der Ziehdüse wird durch Druckspannungen bewirkt. Die höchstmögliche Querschnittsabnahme eines isotrop plastischen Materials ist durch seine Zugfestigkeit im Austrittquerschnitt begrenzt und kann deshalb bei Vernachlässigung der Reibung nur bis zu 63% betragen. Der Materialfluß eilt im Innern den Randschichten voraus, ähnlich wie es in Abb. 13.8 für das Strangpressen gezeigt ist, und zwar um so stärker, je steiler der Düsenwinkel und je geringer die Querschnittsabnahme ist.

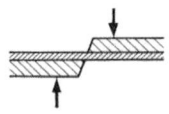
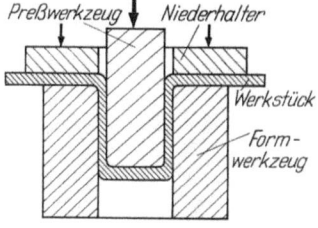

Abb. 13.11. Biegen. Die Bereiche der dabei auftretenden Zug- und Druckspannungen sind eingezeichnet

Abb. 13.12. Scheren

Abb. 13.13. Schematische Darstellung des Tiefziehens eines einfachen zylindrischen Napfes

Die *Blechverformung* umfaßt zahlreiche Formgebungsverfahren, bei denen Bleche durch Dehnen und Stauchen kalt verformt werden. Drei Grundvorgänge treten dabei auf: Biegen, Scheren und Tiefziehen, s. Abb. 13.11, 12 und 13. Meistens werden zur Blechverformung Pressen verwendet, die mit einem beweglichen Preßwerkzeug und einem stationären Formwerkzeug ausgestattet sind. Beim Biegen ist ausreichende plastische Dehnfähigkeit des Materials erforderlich, um die auftretenden Zug- und Druckverformungen (Abb. 13.10) aufzunehmen. Außerdem ist die Rückfederung von Elastizitätsmodul und Streckgrenze des Werkstoffs abhängig.

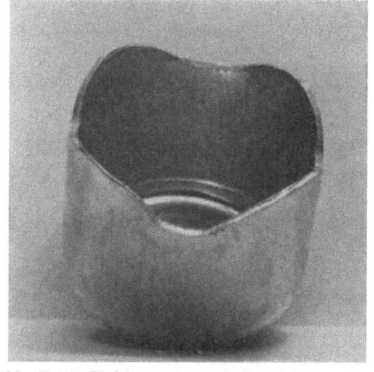

Abb. 13.14. Zipfel an einem Probenäpfchen, die beim Tiefziehen durch anisotropes Fließen entstanden sind. Natürliche Größe

Beim *Tiefziehen* (Abb. 13.13) tritt ein sehr komplexer Materialfluß und an verschiedenen Teilen des Werkstücks eine unterschiedliche Dickenabnahme auf. Die Herstellung eines faltenfreien Werkstücks erfordert eine sorgfältige Abstimmung von Material, Materialabmessungen, Werkzeugform, Spiel zwischen den Werkzeugen, Andrückkraft des Niederhalters und Reibung. Charakteristische, gefügeabhängige Schwierigkeiten sind Zipfelbildung durch texturbedingte anisotrope Fließspannung (Abb. 13.14) und Oberflächenrauhigkeit durch zu grobe Korngröße. Kompliziert geformte Körper können durch Stoßwelleneinwirkung (Kap. 20) tiefgezogen werden. Sie erhalten dabei eine einheitlichere Wandstärke.

Werkstoffprüfverfahren

Im *technischen Zugversuch* (vgl. Kap. 5), Abb. 13.15, wird ein Last-Verlängerungsdiagramm von einer genormten Probe aufgenommen. Neben der Streckgrenze σ_s werden bestimmt: die Zugfestig-

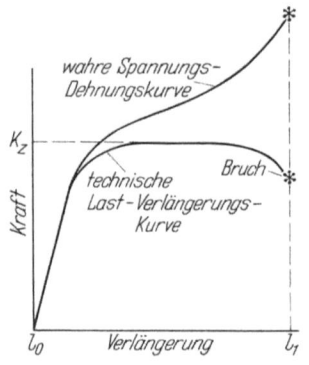

Abb. 13.15. Schematische Darstellung einer Last-Verlängerungskurve und der Meßwerte zur Bestimmung der Zugfestigkeit und der Bruchdehnung

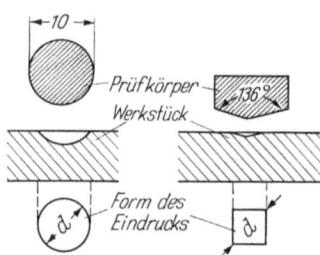

Abb. 13.16 u. 17. Schematische Darstellung der Härteeindrücke und ihrer Ausmessung bei Härteprüfungen
Abb. 13.16: Brinkell-Härtemessung,
Abb. 13.17: Vickers-Härtemessung

keit als die Kraft im Maximum der Kurve bezogen auf den ursprünglichen Querschnitt:

$$\sigma_B = \frac{K_z}{f_0} \, [\text{kp mm}^{-2}] \, ; \qquad (13.3)$$

die Bruchdehnung als die Verlängerung einer Meßlänge beim Zusammenlegen der Bruchstücke gemessen, l_1, bezogen auf die ursprüngliche Meßlänge l_0:

$$\delta = \frac{l_1 - l_0}{l_0} \, [\%] \, ; \qquad (13.4)$$

die Einschnürung als Querschnittsverminderung bezogen auf den ursprünglichen Probenquerschnitt:

$$\psi = \frac{f_1 - f_0}{f_0} \, [\%] \, . \qquad (13.5)$$

Bruchdehnung und Einschnürung kennzeichnen die Formänderungsfähigkeit des Werkstoffes. Diese Meßgrößen sind alle im Hinblick auf einfache Meß- und Rechenvorgänge definiert. Zugfestigkeit und Bruchdehnung sind keine physikalischen Größen, weil die Kraft nicht auf den wirklichen Querschnitt bezogen wird und der Bruchdehnungsbetrag durch die Inhomogenität in der Einschnürung keine eindeutige Meßgröße darstellt. Nur die Dehnbeträge im Bereich der homogenen Dehnung (Gleichmaßdehnung) sind mit Messungen im physikalischen Zugversuch vergleichbar.

Eine weitere nützliche, nicht aber physikalisch definierte Größe ist die Härte. Bei der *Härteprüfung* wird die Verformung des Materials beim Eindringen eines härteren Körpers bestimmt. Sie ist als einfaches Meßverfahren weit verbreitet. Die Eigenschaft „Härte" ist in komplexer Weise aus Streckgrenze und Anfangsverfestigung des Materials zusammengesetzt. Sie ist dennoch für Vergleichsmessungen in vielen Fällen gut geeignet. Zwei Verfahren werden am häufigsten angewandt: bei der Brinell-Härtemessung (HB) (Abb. 13.16) wird eine Stahlkugel von 10 mm Durchmesser und bei der Vickers-Härtemessung (HV) (Abb. 13.17) eine Diamantpyramide, deren Seiten einen Winkel von 136° einschließen, unter bestimmter Last in das Material eingedrückt. Die größte Ausdehnung der Eindrücke wird gemessen und als Härtemaß gilt die aufgebrachte Kraft dividiert durch die Oberfläche des Eindrucks (kp mm^{-2}). Eine andere Methode der Härtemessung ist das Rockwell-Verfahren, bei dem die Eindringtiefe eines Kegels gemessen wird.

Bei vielen technischen Anwendungen treten im Werkstoff zusätzlich zur ruhenden Last mechanische Schwingungen auf. In *Dauer-*

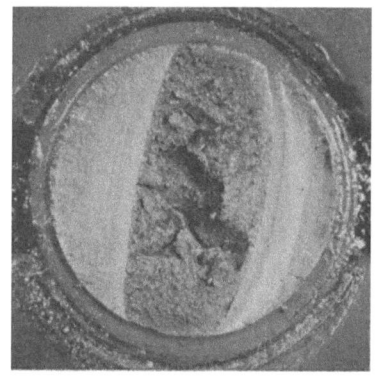

Abb. 13.18. Bruchfläche eines Biegedauerbruchs am Gang-Schalthebel eines Kraftfahrzeugs eines der Autoren. Die glatteren Teile der Bruchfläche sind Rißwände, die langsam in das Werkstück eingedrungen sind. Der zerklüftete mittlere Teil ist dem endgültigen „Gewaltbruch" zuzuschreiben.
4,5 ×

schwingungsversuchen wird die Widerstandsfähigkeit (Dauerfestigkeit) von Werkstoffen gegen die Bruchbildung durch häufige Laständerungen unterhalb der Streckgrenze (Dauerbruch) ermittelt, die

130   13. Technische Formgebung und Werkstoffprüfung

eine der häufigsten Ursachen der Schadensfälle, z. B. an Maschinen und Brücken darstellt (Abb. 13.18). Bei den verschiedenen Verfahren werden die Proben periodischen Lastwechseln unterworfen, wobei die Last entweder um den Nullwert pendelt oder um einen bestimmten Lastwert, die statische Last (Abb. 13.19). Die verberei-

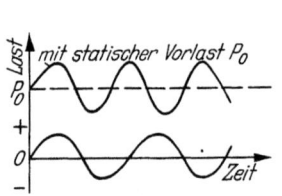 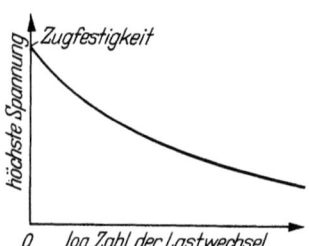

Abb. 13.19. Schematische Darstellung der Lastwechsel in Abhängigkeit von der Zeit, mit und ohne statische Vorlast, beim Dauerschwingungsversuch

Abb. 13.20. Wöhlerkurve zur Auswertung von Dauerschwingungsversuchen. Sie gibt an, bei welcher Spannung und Lastwechselzahl Bruch eingetreten ist

tetste Art der Belastung ist eine rotierende Biegelast, die dadurch aufgebracht wird, daß die Probe in zwei gegeneinander verkippten Lagern rotiert. Weitere Beanspruchungsarten sind Zug- Druck, Torsion und Biegung. Die Versuche werden durch die Aufstellung eines Diagramms (Wöhler-Kurve) ausgewertet, in das die Zahl der Lastwechsel bis zum Bruch gegen die höchste Spannung aufgetragen ist, die während der Prüfung auftritt (Abb. 13.20).

Der *Kerbschlagversuch* (Abb. 13.21) dient dazu, das Verformungs- und Bruchverhalten unter dreiachsigem Spannungszustand bei hoher

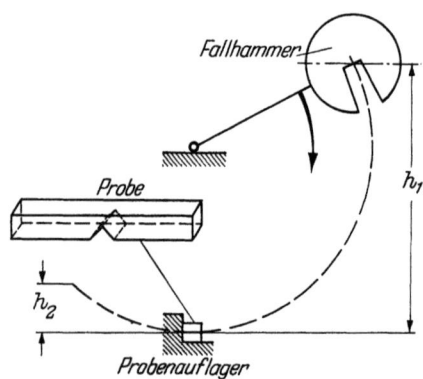

Abb. 13.21. Schematische Darstellung der Anordnung zum Kerbschlagversuch und einer der dabei verwendeten Probenformen

Verformungsgeschwindigkeit (Schlagbeanspruchung) zu untersuchen. Diese Prüfung wird bei verschiedenen Temperaturen besonders auf Werkstoffe mit kubisch-raumzentrierter Struktur wie Stähle angewandt, die in einem relativ kleinen Intervall von duktilem Bruch bei hoher Temperatur zu sprödem Bruch bei tiefer Temperatur übergehen. Bei dem verbreitetsten Verfahren (nach CHARPY) wird ein Block mit quadratischem Querschnitt an einer Seite eingekerbt, gegen zwei Auflager gelegt und mit einem Fallhammer zerschlagen. Die Differenz zwischen der Fallhöhe h_1 vor dem Schlag und der Steighöhe h_2 nach dem Schlag wird gemessen und die Energieaufnahme (Schlagarbeit A) der Probe während des Schlages daraus berechnet. Die Kerbschlagzähigkeit genannte Meßgröße ist willkürlich als die Energieaufnahme zur Bruchbildung bezogen auf den geringsten Probenquerschnitt definiert:

$$a_k = \frac{A}{F} \ [\text{mkp cm}^{-2}]. \tag{13.6}$$

Zwischen der Energieaufnahme und dem Bruchverhalten besteht die einfache Beziehung, daß die aufgenommene Energie um so höher ist, je höher die plastische Verformung ist, die dem Bruch vorausgeht. Der Grund für diesen Zusammenhang liegt darin, daß die Bildung und Bewegung von Versetzungen höhere Energie erfordern als der fast ohne Vorverformung eintretende Sprödbruch. Die Kerbschlagzähigkeit weist in einem begrenzten Temperaturbereich einen Steilabfall zu niedrigen Werten bei niedrigen Temperaturen auf (Abb. 15.11). Die Temperaturlage des Steilabfalls ist stark gefügeabhängig (Kap. 15).

Literatur zu Kapitel 13

DIETER, G. E.: Mechanical Metallurgy. New York/Toronto/London: McGraw-Hill Book Co. 1961 (Anschauliches Lehr- und Handbuch über bildsame Formgebung von Metallen).

SIEBEL, E.: Grundlagen und Begriffe der bildsamen Formgebung. Z. Werkstatttechnik u. Maschinenbau 1950 (Einführender Aufsatz).

SIEBEL, E., Herausgeber: Handbuch der Werkstoffprüfung, 2. Aufl., I. Band: Prüf- und Meßeinrichtungen, II. Band: Die Prüfung der metallischen Werkstoffe, Berlin/Göttingen/Heidelberg: Springer 1958/1955 (umfangreiches Handbuch).

WASSERMANN, G., Herausgeber: Praktikum der Metallkunde und Werkstoffprüfung. Berlin/Heidelberg/New York: Springer-Verlag 1965 (enthält eine Einführung in die Werkstoffprüfung für Metallkundler).

14. Umwandlungshärtung und Stähle

Umwandlungshärtung ist die Festigkeitssteigerung durch Phasenumwandlungen. Dabei kann die Festigkeit auf folgenden Eigenschaften des Umwandlungsgefüges beruhen: Mischkristallhärtung (Kap. 7), Härtung durch Gitterbaufehler (Kap. 5), Aushärtung (Kap. 15) und Härtung durch Überstrukturphasen. Es ist darüber hinaus möglich, die Festigkeit durch eine Kombination von Phasenumwandlung und

Verformung (thermomechanische Behandlung) weiter zu steigern. Am häufigsten und vielseitigsten wird die Umwandlungshärtung bei Stählen angewendet, die wir deshalb als Beispiel behandeln.

Umwandlungen eutektoider Stähle

Die technisch verwendeten Eisen-Kohlenstofflegierungen werden unterhalb der maximalen Löslichkeit des Kohlenstoffs im γ-Mischkristall, 2% C[1] (Abb. 6.14), Stähle und oberhalb Gußeisen (Kap. 12) genannt. Sie enthalten immer Legierungselemente, die bei der metallurgischen Gewinnung aus Erz (Mn, P) und Reduktionsmittel (C, S) in das Eisen gelangen; darüber hinaus oft solche, die später zur Erzielung bestimmter Eigenschaften zugesetzt worden sind (legierte Stähle). Eine typische Analyse eines Kohlenstoffstahls ist:

	C	N	Si	Mn	P	S	weitere	Fe
Gew.-%	0,20	0,004	0,40	0,50	0,04	0,04	~ 0,1	Rest

Auf unlegierte Stähle kann in guter Näherung das Eisen-Kohlenstoffdiagramm angewendet werden. Geht man von einer Legierung der eutektoiden Zusammensetzung mit 0,8% C aus, so erhält man bei ihrer Abkühlung aus dem Gebiet des γ-Mischkristalls (Austenit) mit zunehmender Unterkühlung unter die eutektoide Temperatur drei wesentlich verschiedene Umwandlungsprodukte: Perlit (s. Kap. 10,

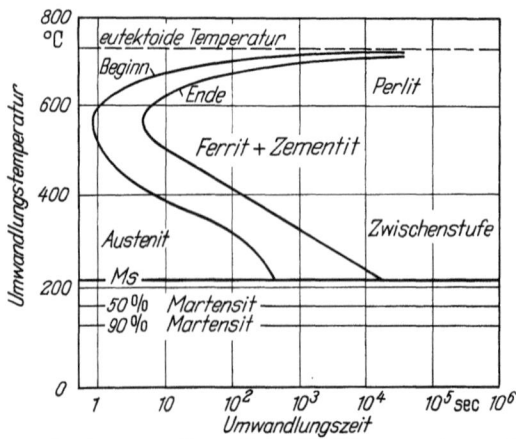

Abb. 14.1. Isothermes Zeit-Temperatur-Umwandlungs-(ZTU)Diagramm eines Stahles mit 0,89% C und 0,29 CMn (nach U. S. Steel, Atlas of Isothermal Transformation Diagrams, 1951)

S. 133 und Abb. 10.13), Zwischenstufe (s. S. 134 und Abb. 14.2) und Martensit (s. Kap. 10, S. 134, Abb. 10.16). Das Umwandlungsverhal-

---

[1] Die Konzentration wird bei technischen Eisenlegierungen immer in Gewichtsprozent angegeben.

ten wird am besten erfaßt, wenn man eine Probe aus dem γ-Gebiet auf eine Temperatur im Zweiphasengebiet α-Fe-Mischkristall $+$ Fe_3C abgeschreckt und dort isotherm hält. Der Verlauf der Umwandlungen in die verschiedenen Zustände kann dann in einem isothermen Zeit-Temperatur-Umwandlungs-Diagramm (ZTU-Diagramm) anhand der umgewandelten Mengen dargestellt werden (Abb. 14.1). Der Ablauf der diffusionsabhängigen Umwandlungen ist darin durch C-förmige Kurven gekennzeichnet (vgl. Abb. 2.7), während die Martensitumwandlung durch waagerechte Geraden in Erscheinung tritt, weil die Martensitmenge nur durch weitere Unterkühlung zunimmt, sich beim isothermen Halten, von Ausnahmen abgesehen, aber nicht ändert. In der Praxis wird meist während kontinuierlicher Abkühlung (s. S. 139) und nur in Ausnahmefällen durch isothermes Halten umgewandelt (Zwischenstufenvergütung, s. S. 134). Beginn und Ende der Umwandlungen werden bei kontinuierlicher Abkühlung etwas nach kürzeren Zeiten und höheren Temperaturen verschoben.

Im einfachsten Fall der Umwandlungshärtung liegt nur ein Umwandlungsprodukt vor. Zunächst soll deshalb die Festigkeit der Umwandlungsprodukte einzeln besprochen werden.

Festigkeit einzelner Umwandlungsprodukte

Beim *Perlit* (Kap. 10) führt der mit steigender Unterkühlung abnehmende Lamellenabstand S (Abb. 10.15b) entsprechend der Wirkung feinverteilter Phasen (Kap. 15) zu erhöhter Festigkeit σ_s. Folgende Werte werden z. B. beobachtet (nach M. GENSAMER et al., 1942, in einem Stahl mit 0,80% C und 0,74% Mn):

S [Å]	σ_s [kp mm^{-2}]
16 000	85
1 600	160

Wird Perlit nach der Umwandlung weiter geglüht, so formen sich die Zementitlamellen unter Verringerung der Gesamtgrenzfläche in Kugeln um. Dieser Vorgang wird Weichglühen oder Einformen und das resultierende Gefüge körniger Perlit genannt. Eine solche Verteilung von harter (Fe_3C) und weicher (α-Fe-Mischkristall) Phase wird in Kugellagerstählen angestrebt. Körniger Perlit hat etwa die gleiche Festigkeit wie der lamellare Perlit, aus dem er entstanden ist, wenn der mittlere Abstand der Zementitkugeln den mittleren Lamellenabstand beibehält. Von der isothermen Umwandlung zu Perlit macht man bei der Zwischenglühung von Stahldrähten zum Weichglühen während des Drahtziehens (Kap. 13) Gebrauch (Patentieren). Man führt dabei den Draht zunächst durch ein Bleibad oberhalb 720 °C, so daß Austenit entsteht, und leitet ihn von dort durch ein Bad bei 400 bis 550 °C, in dem er zu feinlamellarem Perlit umgewandelt wird, weil dieser Gefügezustand besonders gute Zieheigenschaften aufweist. Durch die zusätzliche Verfestigung beim Ziehen kann Stahldraht (0,7—1,0% C) auf diese Weise eine besonders hohe Festigkeit von 300 kp mm^{-2} und mehr erreichen (Klaviersaitendraht).

In der *Zwischenstufe* (Bainit) entsteht bei niedrigeren Temperaturen als in der Perlitstufe ebenfalls ein zweiphasiges Umwandlungsprodukt. Das Zwischenstufengefüge ist meist plattenförmig ausgebildet (Abb. 14.2) und besteht aus an Kohlenstoff übersättigtem

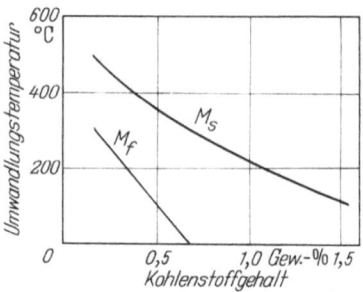

Abb. 14.2. Gefüge einer teilweise in Zwischenstufe (dunkle Platten) umgewandelten Fe-1,17-Gew.-%-C-4,9-Gew.-%-Ni-Legierung; 65 Std. bei 200 °C umgewandelt. Matrix: metastabiler Austenit mit einzelnen Martensitplatten. Lichtmikroskopisch, 500×

Abb. 14.3. Die Abhängigkeit der Martensitbildungstemperatur M_s und der Temperatur vollständiger Martensitumwandlung M_f vom C-Gehalt in Eisen-Kohlenstofflegierungen (nach E. HOUDREMONT)

Ferrit mit Karbidausscheidungen. Bei der Umwandlung wird das Ferritgitter ähnlich wie bei der Martensitumwandlung durch Scherbewegungen aus dem Austenitgitter gebildet, wobei aber die Wachstumsgeschwindigkeit durch Kohlenstoffdiffusion bestimmt wird. Die Zwischenstufe vereinigt drei Härtungsmechanismen: Mischkristallhärtung wegen der Übersättigung an Kohlenstoff, Verfestigung wegen des hohen Gitterbaufehlergehalts durch den Umwandlungsmechanismus und Aushärtung wegen der Karbidausscheidungen, die, besonders bei niedriger Bildungstemperatur, sehr feinverteilt vorliegen. Die Festigkeit $\sigma_s \approx 100$ kp mm^{-2} bei 0,4% C entspricht der vom getemperten Martensit (s. S. 136). Die isotherme Zwischenstufenumwandlung (Zwischenstufenvergütung) wird in technischem Maßstab bei der Massenherstellung von Kleinteilen im Durchlaufverfahren angewendet. Dabei werden die Teile zunächst in Öfen bei Austenittemperatur, dann in Ölbädern bei Zwischenstufentemperatur gehalten und anschließend abgeschreckt.

Die größtmögliche Festigkeitssteigerung wird durch die *Martensitumwandlung* (Härten) erzielt. Dazu muß der Stahl aus dem Austenitzustand so rasch abgeschreckt werden, daß während der Abkühlung weder Perlit noch Zwischenstufe gebildet wird. Diese kritische Abkühlgeschwindigkeit kann dem kontinuierlichen ZTU-Diagramm (s. S. 139) des Stahles entnommen werden. Die Martensitbildungstemperatur, M_s, und die Temperatur, bei der die Umwandlung das ganze Volumen erfaßt hat, M_f, sind konzentrationsabhängig, (s. Abb. 14.3) (da Martensit ferromagnetisch ist, kann die Umwandlungsmenge z. B. durch Messung der Sättigungsmagnetisierung verfolgt werden). Bei höheren Kohlenstoffgehalten ($> 0{,}7\%$ C) kann nur dann eine vollständige Umwandlung erzielt werden, wenn die Probe bis unterhalb Raumtemperatur abgekühlt wird. Bei der normalen Härtung unter technischen Bedingungen bleibt in Stählen mit mehr als $0{,}7\%$ C deshalb ein Teil der γ-Mischkristallphase metastabil bestehen (Restaustenit). Die Festigkeit steigt bis zu einem Kohlenstoffgehalt von ca. $0{,}4\%$ an, (Abb. 14.4). Der Hauptanteil der Um-

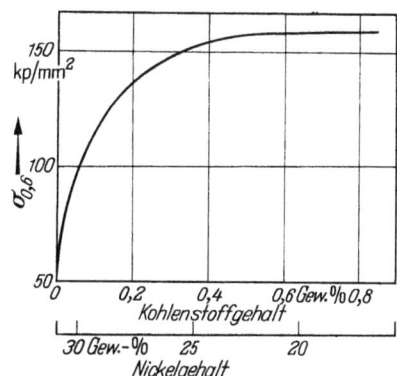

Abb. 14.4. Die Festigkeit ($\sigma_{0,6}$) von Martensit in Fe-C-Ni-Legierungen in Abhängigkeit vom Kohlenstoffgehalt. Meßtemperatur 0 °C, Fließspannung im Druckversuch (nach P. C. WINCHELL und M. COHEN, 1962). Der Nickelzusatz bewirkt, daß diese Legierungen eine einheitliche M_s-Temperatur von -35 °C haben; er erhöht die Festigkeit nur unerheblich

wandlungshärtung beruht beim Eisen-Kohlenstoff-Martensit auf der Mischkristallhärtung durch die mit der Umwandlung erzwungene Übersättigung des kubisch-raumzentrierten Gitters an Kohlenstoff. Die Mischkristallhärtung (Kap. 7) ist in diesem Fall besonders wirksam, weil die eingelagerten Kohlenstoffatome das Ferritgitter außerordentlich stark tetragonal verzerren. Sie gelangen durch die Umwandlung auf Zwischengitterplätze auf den Würfelkanten der Elementarzelle und erzwingen dort eine erhebliche Änderung des Abstandes zwischen den nächsten Eisenatomen $\Delta d/d = 36\%$.

Einen weiteren Festigkeitsanteil ergeben die bei der Umwandlung in den Martensitkristallen entstandenen Gitterbaufehler und die Grenzflächen. (Abb. 10.20 und 10.16).

Bei der geringeren Abkühlungsgeschwindigkeit während des Abschreckens unter technischen Bedingungen tritt Ausscheidung ein, die zusätzlich zur Mischkristallfestigkeit und Verfestigung zu Aushärtung führt. Die hohe Festigkeit des Martensits im abgeschreckten Zustand ist aber technisch nicht direkt nutzbar, da das Gitter durch Umwandlungsspannungen, die örtlich bis zur Streckgrenze reichen, spröde ist: hohe Streckgrenze σ_s, Dehnung $\delta \approx 0$.

Anlassen

Die plastische Verformbarkeit des Martensits kann jedoch durch eine isotherme Wärmebehandlung, das Anlassen, erhöht werden. Das Anlassen führt durch thermische aktivierte Vorgänge über Zwischenzustände zum Übergang ins Gleichgewicht (Kap. 15). Die dabei auftretenden Vorgänge sind vom Gefüge, von der Temperatur und von der Zusammensetzung abhängig. Man kann nach der Anlaßtemperatur und den jeweils überwiegenden Vorgängen drei Anlaßstufen unterscheiden:

1. Anlaßstufe, Raumtemperatur bis etwa 200 °C; Ausscheidung von metastabilem ε-Karbid ($Fe_{2,4}C$), Absinken des C-Gehalts im Martensit auf etwa 0,3% C.

2. Anlaßstufe, etwa 100° bis 300 °C; Umwandlung des Restaustenits (wenn die Martensitumwandlung unvollständig war) in Zwischenstufengefüge.

3. Anlaßstufe, oberhalb 200 °C; Übergang des Martensits in Ferrit mit Kohlenstoff in Gleichgewichtskonzentration unter gleichzeitiger Umwandlung des ε-Karbids in Zementit (Fe_3C) und weitere Ausscheidung von Zementit. Nahe unterhalb der eutektoiden Temperatur: Einformung des Zementits.

Beim Anlassen konkurrieren demnach verschiedene Vorgänge und die Festigkeitsänderung ist dementsprechend aus verschiedenen Einflüssen zusammengesetzt. Die Abnahme der Kohlenstoffkonzen-

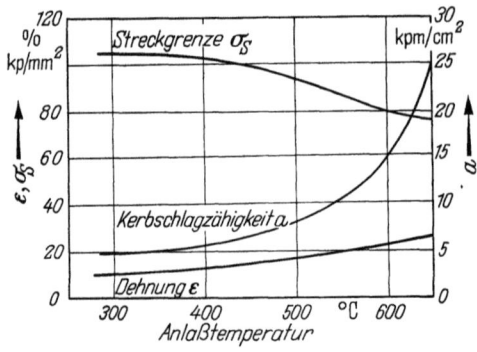

Abb. 14.5. Änderungen der mechanischen Eigenschaften eines Kohlenstoffstahls (0,46% C; 0,21% Si, 0,80% Mn) beim Anlassen (nach E. HOUDREMONT, 1956)

tration führt zur Abnahme der Mischkristallhärtung. Durch die Ausscheidung von ε-Karbid und Zementit und die Umwandlung des Restaustenits in Zwischenstufengefüge dagegen wird die Festigkeit erhöht. Bei Temperaturen bis 200 °C tritt deshalb entweder nur eine leichte Erniedrigung oder sogar eine leichte Erhöhung der Festigkeit ein. Oberhalb 300 °C fällt die Festigkeit stärker ab (Abb. 14.5).

Voreutektoider Ferrit und Zementit

Bei nicht-eutektoider Zusammensetzung beginnt die Umwandlung im $\alpha +\gamma$-Gebiet mit Ferritausscheidung (voreutektoider Ferrit) und im $\gamma + Fe_3C$-Gebiet mit Zementitausscheidung (voreutektoider Zementit) (vgl. Kap. 6). Auch im Temperaturbereich der Perlitumwandlung bilden sich beim isothermen Halten zunächst oft die voreutektoiden Phasen (s. Abb. 14.6 und 14.7). Der Zustand eines über-

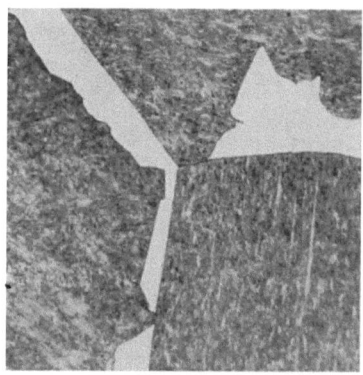

Abb. 14.6. Beginn der isothermen Umwandlung einer Fe-Ni-C-Legierung (5,0% Ni; 0,38% C) bei 650 °C durch Bildung von voreutektoidem Ferrit (weiß) an den Austenitkorngrenzen. Beim nachfolgenden Abschrecken ist der Austenit in Martensit umgewandelt worden. Lichtmikroskopisch, 550 ×

Abb. 14.7. Stahl mit 1,7% C, mittlere technische Abkühlgeschwindigkeit. Das Gefüge besteht aus voreutektoidisch ausgeschiedenem Zementit (Fe_3C, weiß) an den Korngrenzen und (plattenförmig) im Korninnern und Perlit, dessen Lamellen nicht optisch aufgelöst sind (dunkel- bis hellgrau). Lichtmikroskopisch, 125 ×

wiegend ferritischen Gefüges mit geringen Perlitmengen ist charakteristisch für Stähle mit niedrigem Kohlenstoffgehalt (0,1—0,4%, Baustähle). Voreutektoider Zementit ist im allgemeinen technisch unerwünscht, weil er sich bevorzugt entlang den Korngrenzen ausscheidet und durch dieses Netzwerk den Werkstoff versprödet.

Legierte Stähle

Die Legierungszusätze in Stählen ändern deren Umwandlungsverhalten einerseits durch Änderung der Gleichgewichte und andererseits durch ihren Einfluß auf die Diffusionskoeffizienten.

Charakteristisch für den Einfluß auf das Zustandsdiagramm ist die Änderung der α/γ-Gleichgewichte und die Form des γ-Feldes. Einige Elemente erweitern das γ-Feld (Mn, Ni) wie der Kohlenstoff.

Andere verengen das γ-Feld (Ti, V, Cr) (Abb. 14.8 und Abb. 18.4A), so daß oberhalb der Konzentration der äußersten Ausdehnung des γ-Feldes keine Umwandlungen mehr auftreten.

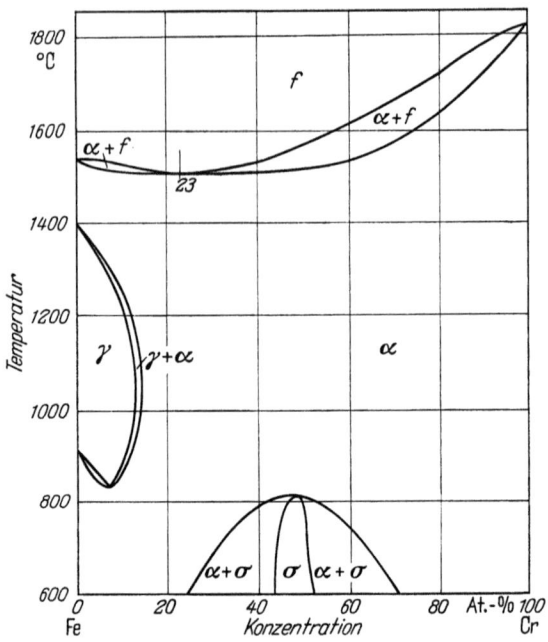

Abb. 14.8. Das Zustandsdiagramm Fe-Cr ist ein Beispiel für ein Legierungssystem des Eisens, in dem das γ-Mischkristallgebiet zunächst zu tieferen Temperaturen erweitert, dann verengt und schließlich bei 13,3% Cr abgeschnürt wird

Die Auswirkung der Legierungselemente auf die Diffusion besteht im allgemeinen aus einer Erniedrigung des wirksamen Konzentrationsgefälles und des Diffusionskoeffizienten. Die diffusionsabhängigen Umwandlungen verlaufen deshalb langsamer. Wegen dieser Verzögerung des Beginns und Ablaufs der Umwandlungen kann das Gefüge durch die Wahl der Abkühlgeschwindigkeit stark beeinflußt werden. Außerdem wird der Beginn der Martensitbildung, die M_s-Temperatur, durch die meisten Legierungselemente zu tieferen Temperaturen verschoben. Die legierten Stähle bilden zwei große Gruppen: die legierten Kohlenstoffstähle, bei denen mechanische Eigenschaften ausschlaggebend sind, und die kohlenstofffreien Stähle, die hauptsächlich aus anderen Gründen wie höherer Korrosionsbeständigkeit (Kap. 16) oder günstigen magnetischen Eigenschaften (Kap. 18) hergestellt werden.

Eine Eigenschaft, die bei der technischen Anwendung bei erhöhter Betriebstemperatur (Ofenkessel, Turbinen, Motoren usw.) oft

Legierte Stähle

gefordert wird, ist die Warmfestigkeit (bei martensitischen Stählen: Anlaßbeständigkeit). Warmfeste Zustände beruhen auf Mischkristallhärtung, Zusatz von stark diffusionshemmenden Elementen und stabilen Ausscheidungen (hochschmelzende Karbide), die außerdem das Kornwachstum bei hoher Temperatur hemmen. Systematische Entwicklungen auf diesem Gebiet haben zu den Superlegierungen geführt (Kap. 20). Die Kombination von Warmfestigkeit mit Zunderbeständigkeit wird als Hitzebeständigkeit bezeichnet (hitzebeständige Legierungen, s. Kap. 16).

Die legierten Kohlenstoffstähle, die Vielstoffsysteme darstellen und deren Umwandlungen deshalb mehr oder weniger stark von denen im Eisen-Kohlenstoff-System abweichen, können bezüglich ihres Umwandlungsverhaltens unter technischen Verhältnissen durch den Stirnabschreckversuch (Jominy-Test) untersucht werden. Dazu

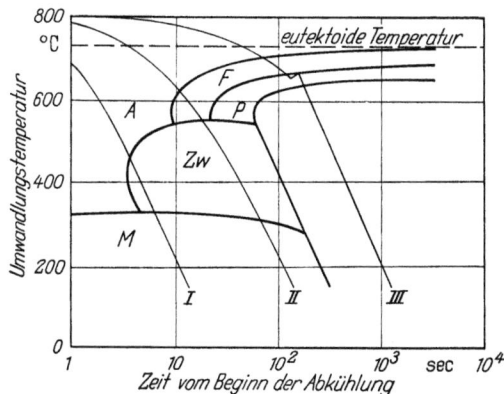

Abb. 14.9. Anordnung für den Stirnabschreckversuch zur Untersuchung des Umwandlungsverhaltens bei verschiedenen Abkühlgeschwindigkeiten (JOMINY-Probe)

Abb. 14.10. Kontinuierliches Zeit-Temperatur-Umwandlungs-Diagramm eines Stahles mit 0,38% C, 1,14% Mn und 1,05% Si. Die Buchstaben geben den Umwandlungsbereich an: A — Austenit, F — Ferrit, P — Perlit, Zw — Zwischenstufe, M — Martensit. Die Gefüge am Ende der verschiedenen Abkühlungskurve bestehen aus: I — 1% Zw, 99% M; II — 2% F, 40% Zw, 58% M; III — 20% F, 80% P (nach „Atlas zur Wärmebehandlung der Stähle", 1954/6)

wird eine zylindrische Probe auf Austenittemperatur gebracht und dann an einer Stirnseite durch einen Wasserstrahl abgekühlt (Abb. 14.9). Durch die Geometrie der Anordnung und die Wärmeleitfähigkeit der Probe ist die von der Abschreckfläche bis zum entgegengesetzten Probenende abfallende Abkühlgeschwindigkeit in erster Näherung vergleichbar gegeben.

Zur Darstellung der bei verschiedenen Abkühlgeschwindigkeit entstandenen Gefüge verwendet man kontinuierliche ZTU-Diagramme, in denen Bildung der verschiedenen Phasen längs der Abkühlungskurven z. B. I, II, III eingetragen wird (Abb. 14.10). In dem dargestellten Fall ist ersichtlich, daß das Gefüge durch die Wahl verschiedener Abkühlgeschwindigkeiten völlig verschiedene Mengenanteile an Martensit, Zwischenstufe, Ferrit und Perlit enthalten kann. Auf der Beachtung dieser Zusammenhänge beruht die technische Umwandlungshärtung der Stähle. In der technischen Wärmebehandlung der Stähle treten bei größeren Werkstücken die hier beschriebenen Umwandlungen ungleichmäßig über den Querschnitt verteilt auf, weil die Abkühlungsgeschwindigkeit im Innern geringer ist als an der Oberfläche. Man spricht von durchhärtbaren Stählen, wenn der Beginn der Perlit- und Zwischenstufenumwandlung durch den Einfluß von Legierungszugaben so stark verzögert wird, daß auch der langsam abkühlende Kern eines Werkstücks noch in Martensit umgewandelt werden kann. Wird dagegen nur die oberflächennahe Schicht martensitisch und der Kern perlitisch umgewandelt, so ist die Festigkeit dementsprechend nicht im gesamten Querschnitt gleich. Gelegentlich ist eine derartige Wirkung erwünscht, wenn die äußere Schale eines Werkstücks hart und damit widerstandsfähig und verschleißfest, der Kern aber weich und zäh sein soll, damit das Werkstück unter Belastung nicht bricht.

Auf die Anlaßvorgänge wirken alle Legierungselemente verzögernd, die sich im Karbid lösen müssen, d. h., ein Karbid $(Fe, M)_x C_y$ bilden, worin M für das zugesetzte Metall steht. Die wichtigsten karbidbildenden Elemente sind in der Reihenfolge steigender Neigung zur Karbidbildung: Mn, Cr, W, Mo, V, Ti. Die Legierungskarbide (Sonderkarbide), d. h., die eisenfreien Karbide der Legierungselemente bilden sich beim Anlassen oberhalb etwa 500 °C, wo die Diffusionsgeschwindigkeit der substituierten Atome ausreicht. Die Ausscheidung der Legierungskarbide führt deshalb oberhalb 500 °C und nach längeren Anlaßzeiten zu einem zweiten Festigkeitsmaximum (Sekundärhärtung). Diese Karbide sind im allgemeinen hart und bis zu höheren Temperaturen beständig. Sie werden als wesentlicher Gefügebestandteil in Werkzeugstählen erzeugt, die hart und wegen ihrer Erhitzung durch Reibungswärme im Gebrauch auch warmfest sein müssen. Charakteristisch für die Zusammensetzung eines hochlegierten Werkzeugstahls, dessen Härte im wesentlichen auf der Härte der Karbidausscheidungen beruht, ist: 0,8% C — 4,0% Cr — 1,0% V — 1,5% W — 8,5% Mo.

Thermomechanische Behandlung

Die Kombination von Umwandlung und Verformung kann auf verschiedene Weise die Festigkeit steigern. Die plastische Verformung kann einerseits Keimbildung und Wachstum der Umwandlungsphasen beeinflussen und dadurch z. B. zu Aushärtung führen, andererseits wird die Festigkeit durch mechanische Verfestigung zusätzlich erhöht.

Ein Beispiel für thermomechanische Behandlung ist das Austenitformhärten (ausforming) genannte Verfahren. Es besteht darin, daß der metastabile Austenit vor der Martensitumwandlung kaltverformt wird. Dazu sind Stähle erforderlich, deren isothermes ZTU-Diagramm die in Abb. 14.11 dargestellte Form hat, das heißt, einen Temperaturbereich zwischen Perlit und Zwischenstufe aufweist, in dem für lange Zeit keine Umwandlung eintritt. Ein solcher Temperaturbereich zwischen Perlit und Zwischenstufe, in dem die Inkubationszeit sehr lang ist, ist dadurch bedingt, daß die Karbidbildungsge-

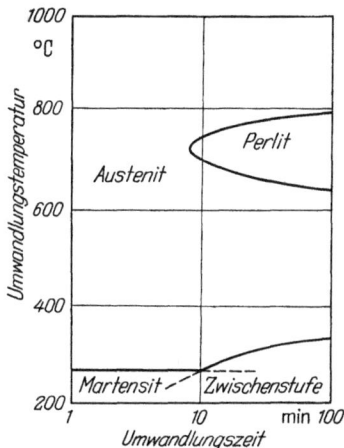

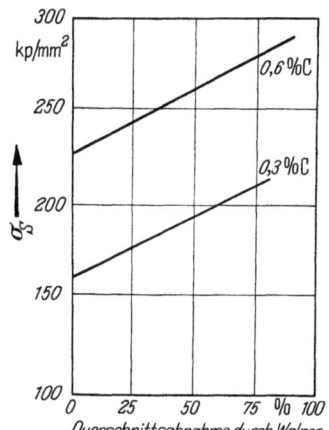

Abb. 14.11. Isothermes Zeit-Temperatur-Umwandlungs-Diagramm eines zum Austenitformhärten geeigneten Stahles mit 0,4% C, 5,0% Cr, 1,3% Mo, 1,0%Si und 0,5% V. Kennzeichnend ist der breite Temperaturbereich zwischen Perlit- und Zwischenstufenumwandlung, in dem der Austenit lange Zeit metastabil bleibt (D. J. SCHMATZ et al., 1963)

Abb. 14.12. Durch Austenitformhärten erzielte Festigkeitssteigerung in legierten Stählen mit 0,3 bzw. 0,6% C, 3% Cr, 1,5% Ni, 1,5% Si, 1% Mn und 0,5% Mo (HARWOOD und CLARK, 1963)

schwindigkeit im unteren Perlitbereich stark verringert ist und die Bildung der Karbiden im Zwischenstufenbereich eine größere Unterkühlung erfordert.

Wird ein Stahl entsprechender Zusammensetzung zunächst im Austenitgebiet homogenisiert, dann im metastabilen Austenitzustand bei Temperaturen zwischen dem Perlit- und Zwischenstufenbereich (unterhalb der Rekristallisationstemperatur) verformt und schließlich abgeschreckt, so ergibt sich die Festigkeit in Abhängigkeit vom Grad der Zwischenverformung wie in Abb. 14.12. Die erzielte Festigkeitssteigerung bleibt auch während normaler Anlaßbehandlungen bis etwa 550 °C erhalten. Der Grund für die erhöhte Festigkeit ist, daß die Versetzungen und Leerstellen, die bei der Verformung im Austenit erzeugt werden, einerseits die Karbidausscheidung in feinster Verteilung und damit eine Aushärtung begünstigen und andererseits durch ihre hohe Dichte zur Verfestigung des Martensits beitragen.

Literatur zu Kapitel 14

Werkstoff-Handbuch Stahl und Eisen, herausgeg. v. Verein Deutscher Eisenhüttenleute, 4. Aufl., Düsseldorf: Verlag Stahleisen 1965 (Blattsammlung als Handbuch).

Atlas zur Wärmebehandlung der Stähle, herausgeg. v. Max-Planck-Institut für Eisenforschung, Düsseldorf: Verlag Stahleisen 1954/56 (Sammlung von kontinuierlichen ZTU-Diagrammen).

HOUDREMONT, E.: Handbuch der Sonderstahlkunde, 3. Aufl., 2 Bände. Berlin/Göttingen/Heidelberg: Springer, und Düsseldorf: Verlag Stahleisen 1956 (Handbuch mit guten Grundlagen-Kapiteln).

Decomposition of Austenite by Diffusional Processes, herausgeg. v. V. F. ZACKAY und H. I. AARONSON. New York/London: Interscience Publishers 1962 (Konferenz-Sammelband mit grundlegenden Arbeiten über diffusionsabhängige Umwandlungen in Stählen).

Atlas of Isothermal Transformation Diagrams, 2. Aufl., und Supplement. Pittsburgh: United States Steel Corporation 1951/1953 (Sammlung von isothermen ZTU-Diagrammen).

HUME-ROTHERY, W.: The Structures of Alloys of Iron. Oxford/London/Edinburgh/New York/Paris/Frankfurt: Pergamon Press 1966 (Einführung in die Metallkunde der Eisenlegierungen und Stähle).

15. Aushärtung von Legierungen

Eigenschaftsänderung durch Teilchen

Ausscheidungsvorgänge sind möglich in allen Mischkristallen, in denen die gelöste Atomart eine mit abnehmender Temperatur abnehmende Löslichkeit besitzt (Kap. 10). Durch sehr schnelles Abkühlen z. B. des Mischkristalls der Zusammensetzung C_0 von der Temperatur T_H entsteht ein übersättigter Mischkristall (Abb. 15.1). Der Gleichgewichtszustand wird durch Ausscheidung von Teilchen angestrebt, welche die in Übersättigung vorhandenen Atome in hoher Konzentration enthalten. Die Geschwindigkeit der Ausscheidung ist durch die Zahl der Keimstellen und durch die Diffusion der in Übersättigung vorhandenen Atomart bestimmt (Kap. 2 und 10). Bei konstanter Alterungstemperatur ändern sich die Zahl und Größe der Teilchen in Abhängigkeit von der Zeit.

Bei kleinen Teilchengrößen zeigen einige physikalische Eigenschaften Anomalien. Erst bei größeren Teilchen stellt sich der Wert e ein, der aus den Volumenanteilen und Eigenschaften der beiden Kristallarten zu erwarten wäre (Gl. (7.1), gefügeabhängige Eigenschaft). In Abb. 15.2 wird gezeigt, daß bei kleinen Teilchengrößen Eigenschaftsänderungen mit wechselndem Vorzeichen auftreten können. Der elektrische Widerstand des übersättigten Mischkristalls ϱ_0 steigt bis zu einer Teilchengröße d_ϱ an, um dann auf den nach der

Beziehung (7.1) zu erwartenden Wert abzufallen. Diese Anomalie wird auch als *K*-Effekt bezeichnet. Ein entsprechendes Verhalten wird für die Streckgrenze beobachtet, nur liegt die kritische Teilchengröße bei einem anderen Wert, im allgemeinen $d_\rho < d_\tau$. In ferroma-

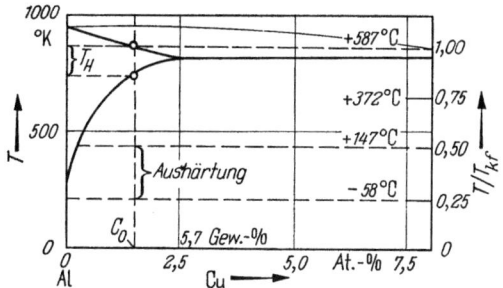

Abb. 15.1. Zustandsdiagramm Al-Cu. Für eine Legierung der Zusammensetzung $C_0 = 1,5$ At-% Cu ist das Verhältnis $T/T_{kf} = a$ eingetragen worden. Für diese Legierung gilt:
$0,8 < a < 1$: Homogenisieren
$0,3 < a < 0,6$: Aushärtung durch Ausscheidung metastabiler kohärenter Phasen
$a < 0,25$: thermisch aktivierte Prozesse zu langsam für technische Aushärtung

gnetischen Legierungen zeigt die Koerzitivkraft H_c einen entsprechenden Verlauf. Der Vorgang wird als magnetisches Altern bezeichnet. Er wird im Zusammenhang mit Dauermagnetlegierungen in Kap. 18 besprochen. Das Maximum der Koerzitivkraft liegt wiederum bei einem größeren kritischen Teilchendurchmesser $d_\rho < d_\tau$

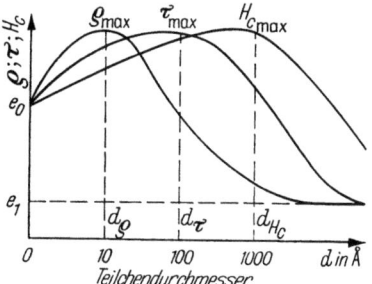

Abb. 15.2. Schematische Darstellung der Änderung verschiedener physikalischer Eigenschaften bei isothermer Alterung, während der der Teilchendurchmesser zunimmt.
e_0 = Eigenschaft des homogenen, übersättigten Mischkristalls. e_1 = Eigenschaft des „groben" Gemenges der Gleichgewichtsphasen. ϱ_{max}, τ_{max}, H_{cmax} = Anomalie der elektrischen Leitfähigkeit, kritischen Schubspannung, Koerzitivkraft bei kritischen Teilchengrößen d_ρ, d_τ, d_{H_c}

$< d_{H_c}$. Dies ist darauf zurückzuführen, daß die verschiedenen Eigenschaftsänderungen auf verschiedenen Wechselwirkungen beruhen:
1. $\Delta\varrho$: Leitungselektronen und Teilchen (oder Nahordnungsbezirke).
2. $\Delta\tau$: Versetzungen und Teilchen.
3. ΔH_c: Blochwände und Teilchen (s. Kap. 18).

Wechselwirkung von Versetzungen mit Teilchen

Verschiedene mechanische Eigenschaften können sich in verschiedener Abhängigkeit von der Teilchengröße und damit von der Alterungszeit ändern (Abb. 15.3). Die Erhöhung von Streckgrenze und Verfestigungskoeffizient werden unter dem Begriff Aushärtung zusammengefaßt. In Abb. 15.3 wird die Aushärtung von α-Eisen durch Kupfer gezeigt. Mit dem Anstieg der Festigkeit ist im allgemeinen ein Abfall der Dehnung verbunden, der bis zur Versprödung der Legierung führen kann.

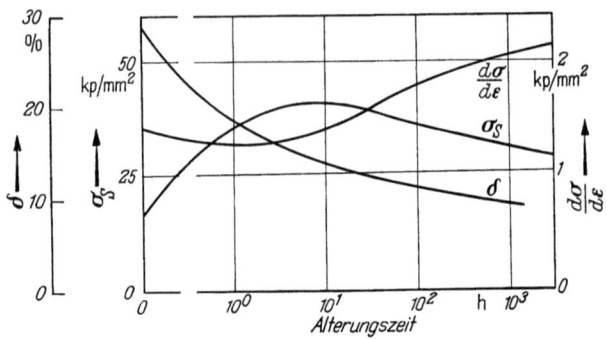

Abb. 15.3. Die mechanischen Eigenschaften einer Eisen-Kupfer-Legierung mit 0,9 At-%Cu, die zur Ausscheidung von Kupfer bei 500 °C gealtert wurde.

σ_s = Streckgrenze, $d\sigma/d\varepsilon$ = Verfestigungskoeffizient, δ = Dehnung beim Bruch

Zur quantitativen Deutung der Aushärtung müssen bekannt sein:
a) Größe, Verteilung, Form, Kristalleigenschaften der Teilchen;
b) die Art der Wechselwirkung von Versetzungen mit diesen Teilchen. Es gibt dafür zwei grundsätzliche Möglichkeiten:
1. Die Versetzungen sind in der Lage, Teilchen zu schneiden (Abb. 15.7).
2. Die Versetzungen können sich nur im Grundgitter bewegen, und die Teilchen nehmen an der plastischen Verformung nicht teil (Abb. 15.6).

Die beiden Fälle sind in Abb. 15.4 und 15.5 schematisch dargestellt worden. Dabei ist für den Fall der schneidenden Versetzung die Annahme gemacht worden, daß die Versetzung nicht flexibel ist (Abb. 15.4a), während die Versetzung im Falle der Umgehung des Teilchens flexibel sein muß (Abb. 15.5). Die Spannung, die notwendig ist, eine Versetzung an einem nichtverformbaren Teilchen vorbei zu bewegen, kann ähnlich wie die Spannung zum Auslösen einer Frank-Read-Quelle (Kap. 5) berechnet werden. Bei der Spannung

$$\Delta\tau_0 = \frac{Gb}{D-d} \text{ (meist } D \gg d\text{)} \tag{15.1}$$

ist die Versetzung zwischen den Teilchen zu einem Halbkreis ausgebogen (Abb. 15.5B). Beim Erhöhen der Spannung auf $\Delta\tau_0 + d\tau$ wird die Linie instabil. Die Versetzung kann sich hinter den Teilchen wieder zusammenschließen oder durch Quergleiten (Kap. 5) das

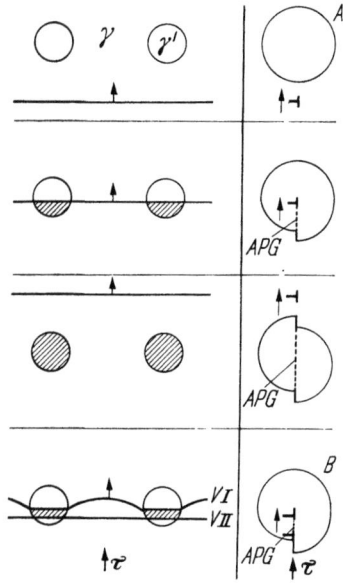

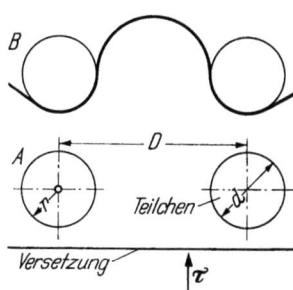

Abb. 15.5. Kann eine Versetzung nicht in ein Teilchen eindringen, so wird sie durch die Schubspannung τ_0 bis zu einem Radius $(D-d)/2$ durchgebogen. Bei höherer Spannung umgeht die Versetzung das Teilchen durch Zurücklassen eines Ringes um das Teilchen oder durch Quergleiten

Abb. 15.4. Kohärente, geordnete Teilchen werden durch eine Versetzung geschnitten, die im Teilchen eine Antiphasengrenze (APG schraffiert) erzeugt. B Folgt auf die erste Versetzung V I eine zweite V II, so wird die Antiphasengrenze wieder rückgängig gemacht

Teilchen umgehen. In beiden Fällen entstehen Versetzungsringe (Orowanmechanismus Abb. 15.6). Die Schubspannung $\Delta\tau_0$ bestimmt den Beginn der plastischen Verformung. Die zurückbleibenden Versetzungen bewirken die hohe Verfestigung der nach diesem Mechanismus ausgehärteten Legierungen. Man findet in vielen ausgehärteten Legierungen, die die Voraussetzungen für die Anwendung von Gl. (15.1) erfüllen, daß die Erhöhung der Streckgrenze $\Delta\sigma \sim D^{-1}$. Für $D \rightarrow b$ müßte sich τ der theoretischen Schubspannung τ_{th} nähern (Kap. 5).

Es tritt jedoch mit abnehmender Teilchengröße eine Änderung des Verformungsmechanismus auf: Bevor die Spannung $\Delta\tau_0$ erreicht ist, kann die Versetzung in das Teilchen eindringen und es schließlich um einen Betrag $|b|$ abscheren (Abb. 15.4A). Um die Spannung zu berechnen, die dazu notwendig ist, müssen auch die kristallographischen und mechanischen Eigenschaften des Teilchens berücksichtigt werden. Als einfacher Fall soll angenommen werden, daß ein kugelförmiges, kohärentes, geordnetes Teilchen geschnitten wird. Beim Durchlaufen des Teilchens wird in einer Ebene die Ordnung zerstört.

Es entsteht eine Antiphasengrenze (Kap. 4), deren Erzeugung die Energie $\pi d^2 \gamma / 4$ erfordert ($\gamma =$ Energie der Antiphasengrenze pro Flächeneinheit). Daraus kann die zum Schneiden der Teilchen notwendige Spannung berechnet werden:

$$\Delta \tau_s = \frac{\pi \gamma d}{bD}. \tag{15.2}$$

Es folgt, daß der Umgehungsmechanismus (Gl. 15.1) zu erwarten ist, wenn $\Delta \tau_s > \Delta \tau_0$, der Schneidemechanismus, wenn $\Delta \tau_s < \Delta \tau_0$. Bei $\Delta \tau_s = \Delta \tau_0$ findet man den Übergang zwischen den beiden Mechanismen. Der Teilchendurchmesser d_k, bei dem das geschieht, kann aus Gl. (15.1) und (15.2) berechnet werden:

$$d_k = \frac{Gb^2}{\pi \gamma}. \tag{15.3}$$

Für den Verlauf von $\Delta \tau_s$ und $\Delta \tau_0$ ergibt sich während des Teilchenwachstums bei isothermem Altern ein Verlauf, wie er schematisch in Abb. 15.8 gezeigt ist. Das Maximum der Streckgrenze wäre in

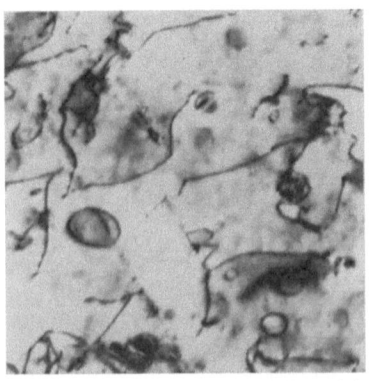
Abb. 15.6. Bildung von Versetzungsringen beim Umgehen von Ni_3Si-Teilchen durch Versetzungen in ausgehärteter Ni +6,5 At-% Si-Legierung. Elektronenmikroskopisch, Durchstrahlung, 120 000×

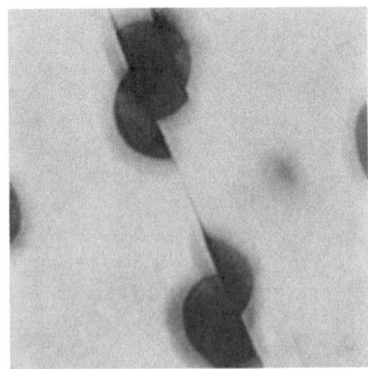
Abb. 15.7. Durch Schneiden von Versetzungen abgescherte Ni_3Al-Teilchen in Ni-Cr-Al-Legierung; Elektronenmikroskopisch, Durchstrahlung 60 000× (H. Gleiter)

diesem Falle bei d_k zu erwarten. Bei der Berechnung von Aushärtungsisothermen muß außerdem beachtet werden, daß sich der Volumenanteil f der Teilchen mit der Zeit ändert. Es besteht folgende Beziehung zwischen f, dem Teilchenabstand D und dem Durchmesser d:

$$f^{1/3} = \frac{d}{D} 0{,}82. \tag{15.4}$$

Werden geordnete Teilchen nicht durch einzelne Versetzungen, sondern durch Versetzungspaare geschnitten (Abb. 15.4B; 15.9), so findet kein Übergang zum Orowanmechanismus statt, sondern Teilchen beliebiger Größe werden geschert (Abb. 15.8, Kurve $\Delta\tau_p$). Sind

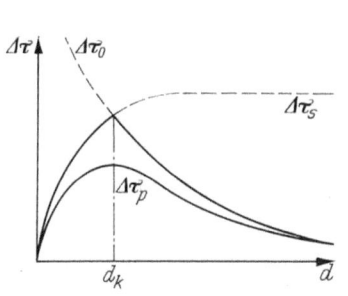
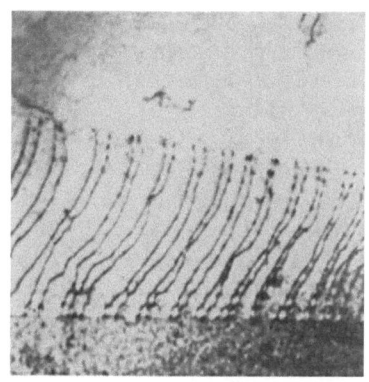

Abb. 15.8. Erhöhung der kritischen Schubspannung durch verschiedene Versetzungsmechanismen abhängig von Teilchengröße d.
$\Delta\tau_0$ = Umgehung der Teilchen, $\Delta\tau_s$ = Schneiden der Teilchen, $\Delta\tau_p$ = Schneiden geordneter Teilchen durch Versetzungspaare

Abb. 15.9. Gleitebene in ausgehärteter Ni-Cr-Al-Legierung, die durch Bewegung von Versetzungspaaren verformt wird. Elektronenmikroskopisch, Durchstrahlung 20 000× (H. Gleiter)

die Teilchen von einem Spannungsfeld umgeben, so wird die Schubspannung zusätzlich erhöht, da

a) beim Orowanmechanismus der wirksame Teilchenabstand $D-d$ durch das Spannungsfeld verkleinert wird;

b) beim Durchschneiden eines Teilchens zusätzliche Energie beim Durchlaufen des Spannungsfeldes notwendig ist.

Die Erhöhung der Schubspannung durch Verzerrung beträgt

$$\Delta\tau_\varepsilon = 2G\varepsilon f,\qquad(15.5)$$

wobei der Verzerrungsparameter $\varepsilon \cong (a_T - a_M)/a_M$ dem relativen Unterschied der Gitterparameter von Matrix a_M und Teilchen a_T proportional ist.

Ausscheidungsgefüge und mechanische Eigenschaften

Bei der Besprechung der Ausscheidungsvorgänge (Kap. 10) war behandelt worden, daß das Ausscheidungsgefüge von Legierungen gekennzeichnet ist durch Teilchen stabiler oder metastabiler Kristallarten, und daß deren Verteilung stark von den im übersättigten Mischkristall vorhandenen Gitterbaufehlern abhängt (heterogene Keimbildung). Diese Einzelheiten des Gefüges müssen genau bekannt sein, wenn die daraus folgenden mechanischen Eigenschaften berechnet werden sollen.

Aus Gl. (15.1—5) folgt, daß maximale Aushärtung durch f Volumenprozent Teilchen erwartet werden kann, wenn diese eine möglichst hohe Antiphasengrenzenergie γ, eine Teilchengröße d_k besitzen und starke Verzerrung ε bewirken. *Kohärente Teilchen*, die in Aluminiumlegierungen als Guinier-Preston-Zonen (G.-P.-Zonen) bezeichnet werden, erfüllen diese Bedingungen am besten, da sie als Teilchen günstiger Größe in sehr feiner Verteilung erhalten werden können. Aushärtung in technischen Legierungen wird daher häufig durch kohärente Ausscheidung bewirkt (Al-Cu; Al-ZnMg$_2$; Al-Si$_2$Mg; Ni-Al, Fe-Cu, Cu-Be).

An den Korngrenzen scheiden sich bevorzugt nicht-kohärente Phasen aus. Die einzelnen Teilchen zeigen einen hohen Widerstand gegen das Eindringen von Versetzungen. Ihre Verteilung ist aber meistens so grob und ungleichmäßig, daß sie nicht zu Aushärtung führt. Dagegen bewirkt *Korngrenzenausscheidung* häufig, daß die Legierung entlang der Korngrenze bevorzugt bricht (S. 137) und korrodiert (Kap. 16) (Korngrenzenversprödung — interkristalliner Bruch).

Bevorzugte Ausscheidung an Korngrenzen hat weiterhin eine an gelösten Atomen verarmte Zone zur Folge. Falls zur Härtung im Innern des Kristallits Teilchen in feiner Verteilung ausgeschieden werden sollen, entsteht durch bevorzugte Ausscheidung an Korngrenzen in der Nähe der Korngrenze eine Zone größerer Teilchenabstände und geringerer Härtung. Außerdem haben Korngrenzen einen ungünstigen Einfluß auf die Verteilung von Teilchen, deren Keimbildung mit Hilfe von Leerstellen erfolgt. Da die Korngrenzen als Leerstellensenken (Abb. 4.3) dienen, entstehen in ihrer Umgebung Zonen geringerer Teilchendichte und geringerer Festigkeit.

Noch ungünstiger wirkt sich diskontinuierliche Ausscheidung (Kap. 10) aus, die an Korngrenzen beginnt und zu grober Verteilung der Teilchen führt (Abb. 10.14). Wie aus diesen Beispielen ersichtlich, ist der Einfluß von Korngrenzen auf die Ausscheidung von großer Bedeutung für die mechanischen Eigenschaften und die Korrosionsempfindlichkeit ausgehärteter Legierungen.

Das Ausscheidungsverhalten von Legierungen kann durch Verformung des metastabilen Mischkristalls vor der Alterung beeinflußt werden. *Keimbildung an Versetzungen* führt zu Teilchen, deren Verteilung von der Versetzungsdichte abhängt. Die Verfestigung des übersättigten Mischkristalls durch plastische Verformung und die Aushärtung bei nachfolgendem Altern sind deshalb nicht additiv, wenn der Ausscheidungsvorgang durch Versetzungen beeinflußt wird. Von der Keimbildung an Versetzungen hängt es somit ab, ob durch eine Kombination mechanischer Verfestigung und Aushärtung (eine Möglichkeit der thermo-mechanischen Behandlung) hohe Festigkeit erzielt werden kann.

Da die Teilchen durch Diffusion wachsen (Gl. 9.5), kann eine ausgehärtete Legierung nur bei Temperaturen verwendet werden, bei denen der Diffusionskoeffizient so klein ist, daß sich der Teilchenabstand bei der Verwendung nicht stark vergrößert. Diese Temperaturen liegen bei $T < 0{,}4\ T_{kf}$ für substituierte, bei $T < 0{,}2\ T_{kf}$ für eingelagerte Atome. Der Zustand einer Legierung nach Überschreiten des Maximums der Streckgrenze wird als überaltert bezeichnet (Abb. 15.3).

Aushärtbare Aluminiumlegierungen

Die technische Verwendung von Aluminium für Zwecke, bei denen eine Zugfestigkeit von etwa $20-60$ kp/mm² verlangt wird, ist erst durch die Entdeckung der Aushärtung möglich geworden. Durch Aushärtung kann die Streckgrenze von Aluminiumlegierungen auf das mehrfache erhöht werden. Dadurch wird ein Werkstoff mit einem günstigen Verhältnis von Streckgrenze zu Gewicht erzielt, eine technische Eigenschaft, die z. B. im Flugzeugbau wichtig ist. Die am frühesten entwickelten aushärtbaren Aluminiumlegierungen beruhen auf dem System Al-Cu (Abb. 15.1) und haben Kupfergehalte von $3-5$ Gew.-%. Im Gleichgewicht bei Raumtemperatur treten der aluminiumreiche Mischkristall und die Verbindung Al_2Cu (Θ) auf. Beim Altern bei niedriger Temperatur bilden sich mehrere metastabile Phasen, die in Tabelle 15.1 aufgeführt sind.

Tabelle 15.1

	Kristallstruktur	a c [Å]	Bevorzugte Keimstellen	Bedeutung für mechanische Eigenschaften
Θ	tetragonal (nicht kohärent)	6,07 4,87	Korngrenzen	Interkristalline Korrosion, Überaltern
Θ'	tetragonal (teil-kohärent)	4,04 5,8	Versetzungen, Grundgitter	Aushärtung, Überaltern
$\Theta'' =$ G.-P.- Zonen II	tetragonal (kohärent)	4,04 7,6	Grundgitter	Aushärtung
G.-P.- Zonen I	kfz (kohärent)	4,04	Grundgitter	Aushärtung

Die aushärtende Wirkung von Guinier-Preston-Zonen beruht darauf, daß sich diese Teilchen kohärent in der Matrix in sehr feiner Verteilung bilden können, während sich Θ-Teilchen in gröberer Verteilung und meist an Korngrenzen bilden. G.-P.-Zonen I und Θ''-Phase bilden sich nur unterhalb 200 °C. Teilchen der Θ'-Phase führen nur zu Aushärtung, wenn sie sich in feiner Verteilung durch direkten Übergang $\Theta'' \rightarrow \Theta'$ bilden. An Versetzungen gebildete Θ'-Teilchen bewirken wegen ihrer ungleichmäßigen Verteilung keine starke Aushärtung.

Infolge des niedrigen Schmelzpunktes des Aluminiums und der durch das Abschrecken von T_H erhaltenen großen Zahl von Leerstellen ist die Diffusion des Kupfers und damit die Ausscheidung schon bei Raumtemperatur möglich. Es bilden sich deshalb G.-P.-Zonen I in abgeschreckten Legierungen beim Altern bei Raumtemperatur, so daß je nach Legierung nach einigen Stunden oder Tagen das Maximum der Festigkeit erreicht ist. Beim Altern zwischen 100 und 200 °C finden die Übergänge G.-P.-Zonen I $\rightarrow \Theta''$ und $\Theta'' \rightarrow \Theta'$ statt, die zu weiterer Erhöhung der Festigkeit (durch das Überstrukturgitter der Teilchen) führen.

Außer den Aluminium-Kupfer-Legierungen finden zwei weitere Legierungsgruppen technische Anwendung, die in der Nähe der quasibinären (Kap. 6) Systeme Al-MgSi$_2$ und Al-Mg$_2$Zn liegen. MgSi$_2$ und Mg$_2$Zn sind die Gleichgewichtsphasen. Durch Aushärtung der Legierung vom Typ Al-Mg$_2$Zn werden die höchsten Festigkeitswerte in Aluminiumlegierungen erreicht. Die Aushärtung beruht wiederum nicht auf Ausscheidung der Gleichgewichtsphasen, sondern kommt durch feinverteilte, metastabile Teilchen zustande. Im System Al-Zn-Mg sind die Teilchen kugelförmig und enthalten Al-, Zn- und Mg-Atome in geordneter Anordnung. Die technischen Legierungen der drei Legierungsgruppen haben etwa folgende Zusammensetzung (in Gew.-%, Rest Al):

	Cu	Mg	Zn	Si
AlCuMg	3,5—4,8	0,4—1	—	—
AlZnMg	—	1,4—2,8	4,5	
AlMgSi	—	0,6—1,4	—	0,6—1,3

Technische Verwendung finden Aluminiumlegierungen jedoch nie als binäre oder quasibinäre Legierungen. Sie enthalten immer noch weitere Elemente, die in geringen Mengen zugesetzt werden, um bestimmte Wirkungen zu erzielen:

1. Verhinderung von Kornwachstum durch Segregation oder Ausscheidung an Korngrenzen;
2. Verringerung der Neigung der Legierung zu Spannungskorrosion;
3. Beeinflussung von Teilchenverteilung und Wachstum durch Wechselwirkung mit Leerstellen;
4. Beeinflussung von Stabilität und Kristallstruktur der G.-P.-Zonen.

Aushärtbare Nickellegierungen

Legierungen auf der Basis Nickel-Aluminium finden Verwendung, wenn hohe Festigkeit bei erhöhter Temperatur verlangt wird. Die technischen Legierungen können noch Cr zur Verbesserung der

Zunderbeständigkeit und Ti, Mo, Si zur Erhöhung der Aushärtung enthalten. Der Mechanismus der Aushärtung in diesen Legierungen ist gut bekannt. Aus nickelreichen übersättigten Mischkristallen scheidet sich kohärent die stabile, geordnete Phase Ni_3Al (γ') aus. Die plastische Verformung der Teilchen im ausgehärteten Zustand geschieht durch Versetzungspaare (Abb. 15.4B, 15.9).

Durch Zulegieren von Atomarten mit verschiedener Atomgröße (Ti, Si, Mo) erhält die γ'-Struktur, Ni_3 (Al, Ti) oder Ni_3 (Al, Si), eine Verspannung mit dem Grundgitter γ, die zur Erhöhung der Festigkeit führt (Gl. 15.4). Das Zulegieren anderer Elemente als Al und Si zu Nickel bewirkt, daß die γ'-Phase nicht mehr die Gleichgewichtsphase ist, sondern z. B. die hexonale Phase Ni_3Ti (η). Diese Kristallart scheidet sich nicht mehr kohärent aus, sondern bildet sich unter Auflösung der metastabilen γ'-Phase in grober Verteilung, die ungünstig für die Aushärtung ist (Nimonic-Legierungen). Austenitische rostfreie Stähle der Zusammensetzung 18% Cr, 8% Ni, Rest-Eisen (Kap. 16) können ebenfalls nach Zusatz von Al oder Ti durch Bildung der γ'-Phase ausgehärtet werden.

Eisenlegierungen, das Altern von Stahl

Wegen der günstigen Möglichkeiten der Härtung durch Martensitumwandlung wird in Eisenlegierungen von der Aushärtung selten Gebrauch gemacht, obwohl die Möglichkeit dazu besteht. In α-Eisen mit 1—2% Kupfer bilden sich beim Altern bei 300—500° ko-

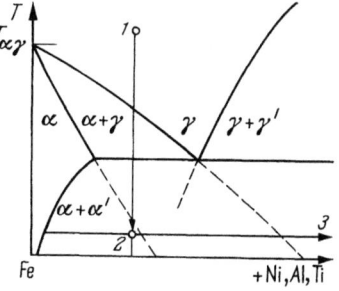

Abb. 15.10. Die Wärmebehandlung von Stählen beim Martensitaltern:
1. Homogenisieren im γ-Gebiet, 2. Abkühlen zur martensitischen Umwandlung ins krz-Gitter, 3. Altern zwischen 200 und 700 °C zur Aushärtung durch Ausscheidung einer Phase mit Fe_3Al-Struktur oder von Karbiden

härente metastabile Kupferteilchen, deren Aushärtungswirkung in manchen Stählen benutzt wird (Abb. 15.3). Bei der Entwicklung von Stählen höchster Festigkeit ($\sigma_s = 200-300$ kp/mm²) hat sich das Martensitaltern bewährt (Abb. 15.10). Der Stahl wird dabei zunächst durch martensitische Umwandlung gehärtet und danach zur Erzeugung von feinverteilten Ausscheidungen zwischen 200 und 600° gealtert. Die Wärmebehandlung ist qualitativ identisch mit dem früher besprochenen Anlassen von Martensit (Kap. 14). Legierungszusammensetzung und Wärmebehandlung wird aber so gewählt, daß nach der Martensithärtung eine starke zusätzliche Aushärtung auftritt. Diese Aushärtung kann auf Ausscheidung von feinverteilten Karbiden oder, in kohlenstofffreien Eisenlegierungen, auf kohärent ausgeschiedenen Teilchen beruhen, die eine geordnete krz-Kristallstruktur ähnlich Fe_3Al besitzen (Abb. 15.10).

In gewöhnlichen Kohlenstoffstählen sind Ausscheidungsvorgänge besonders wegen ihrer ungünstigen Einflüsse auf die mechanischen Eigenschaften bekannt. Es handelt sich dabei um metastabile Ausscheidungen von C und N, die im Eisen-Gitter eingelagert sind und die bei Raumtemperatur schon verhältnismäßig schnell diffundieren können (Abb. 9.3). Außerdem diffundieren Einlagerungsatome bevorzugt an Versetzungen, da der Dilatationsbereich des Verzerrungsfeldes (Abb. 4.4.) ihre Einlagerung energetisch begünstigt (Gottrell-Atmosphären).

Die Diffusion von Kohlenstoff und Stickstoff an Versetzungen bewirkt die ausgeprägte Streckgrenze, die für Stähle kennzeichnend ist (Abb. 15.12). Die Versetzungen werden dadurch blockiert. In Gegenwart von Cottrell-Atmosphären ist eine größere Spannung zum Auslösen der plastischen Verformung (Kurve B) nötig, als bei gleichmäßig im Gitter verteilten Kohlenstoffatomen (Kurve A). Nachdem sich bei σ_0 neue Versetzungen gebildet haben, die keine Segregation von Kohlenstoffatomen enthalten, kann die plastische Verformung bei einer niedrigeren Spannung σ_u weiterlaufen, vorausgesetzt, daß die Geschwindigkeit der Versetzungen größer ist als die Diffusionsgeschwindigkeit von Kohlenstoff oder Stickstoff. Beim Altern von verformtem Stahl kann die Segregation dieser Atome infolge der erhöhten Versetzungsdichte beschleunigt erfolgen. Diese Erscheinung wird *Reckaltern* genannt. Die hohe Verformungsgeschwindigkeit $\dot{\varepsilon} = d\varepsilon/dt$, die zwischen σ_0 und σ_u zu einem negativen Verfestigungskoeffizient führt (Abb. 15.12), kann durch die Versetzungstheorie erklärt werden:

$$\dot{\varepsilon} = Nbv. \qquad (15.6)$$

N = Versetzungsdichte, b = Burgersvektor, v = Geschwindigkeit der Versetzungen. Wegen der Blockierung der Versetzungen ist N sehr klein, bis σ_0 erreicht ist. Bei σ_0 können Versetzungen aus Quellen (Kap. 5) neu gebildet werden, die infolge der überhöhten Spannung eine hohe Geschwindigkeit v erreichen. Das führt zu sehr hohen Werten von $\dot{\varepsilon}$, bis durch Wechselwirkung von Versetzungen aus verschiedenen Gleitsystemen ihre Geschwindigkeit wieder abnimmt. Die Bildung der Versetzungen geht dann von wenigen Stellen in der Probe aus ($d\sigma/d\varepsilon = 0$, Lüders'sche Bänder). Erst wenn diese durch die gesamte Probe gewandert sind, beginnt die Verfestigung $d\sigma/d\varepsilon > 0$.

Dispersionshärtung

Eine Folge der Ausscheidung von Kohlenstoff und Stickstoff als metastabile Karbide oder Nitride ist die Versprödung des Stahles. Die Abnahme der Dehnung im Zusammenhang mit dem Anstieg der Festigkeit wurde für eine Eisen-Kupfer-Legierung in Abb. 15.3 gezeigt. Die zur Kennzeichnung der Zähigkeit technischer Legierungen benutzte Kerbschlagzähigkeit (Kap. 13) weist bei reinem Eisen einen Steilabfall bei etwa -100 °C auf, der wahrscheinlich auf einer Ände-

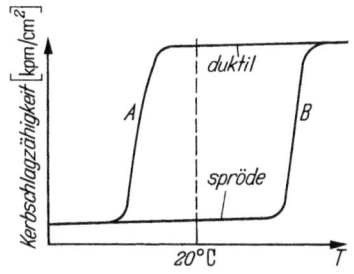

Abb. 15.11. A Der Steilabfall der Kerbschlagzähigkeit von duktilem Stahl liegt unterhalb Raumtemperatur. B Durch Ausscheidung metastabiler Nitride wird der Steilabfall oberhalb Raumtemperatur verschoben

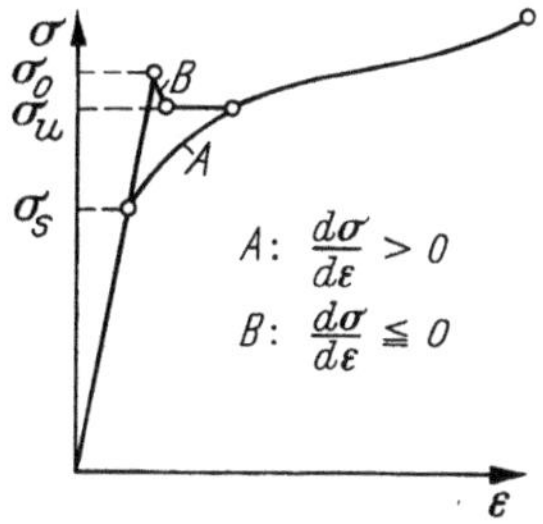

Abb. 15.12. A Kontinuierliche und B diskontinuierliche Streckgrenze, die auftritt, wenn die Bewegung von Versetzungen durch Einlagerungsatome blockiert wird

rung des Verformungsmechanismus des krz-Gitters bei tiefer Temperatur beruht. Dieser Steilabfall wird durch Ausscheidung, besonders von Nitriden, zu höheren Temperaturen verschoben. Ein Stahl mit einem Steilabfall oberhalb Raumtemperatur ist spröde (Abb. 15.11).

Dispersionshärtung

Die Aushärtung wird noch in einer großen Zahl weiterer Legierungen technisch genützt. Auch in Nichtmetallen, z. B. in Spinellen und Gläsern ist Aushärtung gefunden worden. Dispersionen von Teilchen können auch pulvermetallurgisch hergestellt werden (Kap. 17). Man bezeichnet solche Legierungen als dispersionsgehärtet. Außerdem können Dispersionen durch Eindiffundieren von Gasen, z. B. innere Oxydation, erzeugt werden (Kap. 20). Die mechanischen Eigenschaften solcher Stoffe können analog der Aushärtung erklärt werden.

Literatur zu Kapitel 15

HARDY, H. K., und T. J. HEAL: Report on Precipitation. Aus Progr. in Metals Physics, London: Pergamon Press 1954 (Zusammenfassender Bericht über Ausscheidungsvorgänge auf der Grundlage der Thermodynamik und von Untersuchungen mit Röntgenstrahlen).

KELLY, A., und R. B. NICHOLSON: Precipitation Hardening. London: Pergamon Press 1963 (Elektronenmikroskopische Untersuchung der Ausscheidungsvorgänge und Theorie der Wechselwirkung von Versetzungen mit Teilchen).

ALTENPOHL, D.: Aluminium und Aluminiumlegierungen. Berlin/Heidelberg/ New York: Springer 1965 (Monographie über Metallkunde des Aluminiums, enthält Abschnitte über Aushärtung von Aluminiumlegierungen).
SPEICH, G. R., und J. B. CLARK, editors: Precipitation from Iron Base Alloys. New York: Gordon and Breach 1965 (Symposium über Ausscheidung und Aushärtung in Legierungen auf Eisenbasis).
BETTERIDGE, W.: The Niminoc Alloys. London: Arnold 1959 (Metallkunde und Technologie der aushärtenden Nickel-Basislegierungen).

16. Chemische und thermische Beständigkeit Oberflächenbehandlung

Korrosion

Die meisten Metalle und Legierungen sind gegenüber Sauerstoff und Wasser in ihrer Umgebung thermodynamisch unbeständig. Den Vorgang der schädlichen Reaktion metallischer Werkstoffe mit der Umgebung nennt man Korrosion.

Ist das Angriffsmittel ein Elektrolyt, also in Ionen dissoziiert und zur Aufnahme von Ionen des korrodierenden Metalls befähigt, so ist die Korrosion ein überwiegend elektrochemischer Vorgang. Auch die Korrosion der Metalle an feuchter Luft, z. B. das Rosten des Eisens, zählt hierzu, da dieser Korrosionsangriff die Bildung eines Flüssigkeitsfilms an der Metalloberfläche voraussetzt. Bei der elektrochemischen Korrosion der Metalle werden zumeist als Primärschritt der Reaktion hydratisierte Ionen des korrodierenden Metalls gebildet; als Folgereaktion können feste Reaktionsprodukte durch Ausfällung schwerlöslicher Salze auf der Metalloberfläche entstehen. Werden im Primärschnitt feste und dann zumeist porenfreie Schichten von Korrosionsprodukten gebildet, so tritt die als Passivität bezeichnete weitgehende Unterbindung weiterer Korrosion ein, die auf der Trennung von Angriffsmittel und Metall durch die Deckschicht oder Schutzschicht und der geringen Lösungsgeschwindigkeit dieser Schicht beruht. Gerade die besonders unedlen Metalle, die in der elektrochemischen Spannungsreihe (Tab. 1.1, S. 4) ein stark negatives Potential aufweisen und die mit einer hohen negativen freien Reaktionsenthalpie korrodieren, neigen zur Bildung passivierender Schutzschichten. Sie sind daher in vielen Angriffsmitteln besonders korrosionsbeständig, z. B. Nickel, Chrom und Aluminium an feuchter Luft oder in neutralen, chloridfreien Salzlösungen. Für die Verwendbarkeit eines Metalls unter korrodierenden Bedingungen sind dementsprechend nur bei den Edelmetallen die thermodynamische Stabilität, bei den übrigen Gebrauchsmetallen überwiegend der Mechanismus und die Geschwindigkeit des Korrosionsablaufs entscheidend.

Für die Betrachtung des Korrosionsvorgangs bei deckschichtfreien Metallen gilt ihre Stellung in der elektrochemischen Spannungsreihe. Befinden sich zwei verschiedene Metalle wie Zn und Cu, die leitend verbunden sind, gemeinsam in einem Elektrolyten, (Abb. 16.1), so wird das unedlere Metall Zn durch Abgabe von Elektronen ionisiert und geht in Lösung, die Elektronen fließen zum edleren Metall, das entweder Ionen der eigenen Art aus der Lösung durch deren Entladung aufnimmt oder mit den überschüssigen Elektronen einen oxydierbaren Bestandteil der Lösung, z. B. Wasserstoffionen, reduziert, wobei Wasserstoffmoleküle entweichen.

Durch Erscheinungen dieser Art wird die Korrosion heterogener Legierungen beeinflußt. Die verschiedenen Phasen nehmen in Gegenwart einer als Elektrolyt wirkenden Flüssigkeit ein unterschiedliches Potential an, wodurch an den Phasengrenzen lokalisiert galvanische Elemente (Lokalelemente) entstehen und die unedlere Phase bevorzugt aufgelöst wird. Anderseits wird die Korrosionsgeschwindigkeit der edleren Phase her-

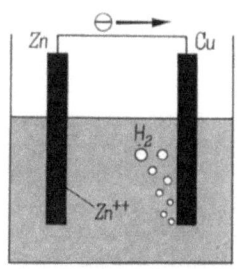

Abb. 16.1. Elektrochemische Vorgänge aufgrund unterschiedlicher elektrochemischer Potentiale zwischen Zink und Kupfer: Zinkionen gehen in Lösung, an der Kupferelektrode wird Wasserstoff frei

abgesetzt. Ein bevorzugter Korrosionsangriff an Korn- oder Phasengrenzen wird als interkristalline Korrosion bezeichnet (Abb. 16.2). Wie zwischen verschiedenen Phasen, so bilden sich auch an Seigerungen und Verunreinigungen Lokalelemente. Sie treten ebenfalls auf, wenn in einer Konstruktion Teile aus verschiedenen metallischen

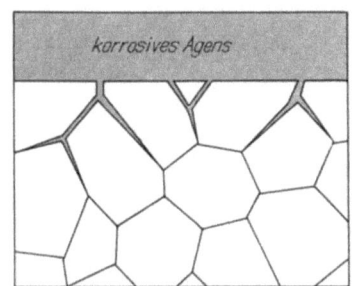

Abb. 16.2. Interkristalline Korrosion: das korrosive Agens dringt durch bevorzugte Lösung des Metalls entlang den Korngrenzen ein

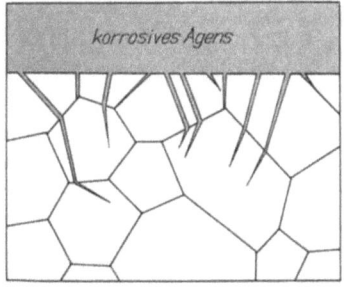

Abb. 16.3. Transkristalline Korrosion: das korrosive Agens dringt durch bevorzugte Lösung in das Korninnere ein

Werkstoffen verwendet werden, die gleichzeitig mit einem Elektrolyten in Berührung stehen. Z. B. kann durch galvanische Elementbildung verstärkte Korrosion auftreten, wenn in Flüssigkeitsleitungen die Ventile aus einem anderen Werkstoff bestehen als die Rohre.

Diese elektrochemischen Vorgänge werden umgekehrt häufig zum Korrosionsschutz benutzt. Zum Beispiel bewirkt die Verzinkung von Eisen, daß in einem korrodierenden Elektrolyten das unedlere Zink in Lösung geht, so daß bei kleineren Verletzungen der Zinkschutzschicht kein Eisen gelöst wird. Ähnlich werden unedlere Elektroden in Gefäßen, an Konstruktionen und an Erdleitungen angebracht, die vor Korrosion geschützt werden sollen: die unedlere Elektrode nimmt ein negatives Potential an und wird bevorzugt gelöst. Auch die Poliervorgänge beim Herstellen dünner Folien für die Elektronenmikroskopie (Kap. 11) beruhen auf entsprechenden elektrochemischen Lösungsvorgängen.

Eine elektrochemische Potentialdifferenz entsteht nicht nur, wenn die chemische Zusammensetzung örtlich verschieden ist, sondern auch, wenn durch Kristallbaufehler wie Grenzflächen, Stapelfehler und Versetzungen örtliche Energieunterschiede im Kristallgitter auftreten. Auf dieser Erscheinung beruht der bevorzugte Korrosionsangriff an den Kristallbaufehlern. Damit kann auch in einphasigen Gefügen die Korrosion örtlich unterschiedlich auftreten. An Korngrenzen führt dieser Angriff zu interkristalliner Korrosion. Aber es wirken sich auch Gitterbaufehler im Korninnern aus, wodurch Risse in die Körner eindringen können: intra- oder transkristalline Korrosion (Abb. 16.3). In der Gefügeuntersuchung wird von bevorzugtem Korrosionsangriff an Gitterbaufehlern durch Korngrenzenätzung und Ätzgrübchen an Versetzungen (Kap. 11) Gebrauch gemacht.

Einen besonderen Korrosionsvorgang stellt die Spannungsrißkorrosion dar. Damit wird die Erscheinung bezeichnet, daß eine Legierung Risse bildet und bricht, wenn ein elektrochemischer Korrosionsvorgang und mechanische Spannungen gleichzeitig einwirken. Beispiele sind: Aluminiumlegierungen in wäßrigen Lösungen mit Chloridionen, Kohlenstoffstähle in alkalischen Lösungen, Messing bei Ammoniakeinwirkung und rostfreie Stähle in Chlorid- und alkalischen Lösungen.

Mechanische Spannungen können den elektrochemischen Korrosionsvorgang durch Aufreißen schützender Oberflächenschichten einleiten. Alle bis hierher behandelten Korrosionsmechanismen betrafen deckschichtfreie Metalle. Mit der Ausbildung einer Deckschicht, z. B. durch Oxydation an der Luft oder durch Korrosionsprodukte, kann aber folgender weiterer Mechanismus wirksam werden: wird die Deckschicht mechanisch aufgerissen, so wird das darunter freigelegte Metall unter geeigneten elektrochemischen Bedingungen anodisch polarisiert; das führt zu bevorzugter Auflösung an dieser Stelle. Wirkt die äußere Spannung weiter ein, so wird im sich ausbildenden Rißgrund stets eine unbedeckte Metalloberfläche freigelegt, deren anodisches Potential den Korrosionsangriff aufrechterhält (Abb. 16.4). Diese Wirkung ist an Legierungen zu erkennen, deren Stapelfehlerenergie sich mit der Konzentration ändert,

Korrosion 157

wie austenitischer rostfreier Stahl. Bei Legierungen mit hoher Stapelfehlerenergie führt plastische Verformung zur Bewegung von Einzelversetzungen, deren Austritt an der Probenoberfläche nur Gleitstufen geringer Höhe erzeugt, an denen die Deckschicht im allgemeinen nicht aufreißt (Abb. 16.5a). Darum sind rostfreie Stähle mit

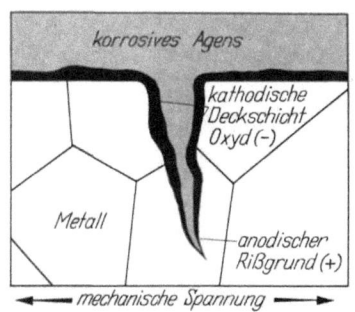
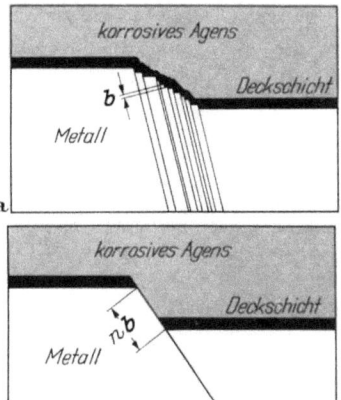

Abb. 16.4. Spannungskorrosion in Verbindung mit kathodischen Deckschichten: der elektrochemische Angriff im jeweils durch Fließen frisch gebildeten anodischen Rißgrund beruht vorwiegend auf dessen Potentialunterschied gegenüber der durch Deckschichten kathodischen, übrigen Oberfläche

Abb. 16.5. Anfälligkeit von Legierungen mit verschiedener Stapelfehlerenergie gegen Spannungsrißkorrosion:
a hohe Stapelfehlerenergie, regellose Versetzungsanordnung – geringe Anfälligkeit; b niedrige Stapelfehlerenergie, ebene Versetzungsanordnung – anfällig für Spannungsrißkorrosion

hoher Stapelfehlerenergie meist unempfindlich gegenüber Spannungsrißkorrosion. Dagegen führt plastische Verformung bei Legierungen mit niedriger Stapelfehlerenergie zu ebenen Versetzungsgruppen, die an der Probenoberfläche hohe Gleitstufen nb (n = Zahl der ausgetretenen Versetzungen, b = Burgersvektor) erzeugen können, wodurch die Deckschicht aufreißen und ein Korrosionsvorgang eingeleitet werden kann (Abb. 16.5b). Rostfreie Stähle mit niedriger Stapelfehlerenergie sind deshalb bei Einwirkung geeigneter korrosiver Agenzien anfällig für Spannungsrißkorrosion. Mechanische Spannungen können einen Korrosionsvorgang also dadurch unterstützen, daß sie durch plastische Verformung die Oberfläche im Kerbgrund schneller vergrößern als sich eine neue Deckschicht bilden kann.

Schließlich haben systematische Untersuchungen an Mischkristallegierungen ergeben, daß das Reaktionsvermögen von Gitterbaufehlern mit steigender Legierungskonzentration zunimmt und plastisch fließende Bereiche anodisch polarisiert sind.

In vielen Fällen treffen mehrere Auswirkungen der mechanischen Spannungen mit einem oder mehreren der vorher erläuterten elektrochemischen Korrosionsvorgänge zusammen. So werden auch bei der Spannungsrißkorrosion sowohl inter- als auch transkristalliner Angriff und Bruch beobachtet. Interkristalliner Bruch steht häufig mit Konzentrationsgradienten oder Ausscheidungen an den Korngrenzen in Zusammenhang, deren chemische und mechanische Eigenschaften z. B. durch erhöhte Potentialunterschiede oder Sprödigkeit ausschlaggebend sein können.

Aus dieser Beschreibung der Vorgänge wird deutlich, daß es sich bei der Spannungsrißkorrosion um ein kompliziertes Zusammenwirken von chemischen und mechanischen Vorgängen handelt.

Rostfreie Stähle, Korrosionsschutz

Chrom und Nickel bilden an Luft und in anderer oxidierender Umgebung eine kontinuierliche Oxidschicht und gehen damit in den passiven Zustand über. In der elektrochemischen Spannungsreihe tritt z. B. passiviertes Chrom dann mit $\varepsilon_0 = +1,3$ V zwischen Gold und Quecksilber. Auf dieser Erscheinung beruht die Wirkung von Chrom als Korrosionsschutz, wenn es galvanisch auf unedlere Metalle niedergeschlagen wird (Verchromung) und seine Wirksamkeit als Legierungselement in rostfreien und Kohlenstoffstählen.

Die einfachsten rostfreien Stähle sind reine Fe-Cr-Legierungen. Das Gleichgewichtsdiagramm der Fe-reichen Fe-Cr-Legierungen in Abb. 14.8 zeigt, daß Legierungen oberhalb 12,5 Gew.-% Cr das γ-Gebiet beim Abkühlen aus der Schmelze nicht durchlaufen, also unabhängig von der Wärmebehandlung ferritisch vorliegen. Andererseits nimmt etwa bei der gleichen Konzentration der Cr_2O_3-Gehalt der passivierenden Deckschicht sprunghaft zu, so daß oberhalb etwa 13 Gew.-% Cr eine besonders starke Passivierungsneigung und gerin-

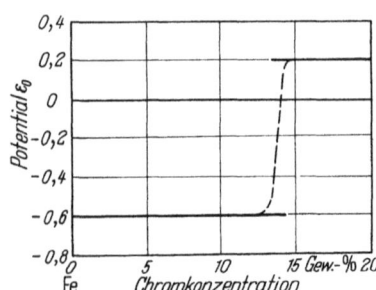

Abb. 16.6. Potential von Eisen-Chrom-Legierungen in normaler Ferrosulfatlösung bei Anwesenheit von Luft (nach B. STRAPSS, 1927).

ge Lösungsgeschwindigkeit auftritt (Abb. 16.6). Aufgrund dieser Eigenschaften werden Fe-Cr-Legierungen mit mehr als 13 Gew.-% Cr als ferritische rostfreie Stähle eingesetzt. Wegen der ungünstigen Verformungseigenschaften des krz-Gitters bei niedrigen Temperatu-

ren und wegen der Neigung dieser Legierungen, durch Altern im Bereich von ca. 400—500 °C zu verspröden (wahrscheinlich durch Ausscheidungsvorgänge), werden ferritische rostfreie Stähle vorwiegend bei hohen Temperaturen eingesetzt. Die korrosionshemmende Wirkung des Chroms wird auch durch Chromzusätze in legierten Kohlenstoffstählen, z. B. in Rohren für die Erdölverarbeitung und für Messerstähle nutzbar gemacht.
Eine weit größere Gruppe bilden die austenitischen rostfreien Stähle mit etwa 18 Gew.-% Cr und 8 Gew.-% Ni (18-8-Stahl). Der Schnitt durch das Dreistoffsystem Fe-Cr-Ni bei 18 Gew.-% Cr in Abb. 16.7 zeigt, daß eine Legierung mit 8 Gew.-% Ni bei höheren

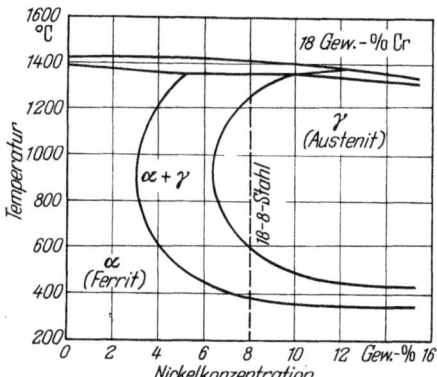

Abb. 16.7. Temperatur-Konzentrationsschnitt bei 18 Gew.-% Cr durch einen Teil des Dreistoffsystems Eisen-Chrom-Nickel

Temperaturen als kfz-γ-Mischkristall (Austenit) vorliegt. Der Austenit bleibt bei Raumtemperatur in metastabilem Zustand erhalten. Die austenitischen rostfreien Stähle verdanken ihre größere Verbreitung einerseits ihrer durch den Nickelgehalt weitaus größeren Korrosionsbeständigkeit, die wahrscheinlich auf einer $NiCr_2O_4$-Deckschicht beruht, andererseits ihrer größeren Zähigkeit bei Raumtemperatur, die auf den günstigen Verformungseigenschaften des kubisch-flächenzentrierten Gitters beruht (Kap. 5). —

Außer den Deckschichten, die beim Angriff des Korrosionsmittels entstehen können, werden zahlreiche andere Schutzschichten und Überzüge zum Korrosionsschutz benutzt:
1. künstlich verstärkte Oxidschichten; sie werden z. B. durch anodisches Oxidieren aufgebracht (Eloxal-Verfahren für Aluminium);
2. in geeigneten Lösungen gebildete Chromat- (auf Zn, Mg und Fe) und Phosphat- (auf Fe)-Schichten;
3. Metallüberzüge, die durch galvanischen Niederschlag, Aufdampfen, Aufspritzen, Plattieren oder Eintauchen in Schmelzen aufgebracht werden;

160 16. Chemische und thermische Beständigkeit Oberflächenbehandlung

4. Anstriche mit anorganischen und organischen Deckschichten;
5. Kunststoffüberzüge;
6. im Schmelzfluß aufgebrachte Glasschichten (Emaille).

Verzunderung

Die Oxydation von Metallen durch trockene Gase bei niedrigen Temperaturen unter Bildung sehr dünner Oxidschichten nennt man Anlaufen. Wenn sie bei höheren Temperaturen erfolgt und zu dickeren Schichten führt, spricht man von Verzunderung.

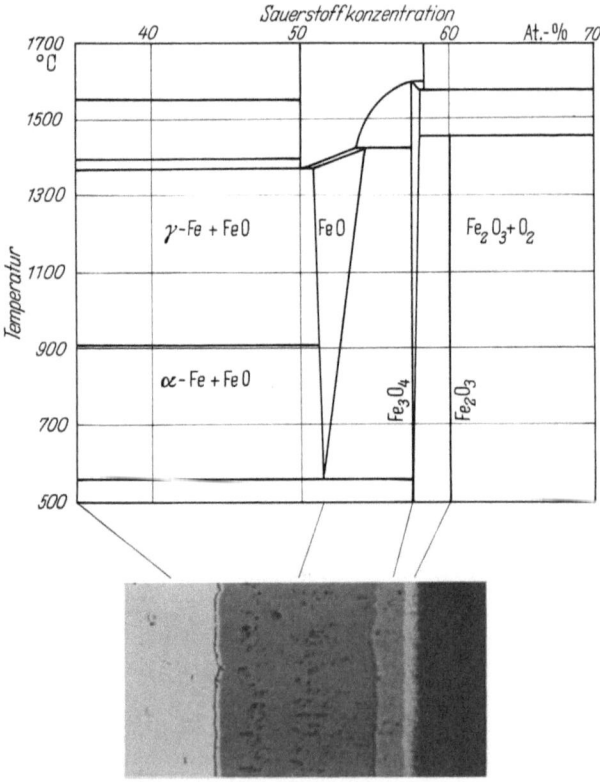

Abb. 16.8. Ausschnitt aus dem Zustandsdiagramm Fe-O und Schichtenfolge von Oxidphasen auf Eisen nach Glühung von 20 Std. bei 620 °C in Luft (Gefügebild von A. RAHMEL)

Die Grundvorgänge sind dabei von der Konstitution der Metall-Sauerstoffsysteme und vom Diffusionsverhalten der Komponenten abhängig. Wenn Sauerstoff nahezu unlöslich ist, wie in Eisen, bilden sich zwischen dem Metall und der sauerstoffhaltigen Gasphase zumeist alle im Gleichgewichtssystem auftretenden Sauerstoffverbindungen. Dieser Zusammenhang wird aus der Gegenüberstellung des Fe-O-Gleichgewichtsdiagramms mit dem Querschnitt einer verzunderten Eisenoberfläche deutlich, wie in Abb. 16.8 gezeigt wird. Im Gegensatz dazu hat z. B. Niob eine beträchtliche Löslichkeit für Sauerstoff, der auf Zwischengitterplätzen mit dem Niobgitter eine metastabile Ordnungsphase bildet. Die Kinetik der Oxidationsvorgänge ist durch die auftretenden Diffusionsgeschwindigkeiten bestimmt, die ihrerseits vom Mechanismus der Oxidation und von der Temperatur abhängen.

Hierzu ist vor allem zu berücksichtigen, daß die Oxidschicht ein Ionenkristall ist, in dem die Diffusion über Leerstellen oder Zwischengitterionen mit positiver bzw. negativer Ladung abläuft. Im allgemeinen sind die Oxide nicht stöchiometrisch zusammengesetzt, der Überschuß an Zwischengitterionen oder Leerstellen begünstigt die Diffusion gegenüber dem stöchiometrisch zusammengesetzten Oxid.

Für die Aufrechterhaltung der Elektroneutralität ist es erforderlich, daß durch die Oxidschicht äquivalente Ströme positiver und negativer Ionenstörstellen fließen, oder daß der Ladungsausgleich durch einen Fluß von Leitungselektronen oder Elektronendefektstellen (höherwertige Ionen der gleichen Ionenart) erfolgt. Bei derartigen ambipolaren Transportvorgängen bestimmt die Komponente mit dem geringeren Diffusionskoeffizienten den Reaktionsablauf. Insbesondere ist die Diffusion von Metallionen begünstigt, wenn die Konzentration von Kationenleerstellen hoch ist; in diesem Falle diffundieren die Metallionen durch die Oxidschicht zur Oberfläche. An der Diffusion können sowohl die Metall- als auch die Sauerstoffionen beteiligt sein. So diffundieren z. B. in Schichten aus FeO, CoO, NiO und Cu_2O Metallionen über Leerstellen und Elektronendefektstellen, im ZnO Zwischengitter-Zinkionen und Leitungselektronen und im ZrO_2 Leitungeelektronen und Sauerstoffionen über Leerstellen — die langsamste Komponente ist jeweils zuerst genannt. Wenn keine weiteren Komplikationen vorliegen, gilt das Quadratwurzelgesetz (Gl. 9.5) für die Wachstumsgeschwindigkeit der Oxidschicht.

Die Zunderfestigkeit von Legierungen beruht darauf, daß sich Oxidschichten bilden, die festhaftend und dicht sind und durch ihren geringen Fehlordnungsgrad (stöchiometrische Zusammensetzung) stark diffusionshemmend wirken. Als Hauptgruppen kommen in Betracht:

Zunderfeste Konstruktionswerkstoffe; Basis: Fe-Cr, Fe-Si-Al;
Heizleitwerkstoffe; Basis: Ni-Cr, Ni-Cr-Fe, Fe-Cr-Al.

In allen genannten Legierungsgruppen sind die mechanischen und diffusionshemmenden Eigenschaften des Cr_2O_3 oder Al_2O_3 als Deckschicht ausschlaggebend. Unter die günstigen mechanischen

Eigenschaften oxidischer Deckschichten fällt auch ein dem Grundmetall möglichst ähnlicher thermischer Ausdehnungskoeffizient oder gute Plastizität, da die oxidische Zunderschutzschicht auch gegen Temperaturwechsel mechanisch beständig sein soll. Umgekehrt wird zum Entzundern bei unerwünschten Zunderschichten ein rascher Temperaturwechsel, z. B. durch oberflächliches Abschrecken des erhitzten Werkstücks angewendet, durch das wegen des unterschiedlichen Kontraktionsverhaltens in der Grenzfläche Oxid/Metall Spannungen entstehen, die das Oxid zum Abplatzen bringen. In hitzebeständigen Legierungen, die Warmfestigkeit und Zunderbeständigkeit vereinigen, bildet Chrom ebenfalls das die Zunderbeständigkeit bestimmende Element. Bei der Entwicklung warmfester Werkstoffe auf der Basis der hochschmelzenden krz-Metalle Mo, W, Nb, Ta ist deren geringe Oxydationsbeständigkeit ein großes Problem. Durch Oberflächenschichten aus intermetallischen Phasen (Silizide, Aluminide) kann erreicht werden, daß diese Metalle auch oberhalb von 1000 °C oxydationsbeständig sind.

Oberflächenbehandlung

Die Oberflächen von Metallen werden in Sonderfällen durch andere als die bisher angegebenen Einwirkungen angegriffen. In Wärmeaustauschsystemen von Kernreaktoren werden zum Teil flüssige Metalle verwendet. Das für diesen Zweck günstige und vorwiegend eingesetzte Natrium ist, auch unter Luftabschluß, sehr agressiv. Vanadium hat sich in diesem Fall als besonders korrosionsbeständig erwiesen und wird deshalb als Rohrwerkstoff benutzt. An Turbinenschaufeln und schnellfliegenden Flugzeugen tritt unter der Einwirkung von Wassertropfen Oberflächenerosion auf (Kavitation). Gegen diesen Angriff kann man wegen gleichzeitiger Ansprüche an Korrosionsbeständigkeit oder Gewicht nicht immer Werkstoffe höherer Festigkeit einsetzen oder eine harte Oberflächenschicht aufbringen. Oft muß eine durch den Materialverlust begrenzte Lebensdauer in Kauf genommen werden.

Zahlreich sind die Verfahren, durch die der Glanz von Metalloberflächen aus optischen (Spiegel) oder ästhetischen (Schmuck) Gründen erhöht werden kann. Zum Polieren kann man außer den konventionellen mechanischen Verfahren elektrochemische Vorgänge verwenden, die ohne äußere Stromzufuhr als chemisches oder, mit Stromzufuhr, als elektrochemisches Glänzen bezeichnet werden. Zur Herstellung spiegelnder Schichten werden Metalle meistens unter Vakuum aufgedampft (Abb. 2.1). Farbige Oberflächen können durch Einfärben der natürlichen oder verstärkten Oxidschichten erzeugt werden. Verfahren auf dieser Grundlage werden besonders beim Aluminium angewendet.

Literatur zu Kapitel 16

BAKHALOV, G. T., und A. V. TURKOVSKAYA: Corrosion and Protection of Metals, London/New York: Pergamon Press 1956 (Lehr- und Handbuch).
EVANS, U. R.: An Introduction to Metallic Corrosion, 2. Aufl. London: Edward Arnold (Publishers) Ltd. 1963 (Lehrbuch).
PFEIFFER, H., und H. THOMAS: Zunderfeste Legierungen. Berlin/Göttingen/Heidelberg: Springer 1963 (Handbuch).
EVANS, U. R.; deutsche Bearbeitung E. HEITZ: Einführung in die Korrosion der Metalle. Weinheim: Verlag Chemie 1965 (Einführendes, sehr anschauliches Lehrbuch).

17. Legierungs- und Werkstoffherstellung im festen Zustand, Pulvermetallurgie

Umgehung des flüssigen Zustandes

Bisher haben wir nur solche metallischen Werkstoffe beschrieben, die zunächst erschmolzen und aus der Schmelze erstarrt sind und dann mechanisch und thermisch behandelt werden. In manchen Fällen sind dagegen Herstellungsverfahren erforderlich oder günstiger, bei denen der flüssige Zustand umgangen wird. Werkstoffe dieser Art machen zwar nur einen sehr geringen Gewichtsanteil (etwa 0,1%) der Metallerzeugung aus, werden aber in der Technik und in Gebrauchsgegenständen äußerst verbreitet und vielseitig eingesetzt.

Es gibt verschiedene Gründe dafür, in bestimmten Fällen den flüssigen Zustand zu umgehen:
1. Wenn ein Erschmelzen wegen der hohen Schmelztemperatur (z. B. Wolfram, $T_{kf} = 3410$ °C) oder Reaktivität (z. B. Be) des Metalls ungünstig ist,
2. wenn ein gewünschtes Gefüge (geringe Korngröße; besonders feine, gleichmäßige Verteilung unlöslicher Phasen; Porosität) über den Schmelzzustand nicht erzeugt werden kann,
3. wenn besondere Eigenschaften nur durch ein Herstellungsverfahren im festen Zustand zu erzielen sind, und
4. wenn die Formgebung bestimmter Erzeugnisse dadurch vereinfacht wird (z. B. weniger Bearbeitungsschritte).

Pulvermetallurgische Verfahren

Die meisten Verfahren dieser Art sind unter dem Begriff Pulvermetallurgie bekannt, womit die Herstellung von metallischen Formkörpern aus Pulvern von Metallen und Nichtmetallen bezeichnet wird, auf deren Behandlung wir uns in diesem Kapitel beschränken. Daneben gewinnen aber auch andere Verfahren zunehmend an Bedeutung wie die Herstellung von Verbundwerkstoffen (z. B. Metall-Keramik-Werkstoffe, Cermets genannt, und mit Metall- und Glasfasern verstärkte Werkstoffe) und die Dispersionshärtung durch innere Oxydation, die in Kap. 20 behandelt werden.

Aus dem Gebiet der Pulvermetallurgie werden hier einige technologische und physikalische Grundlagen behandelt und dann typische technische Beispiele beschrieben. Im wesentlichen unterscheidet man in pulvermetallurgischen Verfahren drei Schritte: Pulverherstellung, Pressen und Sintern. Dabei bedeutet Sintern das Verbinden und Verdichten des gepreßten Pulvers durch Wärmebehandlung.

Die Verfahren zur Pulverherstellung richten sich nach den physikalischen und chemischen Eigenschaften des Materials. Spröde Metalle können gemahlen werden, z. B. in Kugelmühlen. Für duktile Metalle wendet man eine Reihe anderer Verfahren an. Läßt sich das Material schmelzen, so kann man die Schmelze im Wasserstrahl verspritzen lassen (granulieren) oder in einem Gasstrom zerstäuben. Läßt sich das Material verdampfen, so kann man es aus der Dampfphase feinverteilt niederschlagen. Daneben werden chemische Verfahren angewendet: elektrolytische Abscheidung des Metalls aus wäßrigen Lösungen oder Salzschmelzen, thermische Zersetzung leicht flüchtiger Metallverbindungen in der Gasphase (z. B. die Gewinnung von Eisen- und Nickelpulver aus ihren Karbonylen $Fe(CO)_5$ und $Ni(CO)_4$), die Reduktion von Metalloxiden bei entsprechenden Temperaturen und die Reduktion von Metallsalzlösungen und -schmelzen.

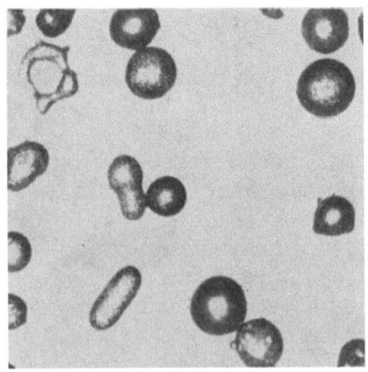 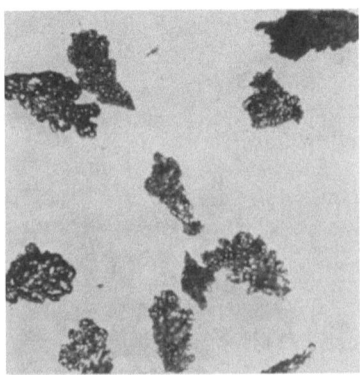

Abb. 17.1. Kugelförmiges Pulver (80 Gew.-% Cu, 10 Gew.-% Pb, 10 Gew.-% Sn) Lichtmikroskopisch, 100×

Abb. 17.2. Dendritisches Kupferpulver, nach einem elektrolytischen Verfahren hergestellt. Lichtmikroskopisch, 100×

Größe, Form und Oberfläche der Pulverteilchen sind je nach dem Material und Herstellungsverfahren sehr verschieden. Die Größenverteilung der Teilchen kann durch Aussieben mit fortschreitend geringerer Maschenweite ermittelt werden (Siebanalyse). Bei Pulvern im Untersiebbereich ($< 40\,\mu m$) werden mit Hilfe spezieller Verfahren wie Sedimentation, Gasadorption, Luftdurchlässigkeit und Lichtadsorption Kennwerte für die mittlere Größe und die Größenverteilung ermittelt. Durch die Größenverteilung wird auch teilweise die Dichte bestimmt, die ein Pulver beim Einfüllen in eine Form annimmt (Fülldichte, $g cm^{-3}$). Hierauf hat aber auch die Teilchenform Einfluß, die von Kugeln bis zu sehr unregelmäßigen Formen (Nadeln, Blättchen, Dendriten) reichen kann (Abb. 17.1 und 17.2).

Die mechanischen Eigenschaften der Pulver bestimmen vor allem zunächst ihr Preßverhalten: bei gleicher Preßkraft werden duktile Pulver stärker verdichtet als spröde Pulver. Die chemischen Eigenschaften, insbesondere die Reinheit der Pulver, hängen vom Ausgangsmaterial und vom Herstellungsverfahren ab. Beim Mahlen wird z. B. durch den Abrieb der Mahlwerkzeuge oder Reaktion mit der Mahlflüssigkeit und der Atmosphäre unter Umständen ein erheblicher Anteil Fremdstoffe eingemischt. Andererseits kann man einige Metalle als Pulver reiner gewinnen als über den geschmolzenen Zustand (z. B. Ti).

Die Oberfläche der Pulverteilchen ist meistens von einer Oxidschicht von adsorbierten Gasen bedeckt. Deshalb werden Metallpulver häufig zunächst einer reduzierenden Vorbehandlung unterworfen. Bei schwer verpreßbaren Pulvern wird ein Schmiermittel zugesetzt (Kampfer, Paraffin u. ä.). Zum anschließenden Pressen des Pulvers zu Formkörpern werden im allgemeinen stationäre Stahlformen und hydraulische Pressen benutzt. Das Pressen erfolgt meistens bei Raumtemperatur. Strangpressen oder direktes Walzen des Pulvers ermöglicht einen kontinuierlichen Ablauf der Verdichtung.

Anschließend werden die kaltgepreßten Formkörper gesintert. Dabei werden die Teilchen stärker miteinander verbunden und das nach dem Pressen verbliebene Porenvolumen nimmt ab. Wegen der verbleibenden Poren erreichen Sinterwerkstoffe meistens nicht die Dichte des Gußzustandes. Die Sintertemperatur richtet sich, wie bei anderen thermisch aktivierten Vorgängen, nach der Schmelztemperatur und liegt bei 0,8 bis 0,9 T_{kf} des Hauptbestandteils. Bei schlecht sinternden Stoffen kommt das Heißpressen oder Drucksintern in Frage. Hier wird der Preßling unter Druck auf die Sintertemperatur erhitzt.

Die Vorgänge beim drucklosen Sintern beruhen hauptsächlich auf Diffusion. Beim Heißpressen wird die Streckgrenze der Metalle erreicht und plastisches Fließen wird zum vorherrschenden Verdichtungsmechanismus. Beim diffusionsabhängigen Sintern bilden sich die Berührungsflächen der Teilchen zu Korngrenzen aus, die zunächst an den Poren festhängen, im späteren Sinterverlauf aber wandern können. Die Oberflächenverunreinigungen koagulieren und die Poren werden eingeformt in dem Bestreben, die Grenzflächenenergie zu erniedrigen. Zwischen Pulverteilchen verschiedener Zusammensetzung kommt es zum Konzentrationsausgleich. Im Teilcheninnern tritt Erholung ein und bei ausreichender thermischer Aktivierung rekristallisiert das Material. Die Entstehung des Gefüges im Preßling ist in Abb. 7.3 schematisch dargestellt. Durch Zusätze mit niedrigerem Schmelzpunkt als die Grundphase erhält man eine beim Beginn des Sinterns schmelzflüssige Phase. Dadurch wird der Sintervorgang beschleunigt und meistens eine höhere Raumerfüllung und Bindekraft erreicht, besonders bei Metalloxid- und Karbidpulvern. Ein anderes Verfahren, die Poren eines Preß- oder Sinter-

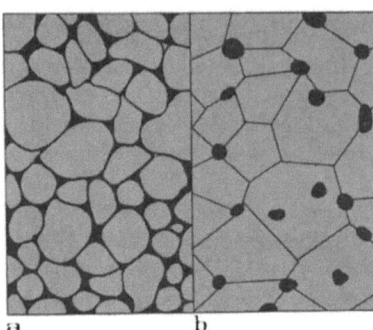

Abb. 17.3. Schematische Darstellung der Entstehung des Gefüges in einem Sinterkörper: a gepreßt; b gesintert; dabei sind aus Teilchengrenzen Korngrenzen geworden, die zum Teil durch Rekristallisation verschwunden sind; die Poren sind eingeformt

körpers aus einer harten Phase mit einem Bindemetall vollständig zu füllen, ist das Tränkverfahren. Dabei wird der poröse Preßling mit dem flüssigen Bindemetall in Kontakt gebracht, das dann unter der Wirkung von Kapillarkräften das gesamte Porenvolumen ausfüllt.

Anwendung der Pulvermetallurgie

Die nun folgende Besprechung einiger wichtiger pulvermetallurgisch hergestellter Werkstoffe beginnen wir mit den hochschmelzenden oder spröden reinen Metallen. Zu der ersten Gruppe gehören Wolfram (das als Beispiel behandelt werden soll), Molybdän, Tantal, Niob und deren Mischkristalle, zur zweiten vor allem das Beryllium.

Das *Wolfram* wird aus Erzen gewonnnen, aus denen man zunächst auf chemischem Wege reines Ammoniumparawolframat herstellt. Durch Glühen erhält man daraus Wolframtrioxid, das mit Wasserstoff zu Wolframpulver reduziert wird. Das Pulver wird dann zu Stangen gepreßt und in dieser Form gesintert. Die Stäbe werden durch Rundhämmern, Schmieden und andere Warmverformungsverfahren weiter verdichtet. Draht wird daraus schließlich durch Hartmetall- und Diamantziehsteine gezogen. Da Wolfram in vielen Fällen bei 2000 °C und höher verwendet wird, mischt man dem Pulver Thoriumoxid bei, um bei der Rekristallisation die Grenzflächenbewegung und damit das Kornwachstum zu begrenzen. Wolfram wird hauptsächlich in Glühlampen und in Glühkathoden verwendet. Glühlampenwendeln werden durch Wickeln des Drahtes auf Molybdänkerne, Glühen bei 2000 °C in Wasserstoff und anschließendes chemisches Herauslösen des Molybdän-Kerns hergestellt. *Beryllium* ist bei technischer Reinheit ein sprödes Metall und ist erst in den letzten Jahren wegen seiner niedrigen Dichte, seines hohen Elastizitätsmoduls und seines relativ hohen Schmelzpunktes ($T_{kf} = 1277$ °C) zunehmend verwendet worden. Vor allem wird es in der Reaktorindustrie wegen seines geringen Streuquerschnitts für Neutronen und in der Flugzeug- und Raumfahrtindustrie wegen seiner geringen Dichte eingesetzt. Beryllium ist in Bezug auf sein Dehnungsvermögen besonders gegen Verunreinigungen empfindlich und hat außerdem sehr ungünstige Verformungseigenschaften: unterhalb von etwa 200 °C ist Gleitung auf die Basisebene des hexagonalen Gitters beschränkt. Wegen der Möglichkeit, pulvermetallurgisch ein sehr feinkörniges Gefüge zu erzeugen, wodurch Beryllium trotz der geringen Anzahl seiner Gleitsysteme verformbar werden kann, wird der größte Teil des technisch verwendeten Berylliums auf diesem Wege hergestellt. Als Rohmaterial dient dazu Pulver, das durch Kondensation aus der Dampfphase und anschließendes Mörsern erhalten wird. Das Pulver wird in Graphitformen bei ungefähr 1050 °C unter einem Druck von 0,005 bis 0,1 t cm^{-2} warmgepreßt. Bei Beryllium werden rohe Formkörper auch durch Walzen des Pulvers hergestellt, allerdings nur mit geringer Querschnittsabnahme, weil bei stärkerer Verformung eine ausgeprägte Textur entsteht, durch die die mechanischen Eigenschaften stark anisotrop werden und die Festigkeit und Dehnung nur noch in der Verformungsrichtung technisch nutzbare Werte aufweisen.

Die *Sinterhartmetalle* haben heterogenes Gefüge. Sie bestehen zu mehr als 80% aus hochschmelzenden Karbiden. Als zähe Bindungsmittel werden Metalle oder Legierungen der Eisengruppe zugesetzt (Abb. 17.4). Sie werden vor allem als Schneidmetalle zur spanabhebenden Formgebung und überall dort angewendet, wo höchste Härte, Verschleißfestigkeit und Zähigkeit, auch bei hoher Temperatur, gefordert werden. Die Karbide sind meistens WC und TiC, die Bindemittel Co oder Ni. Die Karbide werden durch Aufkohlung von

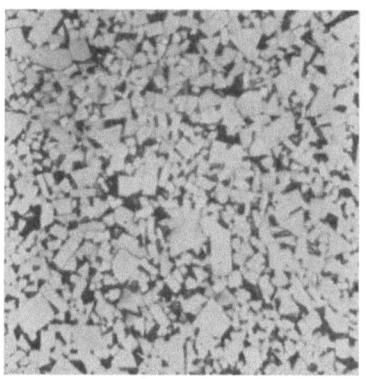

Abb. 17.4. Gefüge eines WC-Co-Sinterhartmetalls (8% Co). Lichtmikroskopisch, 1350×
(F. BENESOVSKY)

Metallpulvern hergestellt. Für die Herstellung der Hartmetalle werden die Karbide mit dem Bindemittel gemeinsam gemahlen, in Stahlmatrizen verpreßt und dann zunächst bei 900 bis 1000 °C vorgesintert. In diesem Zustand werden die Rohlinge mit Karborund zu Profilkörpern geschliffen und dann erst bei 1400 bis 1500 °C fertiggesintert, wobei eine lineare Schrumpfung von 15 bis 25% eintritt, die beim vorherigen Bearbeitungsschritt berücksichtigt werden muß. Die Härte beträgt im Endzustand $HV \geq 1000$ kpmm^{-2}, bei Speziallegierungen über 1500 kpmm^{-2}.

Die *elektrischen Kontaktwerkstoffe* sind teils homogen, teils heterogen. Hochschmelzende Reinmetallkontakte werden aus Wolfram, Rhenium und Molybdän hergestellt. Hochschmelzende und sehr feinkörnige homogene Legierungen werden ebenfalls pulvermetallurgisch zu Kontakten verarbeitet. Sehr vielfältig sind die heterogenen Legierungen und die Verbundstoffe, bei denen meistens eine weiche Phase mit guter Leitfähigkeit (Cu, Ag) und eine Phase mit günstigen Abbrandeigenschaften (Ni), mit hohem Schmelzpunkt (W, Mo), hoher Härte (Karbide) oder guten Gleiteigenschaften (Graphit) pulvermetallurgisch verbunden werden.

In *porösen Sinterkörpern* wird von der Porosität pulvermetallurgisch hergestellter Werkstoffe Gebrauch gemacht. Stark poröse Körper werden hergestellt, indem entweder verhältnismäßig grobe Teilchen (50 bis 200 μm $\varnothing$) verwendet werden oder das Pulver zunächst mit organischen Füllmitteln gemischt und gepreßt wird, die anschließend durch thermische Zersetzung entfernt werden. Poröse Sinterkörper, die auf diese Weise hergestellt sind, werden vielfach als Lagerwerkstoffe verwendet (aus Bronze, Eisen oder Eisen-Blei-Graphit), die man mit Öl tränkt und deshalb als selbstschmierende Lager einsetzen kann. Poröse Sinterkörper können auch als Filter verwendet werden. Ein weiteres Anwendungsgebiet sind Dichtungen aus porösem, mit Bitumen getränktem Sintereisen.

Zahlreiche *magnetische Werkstoffe* werden pulvermetallurgisch hergestellt. Dabei werden Sinterverfahren sowohl auf magnetisch weiche als auch auf magnetisch harte Werkstoffe angewandt (vgl. Kap. 18). Massekerne für Hochfrequenzspulen bestehen aus Karbonyleisenpulver. Bei ihrer Herstellung werden Phenolderivate mit dem Eisenpulver gemischt, die als isolierende Bindemittel wirken. Die Formkörper werden unter relativ hohem Druck, 15 t cm^{-2}, gepreßt. Anschließend werden die Phenolderivate durch Behandlung mit Formaldehyd „gehärtet". Dauermagnete, die aus spröden intermetallischen Phasen oder Oxiden bestehen, wie Magnete mit den Hauptkomponenten Aluminium-Eisen-Nickel, werden von einem Pulvergemisch aus einer Aluminium enthaltenden Vorlegierung und reinem ferromagnetischem Metall gepreßt und gesintert. Beim Sintern wird die Vorlegierung flüssig, wodurch der Magnetwerkstoff fast die theoretische Dichte und relativ gute mechanische Eigenschaften erhält.

Ein weiteres Anwendungsgebiet der Pulvermetallurgie ist die Herstellung von *Zahnfüllungen*, vor allem aus Silber-Zinn-Quecksilber-Legierungen (Amalgame). Zu diesem Zweck werden Pulver hergestellt, die 48 bis 68 Gew.-% Ag, 27 bis 49 Gew.-% Sn und geringe Mengen Cu und Zn enthalten. Die Pulver werden mit Quecksilber gemischt, wobei die kleineren Pulverteilchen gelöst werden. Durch Diffusion bilden sich aus dem Gemisch die festen Legierungen, die bei Körpertemperatur nach etwa einer Stunde eine Brinellhärte von 8 kpmm^{-2} und nach etwa 8 Stunden ihre volle Härte von 30 bis 40 kpmm^{-2} erreichen, die im wesentlichen auf Mischkristallhärtung beruht.

Typisch für die Anwendung der Pulvermetallurgie aus fertigungstechnischen Gründen ist die Herstellung von *Kleinteilen* aus Eisenpulver in der Kraftwagenindustrie. So verwendeten amerikanische Autohersteller im Jahr 1962 etwa 100 pulvermetallurgisch hergestellte Kleinteile aus Eisen mit einem Gesamtgewicht von 2,5 bis 3,5 kg pro Wagen.

Die Werkstofferfordernisse der Raumfahrt haben eine erhebliche Ausweitung der Pulvermetallurgie bezüglich neuer Stoffe mit sich gebracht. Einzelne Beispiele dazu enthält Kap. 20.

Literatur zu Kapitel 17

EISENKOLB, F., und F. THÜMMLER: Fortschritte der Pulvermetallurgie; I. Grundlagen der Pulvermetallurgie. Berlin: Akademie Verlag (Handbuch).

JONES, W. D.: Fundamental Principles of Powder Metallurgy. London: Edward Arnold, Ltd. 1960 (Lehrbuch).

KIEFFER, R., und F. BENESOVSKY: Hartmetalle. Berlin/Heidelberg/New York: Springer 1965 (Handbuch).

SCHREINER, H.: Pulvermetallurgie elektrischer Kontakte. Berlin/Heidelberg//New York: Springer 1964 (Einführung und Handbuch).

Plansee Seminar/Plansee Proceedings: Vorträge, die auf den Plansee-Seminaren gehalten worden sind (in dreijähriger Folge). Berlin/Heidelberg/New York: Springer-Verlag (umfassende, internationale Konferenzberichte).

18. Ferromagnetische Legierungen
Ferromagnetische Kristallarten

Bei der metallkundlichen Beurteilung der ferromagnetischen Legierungen müssen eine gefügeunabhängige Eigenschaft, die Sättigungsmagnetisierung I_s, und stark gefügeabhängige Eigenschaften, Koerzitivkraft H_c, Anfangspermeabilität η_0 und Ummagnetisierungsarbeit unterschieden werden. In Abb. 18.1 bis 3 ist $I = f(H)$ gezeichnet. Zwischen der Magnetisierung I und der magnetischen Induktion B gilt die Beziehung: $2\pi I = B - H$. In der Magnetisierung I ist also die Feldstärke des von außen wirkenden Feldes H nicht enthalten. Der Flächeninhalt der Magnetisierungsschleife ist

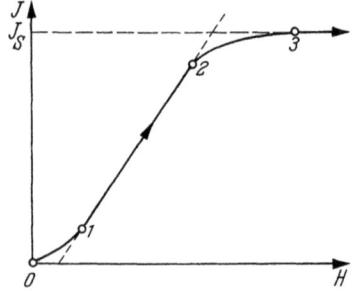

Abb. 18.1. Die Magnetisierungskurve und ihre Beziehung zum Verhalten ferromagnetischer Bezirke: *01* reversible Blochwandbewegung; *12* irreversible Blochwandbewegung; *23* Drehprozesse; *3* Sättigung

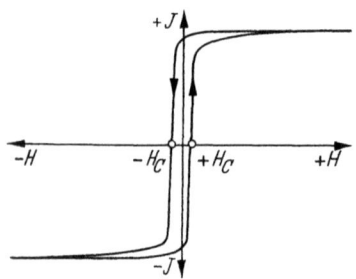

Abb. 18.2. Magnetisierungskurve eines magnetisch weichen Werkstoffes

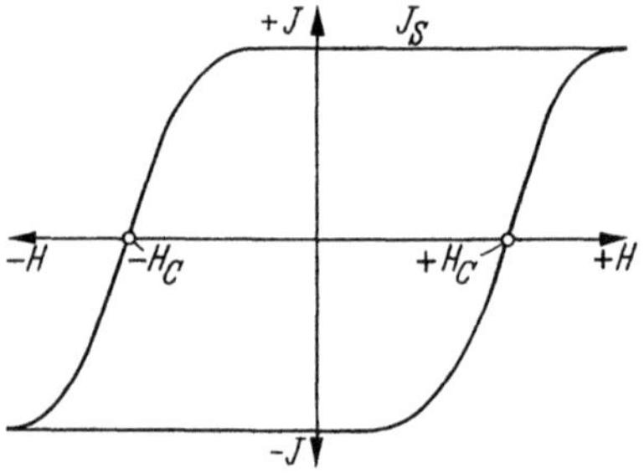

Abb. 18.3. Magnetisierungskurve eines magnetisch harten Werkstoffes

Tabelle 18.1. *Sättigungsmagnetisierung und Curietemperatur ferromagnetischer Stoffe*

	B_s [Gauß]	T_c [°K]
α-Fe	21 400	1043
Co	17 600	1400
Ni	6 050	631
Cu_2MnAl	5 400	603
$FeO \cdot Fe_2O_3$	6 050	848

proportional zur Ummagnetisierungsarbeit. Für technische Angaben wird meist B verwendet.

In Kapitel 8 ist bereits gezeigt worden, daß die Sättigungsmagnetisierung I_s bei 0 °K den höchsten Wert besitzt und mit steigender Temperatur kleiner wird, bis der Ferromagnetismus bei der Curietemperatur T_c verschwunden ist. Das α-Eisen besitzt die höchste Sättigungsmagnetisierung der ferromagnetischen Metalle (Tab. 18.1). In Mischkristallen gibt es für die Änderungen der Sättigungsmagnetisierung und der Curie-Temperatur mit der Konzentration keine allgemeinen Regeln. Je nach der Art des zugesetzten Metalls kann sich der Wert jeder der beiden Eigenschaften erhöhen oder erniedrigen (Abb. 18.4). In Legierungen ist es auch möglich, daß ferromagnetische Phasen aus Komponenten entstehen, die im reinen Zustand nicht ferromagnetisch sind. Das bekannteste Beispiel ist die krz geordnete HEUSSLERsche Legierung. Die krz-Kristallstruktur dieser Legierung entspricht der von Fe_3Al (Kap. 10), wobei 1/3 der Eisenatomplätze in geordneter Weise durch eine dritte Atomart C besetzt ist: A_2BC

z. B. Cu_2MnAl, Cu_2MnSn. Der Grund für den Ferromagnetismus in dieser Struktur ist eine geeignete Einstellung der Atomabstände des Mangans, das dadurch ferromagnetisch wird. Daraus ist zu erkennen, daß eine kritische Bedingung für das Auftreten des Ferromagnetismus (Kap. 8) ein bestimmter Abstand der Atome im Kristallgitter ist. Die Kristallstrukturen des reinen Mangans erfüllen diese Bedingung nicht, während sie in der geordneten Legierung erfüllt wird.

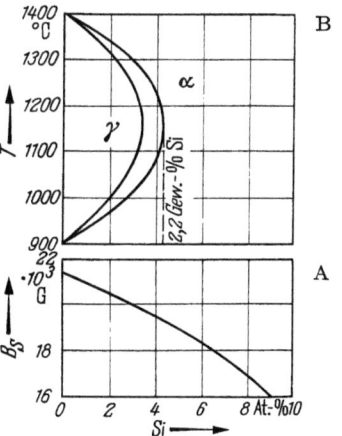

Abb. 18.4. A Die Sättigungsmagnetisierung des Eisens nimmt ab durch Zulegieren von Silizium. B Zustandsdiagramm Fe-Si. In Legierungen mit mehr als 2,2 Gew.-% Si findet keine $\gamma \to \alpha$ - Umwandlung des Eisens statt

Aus dem gleichen Grunde ist im allgemeinen das Eisen nur in der krz α-Phase (Ferrit) ferromagnetisch, aber nicht in der kfz γ-Phase (Austenit). Austenitischer rostfreier Stahl ist deshalb nicht ferromagnetisch. Dieser Effekt kann als empfindliche Methode zur Bestimmung sehr kleiner Volumenanteile von α-Eisen benutzt werden. Schon sehr geringe Volumenanteile der krz-Phase ergeben große Änderungen der Magnetisierung der Legierungen (Bestimmung der Umwandlungstemperatur, Kap. 10 und 14). Der Ferromagnetismus ist keine für Metalle typische Eigenschaft. Es gibt eine große Zahl nichtmetallischer ferromagnetischer Phasen, die auch als ferromagnetische Werkstoffe verwendet werden. Der ferromagnetische Zustand ist jedoch nur in kristallinen Stoffen möglich.

Ferromagnetische Bezirke und Magnetisierungskurve

Um die makroskopischen magnetischen Eigenschaften eines Metalls zu verstehen, muß berücksichtigt werden, daß sich dem Gefüge eine Anordnung von ferromagnetischen Bezirken überlagert. Jeder Bezirk enthält Atome mit einheitlich ausgerichtetem Elektronenspin (Abb. 18.5). Das Erreichen der Sättigungsmagnetisierung ist identisch mit dem Ausrichten der Elektronenspins aller Atome des Kristalls in einer bestimmten Richtung. Wirkt auf den Kristall von außen kein Feld, so ergibt sich dafür in jeder Kristallstruktur eine günstige Richtung (kfz $\langle 111 \rangle$; krz $\langle 100 \rangle$). Der α-Eisen-Kristall ist deshalb in einer der drei möglichen $\langle 100 \rangle$ Richtungen magnetisiert (Abb. 18.6 und 9). Diese Erscheinung wird als magnetische Anisotropie be-

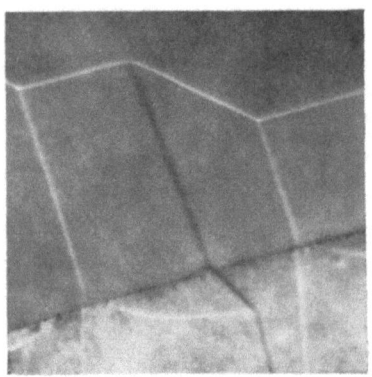

Abb. 18.5. Anordnung von Blochwänden im α-Eisen in der Umgebung einer Korngrenze. Elektronenmikroskopisch, Durchstrahlung, 5000× (R. C. Glenn)

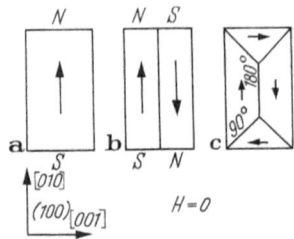

Abb. 18.6. Schematische Darstellung der Anordnung ferromagnetischer Bezirke in einem α-Eisenkristall ohne äußeres Feld H

zeichnet. Die Kraft des inneren Feldes im Kristall führt zu einer geringen tetragonalen Verzerrung des Kristalls mit der c-Achse in der Magnetisierungsrichtung (Magnetostriktion). Die Magnetisierung des Kristalls in Abb. 18.6a entspricht der eines Stabmagneten. Seine Energiebilanz enthält einen hohen Energieanteil des Streufeldes zwischen Nord- und Südpol, E_s. Die Gesamtenergie kann erniedrigt werden, wenn der Kristall in zwei Bezirke aufgeteilt wird, die in [010]- und [0$\bar{1}$0]-Richtungen magnetisiert sind. Die Grenze zwischen beiden Bezirken heißt Blochwand, in diesem besonderen Falle 180°-Wand, da sich in ihr die Magnetisierungsrichtung um 180° drehen muß. Die Erzeugung derartiger Blochwände erfordert Energie, E_w; durch die Verminderung des Streufeldes wird Energie gewonnen. Die Aufteilung des Kristalls in Bezirke kann so lange fortgesetzt werden, bis die Summe der Streufeldenergie und der Energie aller Blochwände ein Minimum erreicht: $E_s + E_w \to$ min. Die Anordnung der Bezirke ist dann im Gleichgewicht. Der Magnetfluß kann innerhalb des Kristalls durch die Einführung von 90°-Wänden völlig geschlossen werden. In diesem Falle muß in der Energiebilanz zusätzlich eine Verzerrungsenergie E_ε berücksichtigt werden. In den 180°-Wänden hebt sich nämlich die durch Magnetostriktion bedingte tetragonale Verzerrung der Bezirke gerade auf. Das ist für 90°-Wände nicht der Fall, bei denen die Richtungen der Verspannung einen Winkel von 90° bilden. Die vollständige Bedingung für thermodynamisches Gleichgewicht der Bezirksanordnung ist demnach

$$E_w + E_s + E_\varepsilon = \text{Minimum}.$$

Daraus folgt auch, daß die Gleichgewichtsanordnung der Bezirke von Gefügeparametern wie Form, Größe und Orientierung der Kristallite, Verteilung von elastischen Spannungen und Anwesenheit von nicht-ferromagnetischen Phasen abhängt. Wird der Kristall (Abb. 18.6c), dessen magnetische Bezirke im Gleichgewicht sind, und der nach außen hin unmagnetisch erscheint, in ein magnetisches Feld gebracht (Abb. 18.7), so zeigt seine Magnetisierungskurve den Verlauf von Abb. 18.1. Dabei können drei Bereiche unterschieden werden, die mit folgenden Veränderungen der Bezirksanordnungen erklärt werden können (Abb. 18.7): 01 — reversible Verschiebung der vorhandenen Blochwände, so daß das resultierende Feld dem äußeren Feld entspricht. Bezirke mit einer Komponente der Magnetisierungsrichtung in Richtung der äußeren Magnetisierung wachsen; 12 — lineare Beziehung zwischen J und H. Die Verschiebung der Blochwände ist irreversibel. Bezirke mit ungünstiger Magnetisierung verschwinden; 23 — die Magnetisierung wird aus der durch die magnetische

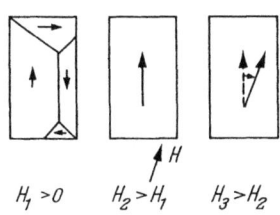

Abb. 18.7. Änderung der Anordnung der Bezirke von Abb. 18.6c mit zunehmendem äußeren Feld in der angegebenen Richtung

Anisotropie gegebenen Richtung in die des von außen anliegenden Feldes gedreht. Dazu ist die Anisotropieenergie E_A notwendig. Wenn beide Richtungen übereinstimmen, ist keine weitere Magnetisierung (außer direkt proportional zum äußeren Feld) mehr möglich (Abb. 18.7 u. 9). Die Form der Magnetisierungskurve kann dadurch beeinflußt werden, daß durch geeignete Gefüge Blochwandbewegung und Drehprozesse erschwert oder erleichtert werden. Es sind zwei große Gruppen von ferromagnetischen Werkstoffen zu unterscheiden, die als magnetisch weich (Abb. 18.2) und magnetisch hart (Abb. 18.3) bezeichnet werden.

Magnetisch weiche Werkstoffe

Magnetisch weiche Werkstoffe sollen eine Magnetisierungskurve wie Abb. 18.2 aufweisen. Die Ummagnetisierung von $+I_s$ auf $-I_s$ erfolgt bei sehr kleinem Unterschied des äußeren Feldes $2H_c = \Delta H$. Sie werden als Kerne für die Wicklungen von Wechselstrommaschinen und für Transformatoren verwendet. Die Energieverluste im Eisenkern eines Transformators (Eisenverluste) sind gegeben durch die Fläche innerhalb der Magnetisierungsschleife. Die Forderung für die technischen Eigenschaften einer guten Transformatorenlegierung sind:

1. Eine Atomart und Kristallstruktur mit möglichst hoher Sättigungsmagnetisierung.
2. Ein Gefüge, das eine leichte Bewegung von Blochwänden erlaubt.
3. Eine Kristallorientierung, deren am leichtesten magnetisierbare Richtung mit der Magnetisierungsrichtung im Transformator übereinstimmt.

Die Forderung 1 wird von α-Eisen am besten erfüllt. Die Forderung 2 bedeutet, daß der Werkstoff aus wenigen großen Kristallen (oder einem Einkristall) bestehen und frei von elastischen Spannungen, Versetzungen, Teilchen und allen anderen Hindernissen der Blochwandbewegung sein soll. Ein derartiges Gefüge ist in reinem Eisen schwierig zu erhalten, da durch die $\gamma \rightarrow \alpha$-Umwandlung Grenzflächen und Versetzungen erzeugt werden, die durch Wärmebehandlung unterhalb 900° schwierig zu beseitigen sind. Es ist daher sinnvoll, durch Legieren mit einem Legierungselement, das das γ-Gebiet abschnürt, einen Mischkristall zu erzeugen, der frei von Umwandlungen ist. Abb. 18.4 zeigt, daß α-Eisen-Siliziumlegierungen mit mehr als 4 Atom-% Si diese Bedingung erfüllen. Auf Grund des Siliziumgehaltes muß allerdings eine geringere Sättigungsmagnetisierung in Kauf genommen werden (Abb. 18.4). Die Forderung 3 wird durch einen Einkristall erfüllt, dessen eine Würfelrichtung mit der Magnetisierungsrichtung identisch ist. Im Vielkristall entspricht diese Orientierung der Würfeltextur (Abb. 18.8b). Die normale Rekristallisationstextur des Eisens erfüllt diese Forderung nicht. Durch besondere mechanische und Wärmebehandlung kann im Eisen jedoch eine Textur erhalten werden, die in Abb. 18.8a gezeigt ist. Sie enthält eine der leicht magnetisierbaren $\langle 100 \rangle$-Richtungen des α-Eisens in der Blechebene. (Gosstextur). Eisen-Siliziumlegierungen mit dieser Textur haben sehr günstige technische Eigenschaften und finden beim Bau von Transformatoren vielfache Verwendung. Die Herstellung der Würfeltextur in Eisen ist grundsätzlich möglich, hat sich aber wegen der dazu notwendigen komplizierten Wärmebehandlung technisch noch nicht in großem Umfang durchgesetzt. Die Qualität eines technischen Transformatorenstahls wird durch die Wattverluste pro kg gekennzeichnet. In dieser Größe ist ein weiterer Verlustanteil enthalten, der bisher noch nicht erwähnt wurde: die Wirbelstromverluste. Sie treten auf im Innern des Bleches beim Ummagnetisieren und hängen 1. von der elektrischen Leitfähigkeit und 2. von der Blechstärke ab. Die verhältnis-

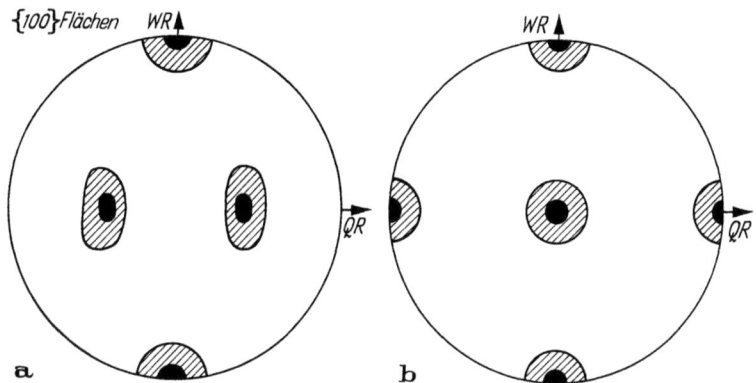

Abb. 18.8. a Polfigur von α-Eisen mit Gosstextur, eine ⟨100⟩ Richtung liegt in der Blechebene; b Polfigur von α-Eisen mit Würfeltextur, zwei ⟨100⟩ Richtungen liegen in der Blechebene (schematisch)

mäßig hohe elektrische Leitfähigkeit des reinen Eisens wird durch Mischkristallbildung mit Silizium herabgesetzt (Kap. 7). Die Blechstärke mit minimalen Wattverlusten liegt bei etwa 0,3 mm. Transformatorenkerne sind deshalb aus gegeneinander isolierten Blechen

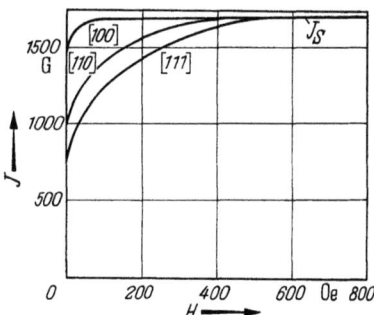

Abb. 18.9. Magnetisierung von α-Eisen in verschiedenen kristallographischen Richtungen (nach K. HONDA und S. KAYA (1926))

dieser Dicke zusammengesetzt. Die Wattverluste eines guten Transformatorenstahls sollen unter 1 Wkg^{-1} liegen.

Zu den magnetisch weichen Werkstoffen zählen auch solche mit besonders hoher Anfangspermeabilität $\eta_0 = (\mathrm{d}B/\mathrm{d}H)_{H=0}$. Sie finden als Spulenkerne in der Fernmeldetechnik Verwendung, wenn für Schaltvorgänge nur sehr kleine Ströme zur Verfügung stehen. Es kommt in diesem Falle auf besonders leichte reversible Blochwandverschiebung an. Dazu muß die Anisotropieenergie E_A gering sein. Ungeordnete Legierungen der Zusammensetzung Ni_3Fe zeigen besonders hohe Werte von η_0, wenn sie in der $\langle 111 \rangle$-Richtung des kfz-Gitters magnetisiert werden (Permalloy).

Magnetisch harte Werkstoffe

Die magnetisch harten Dauermagnetstoffe sollen ebenfalls eine hohe Sättigungsmagnetisierung aufweisen, die aber, im Unterschied zum Verhalten der magnetisch weichen Werkstoffe, nur durch ein starkes entgegengesetztes Feld der Stärke H_c zu beseitigen ist (Abb. 18.3). Die technische Qualität eines Dauermagnetwerkstoffes kann deshalb durch das Produkt $B_s \cdot H_c$ gekennzeichnet werden. Eisen ist wiederum das geeignetste Grundmetall für Dauermagnete. Die zweite Forderung für magnetisch weiche Werkstoffe ist jetzt jedoch umzukehren. Der Werkstoff soll ein Gefüge haben, das reversible und irreversible Blochwandbewegung und Drehprozesse möglichst erschwert. Es gibt zwei verschiedene Wege, um dies zu erreichen:

1. Durch Schaffen von Hindernissen für die Bewegung von Blochwänden in Form von nicht-ferromagnetischen Teilchen, Gitterbaufehlern und elastischen Verspannungen. Als wirksamste Hindernisse haben sich kohärente Ausscheidungen von Karbiden, Cu oder Ni_3Al aus einem Gitter mit Fe, Ni oder Co als Basis erwiesen. Die Erhöhung der Koerzitivkraft beruht dabei darauf, daß die Blochwände nicht-ferromagnetische Bereiche, die von starken Spannungsfeldern umgeben sind, schneiden müssen. Die kohärenten Teilchen werden in diesen Legierungen durch Altern erhalten. Es gibt eine kritische Teilchengröße, bei der H_c am größten wird. Man kann H_c als Funktion der Teilchengröße, oder bei isothermem Altern als Funktion der Alterungszeit auftragen. Analog zur mechanischen Alterung (Aushärtung, Kap. 15) nennt man den Vorgang auch magnetisches Altern (Abb. 15.2). Die kritische Teilchengröße für eine maximale Koerzitivkraft ist eine andere als für maximale Aushärtung, da sie durch einen anderen Mikromechanismus, nämlich durch Wechselwirkung zwischen Blochwand und Teilchen anstelle zwischen Versetzung und Teilchen, bedingt ist (Abb. 18.10). Dauermagnetlegierungen, deren Eigenschaften auf dem geschilderten Mechanismus beruhen, sind z. B. die Kohlenstoffstähle. Ihre Magnetisierungskurve entspricht dem Typ von Abb. 18.3.

2. Die zweite Möglichkeit, einen magnetisch harten Werkstoff zu schaffen, ist in einem Gefüge aus kleinen ferromagnetischen Teilchen gegeben, die nur aus einem einzigen Bezirk bestehen und die von einer nicht-ferromagnetischen Grundmasse umgeben sind (Abb.

18.11). Eine Ummagnetisierung durch Blochwandbewegung ist in diesen Gefügen nicht möglich. Da das Erzeugen von Blochwänden eine Energie E_w erfordert, gibt es ein kritisches Kristallvolumen, unterhalb dessen die Bildung einer Wand die Energie des Teilchens erhöht (200 Å Teilchendurchmesser für α-Fe). Dauermagnetlegie-

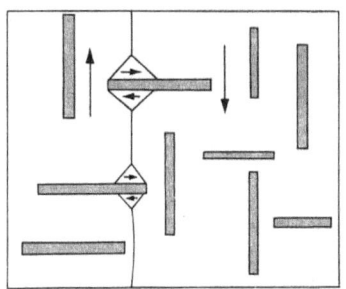

Abb.18.10. Schematische Darstellung von Blochwänden in Dauermagnetlegierungen mit ferromagnetischer Grundmasse und nichtferromagnetischen Teilchen

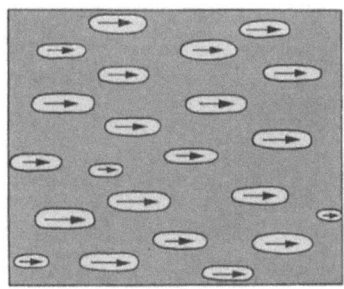

Abb. 18.11. Schematische Darstellung des Gefüges einer Dauermagnetlegierung, die aus ferromagnetischen Teilchen in nicht-ferromagnetischer Grundmasse besteht

rungen der zweiten Art enthalten Teilchen dieser oder geringerer Größe. Da die Ummagnetisierung nur durch Drehen der Magnetisierungsrichtung erfolgen kann, ändert sich die Magnetisierung erst bei einer Feldstärke oberhalb von Punkt 2 in Abb. 18.1. In technischen Legierungen kann ein Gefüge, das diese Bedingungen erfüllt, erhalten werden durch:
  a. Pulvermetallurgische Einlagerung von ferromagnetischen Pulverteilchen (auch nichtmetallischen) in ein nicht-ferromagnetisches Bindemittel (Kap. 17). Metallische Magnete dieser Art werden z. B. aus Eisenpulver mit Blei als Bindemittel hergestellt. Die Pulverteilchen enthalten nur einen einzigen ferromagnetischen Bezirk und besitzen eine längliche Form, die zu hoher Formanisotropie führt, wodurch die Ummagnetisierung durch Drehbewegung erschwert ist (ESD-Magnete, elongated single domain).
  b. Durch Ausscheidung von ferromagnetischen Teilchen aus nicht-ferromagnetischer Matrix. Hierfür kommen z. B. folgende Legierungstypen in Frage, die zum Teil technisch verwendet werden: Ein Grundgitter aus Kupfer oder Aluminium mit Eisen-, Nickel- oder Kobaltteilchen (Alnico-Magnete).
  Die Koerzitivkraft dieser Legierungen kann noch weiter erhöht werden, wenn die Ausscheidung der ferromagnetischen Phase im Magnetfeld erfolgt. Die Magnetisierungsrichtung der Bezirke in allen Teilchen ist dann parallel zum äußeren Magnetfeld ausgerichtet. Die stäbchen- oder plattenförmigen Teilchen richten sich außerdem mit ihrer größten Längsausdehnung parallel zum äußeren Feld aus, so

daß eine hohe Arbeit zum Ummagnetisieren erforderlich ist. Daraus folgt eine annähernde Rechteckform der Magnetisierungskurve. Die neuere Entwicklung der Dauermagnete beruht auf dieser Grundlage, wobei vielfach nichtmetallische Kristalle verwendet werden. (z. B. Eisenmischoxide: Ferrite).

Die Wirkungsweise von Tonbändern beruht auf dem gleichen Prinzip. Fein verteilte Eisenteilchen in unmagnetischer Grundmasse werden örtlich verschieden stark magnetisiert und können nur durch Drehprozesse entmagnetisiert werden. Für weiche und harte Magnetwerkstoffe gilt, daß die Koerzitivkraft H_c die gefügeempfindlichste Eigenschaft ist. Sie kann zwischen:

600—20 000 Oersted in Permanentmagneten,
0,004—0,15 Oersted in Transformatorlegierungen

liegen, ändert sich also mehr als 10^6-fach.

Anomalie von Eigenschaften durch Ferromagnetismus

Beim Übergang zum ferromagnetischen Zustand ändern sich zahlreiche wesentliche physikalische Eigenschaften. In einigen Fällen führt das zu technisch wichtigen Erscheinungen. In kfz Fe-35 Gew.%-Ni-Legierungen liegt der Curiepunkt bei 200 °C. Die abnehmende Magnetostriktion kompensiert im Temperaturbereich von 0—100 °C die normale thermische Ausdehnung, so daß ein *thermischer Ausdehnungskoeffizient* $\alpha \approx 0$ die Folge ist (Invar-Legierung).

Das Spannungsdehnungsdiagramm (Abb. 5.3) von unmagnetisiertem ferromagnetischem Metall zeigt bei kleinen Spannungen im elastischen Bereich eine zusätzliche Dehnung ε_m.

$$\varepsilon = \varepsilon_{el} + \varepsilon_m \, .$$

Dieser *magnetoelastische Effekt* ist auf die Verschiebung von Blochwänden unter Spannung und die daraus folgende Änderung der Richtungsverteilung in den Bezirken zurückzuführen. Er bewirkt eine Anomalie des E-Moduls bei kleinen Spannungen, die bei der Entwicklung von Legierungen mit hoher Dämpfungsfähigkeit für Schwingungen benutzt wird. Beim Curiepunkt findet man außerdem eine Abnahme des Diffusionskoeffizienten, des elektrischen Widerstandes und ein Maximum der spezifischen Wärme als Kennzeichen einer Umwandlung zweiter Art (Kap. 10).

Technisch wichtig sind auch die ferromagnetischen Eigenschaften von sehr *dünnen Schichten* (200—1000 Å), die für Speicherelemente von elektronischen Rechenmaschinen verwendet werden. Wie bei den ferromagnetischen Teilchen in Dauermagnetlegierungen spielt die Formanisotropie der Folien für den Verlauf ihrer Magnetisierungskurve eine wichtige Rolle. Dabei wird eine Rechteckkurve angestrebt.

Literatur zu Kapitel 18

KNELLER, E.: Ferromagnetismus. Berlin/Göttingen/Heidelberg: Springer 1963 (Grundlagen des Ferromagnetismus in Metallen und Legierungen).
BOZORTH, R. M.: Ferromagnetism. Van Nostrand 1953 (Behandelt auch ferromagnetische Werkstoffe).
PAWLEK, F.: Magnetische Werkstoffe. Berlin/Göttingen/Heidelberg: Springer 1952.
Berichte der Arbeitsgemeinschaft Ferromagnetismus; Stahleisen, Düsseldorf (jährlich; Arbeiten über neueste Entwicklungen).
Magnetic Materials Digest. M. W. Lads Philadelphia (jährlich; Arbeiten über neueste Entwicklungen).

19. Metalle und Strahlung Reaktorwerkstoffe

Strahlenschäden

Seit der Entdeckung der Kernspaltung ist es möglich geworden, Metalle in Wechselwirkung mit Korpuskel- und Wellenstrahlung unter verschiedenartigen Bedingungen zu beobachten. Im Zusammenhang mit dem Bau von Kernreaktoren wurden von den Metallen eine große Zahl neuer Eigenschaften gefordert. Eine Reihe neuer Legierungsgruppen ist dadurch technisch interessant geworden. Daraus ist ein neues Teilgebiet der Metallkunde entstanden mit der Aufgabe, das Verhalten von Metallen und Legierungen bei Bestrahlung als Grundlage der Reaktorwerkstoffe zu untersuchen. Es sind drei Gruppen der Wechselwirkungen von Strahlen mit Kristallgittern zu unterscheiden:

1. Elektronen oder Atomkern werden durch die von außen kommende Strahlung in einen angeregten Zustand gebracht. Das führt z. B. zur Emission von Röntgenstrahlen durch Beschuß mit Elektronen oder zu Kernemission bei der Bestrahlung mit energiereicher γ-Strahlung (Mössbauer-Effekt). Bei diesen schwachen Wechselwirkungen können außerdem elastische Verlagerungen von Atomreihen und Wärmeschwingungen angeregt oder Elektronen emittiert werden. Die Atomkerne werden jedoch nicht von ihren ursprünglichen Gitterplätzen entfernt.

2. Durch energiereichere Stöße können Gitterbaufehler entstehen, im einfachsten Fall eine Leerstelle und ein Zwischengitteratom (Frenkel-Paar, Abb. 4.1). Häufig wird das Kristallgitter in komplizierter Weise gestört.

3. Unter besonderen Voraussetzungen können Atome des Gitters umgewandelt oder gespalten werden. Das führt dann zu einer großen Zahl von Erscheinungen, die auf der gleichzeitigen Bildung von Legierungselementen und Gitterbaufehlern durch Bestrahlung beruhen.

Die Vorgänge der Gruppen 2 und 3 führen zu bleibenden Änderungen der Eigenschaften von Metallen, die, wenn sie unerwünscht sind, als Strahlenschädigung bezeichnet werden. Bei Wechselwirkungen der Gruppe 1 bleibt in Metallen keine Änderung der Eigenschaften zurück. Sie sind aber die Grundlage reaktortechnischer Eigenschaften wie Strahlenabsorption oder Neutronenmoderation. Die Wirkung einer Korpuskelstrahlung hängt von der Energie, Masse und Ladung der Teilchen und von der Bindungsenergie der Atome im Metallgitter ab. In Stoffen, in denen sich die Elektronen nicht frei bewegen können, ist Ionisation zu erwarten, wenn durch bewegte Ladungen Elektronen aus ihren Energieniveaus entfernt werden. Die freien Elektronen im Metallgitter (Kap. 8) bewirken jedoch, daß diese Zustände so schnell ausgeglichen werden, daß Ionisation in Metallen keine Rolle spielt.

Die Gitterbaufehler werden durch Stöße gegen die Atomkerne hervorgerufen. Dabei wird als Näherung für jeden Kern ein Wirkungsquerschnitt angenommen, der mit zunehmender Geschwindigkeit des Teilchens abnimmt und mit zunehmender Ladung zunimmt. Nur Teilchen, die innerhalb des Wirkungsquerschnittes auf Atome treffen, verursachen eine Kollision mit dem Kern. Energiereiche Teilchen besitzen deshalb eine größere freie Weglänge als energiearme. Ein Teilchen der Masse m_1, das mit der kinetischen Energie E_1 auf ein Atom des Kristallgitters mit der Masse m_2 trifft, überträgt auf dieses Energie E_2:

$$E_2 = \frac{4 m_1 m_2 E_1}{(m_1 + m_2)^2}. \tag{19.1}$$

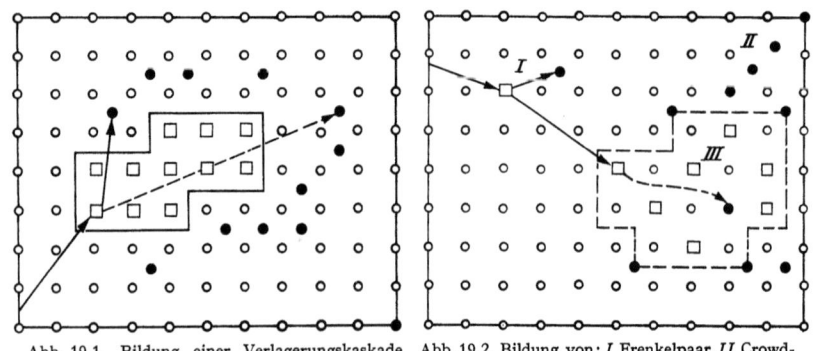

Abb. 19.1. Bildung einer Verlagerungskaskade durch den Stoß eines energiereichen Teilchens. Bildung von Löchern und von Zwischengitteratomen

Abb. 19.2. Bildung von: *I* Frenkelpaar, *II* Crowdion, *III* verdünnter Zone

Die Energie, die notwendig ist, ein Atom von einem Gitterplatz zu stoßen, E_0, liegt für die meisten Metalle zwischen 10 und 50 eV (Wigner-Energie). Gitterbaufehler werden erzeugt, wenn $E_2 > E_0$ ist. Falls $E_2 \gg E_0$ ist, kann das Teilchen mehrere Atome aus ihren Gitterplätzen entfernen, was zur Bildung von Verlagerungskaskaden oder verdünnten Zonen führen kann. Diese Störstellen können sich über einige 1000 Å ausdehnen. Einige Möglichkeiten dafür sind in Abb. 19.1 und 2 schematisch dargestellt worden. Infolge der hohen Energie u_F dieser Fehlstellen sind sie nach Gl. (4.1) im thermodynamischen Gleichgewicht nicht stabil; manche Konfigurationen sind jedoch mechanisch stabil. Diese heilen teilweise bei sehr tiefen Temperaturen aus. Bei der Untersuchung der Natur der Strahlenschädigung wird häufig das Erholungsspektrum einer von diesen Störungen abhängigen Eigenschaft (elektrische Leitfähigkeit, innere Reibung, E-Modul) verwendet (Abb. 19.5), das verschiedene Stufen aufweist. Dieser Vorgang ist der thermischen Erholung nach plastischer Verformung analog, nur daß in diesem Falle zusätzliche Gitter-

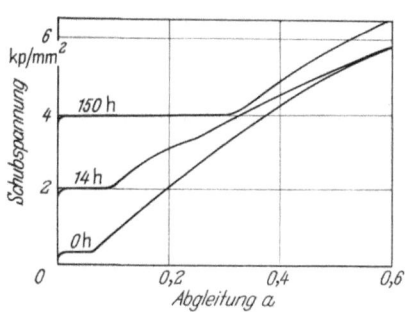

Abb. 19.3. Erhöhung der kritischen Schubspannung von Kupfereinkristallen durch verschieden lange Bestrahlung bei tiefer Temperatur (nach J. DIEHL, 1964)

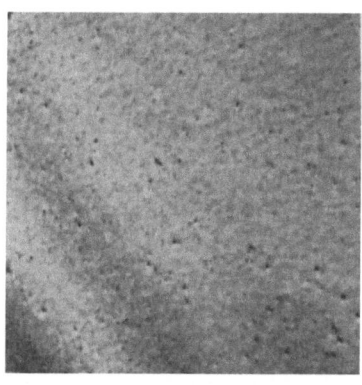

Abb. 19.4. Elektronenmikroskopische Abbildung von gestörten Zonen in bestrahltem Kupfer $5 \cdot 10^{17} n\,cm^{-2}$. Elektronenmikroskopisch, Durchstrahlung, 90 000 × (U. ESSMANN)

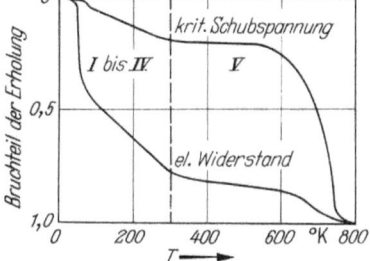

Abb. 19.5. Erholung der physikalischen Eigenschaften von bestrahltem Kupfer. Der elektrische Widerstand wird besonders durch Punktfehler beeinflußt, die früher ausheilen als Versetzungsringe, die eine Verfestigung bewirken (nach T. H. BLEWITT, 1960)

baufehler vorliegen. Die Ausheilgeschwindigkeit hängt ab von der Zahl der möglichen Senken (Korngrenzen, Versetzungen) und von der Anzahl der bei einer Temperatur T möglichen Platzwechsel eines Gitterbaufehlers, das heißt der Wanderungsenergie u_W (Kap. 9).

Mit steigender Temperatur heilen die Gitterbaufehler in folgender Reihenfolge aus: Crowdionen (Abb. 19.2), verdünnte Zonen (Abb.

19.2), Frenkelpaare (Abb. 4.1), Zwischengitteratome, Leerstellen und Versetzungen. Aus der Änderung von gefügeabhängigen Eigenschaften bei der Erholung ist zu erkennen, daß die Erhöhung des Restwiderstandes vor allem auf die punktförmigen Gitterbaufehler zurückzuführen ist, während die Streckgrenze durch die beim Ausheilen dieser Fehler entstehenden Versetzungsringe (Abb. 4.3) bis zu hohen Temperaturen nicht stark absinkt (Abb. 19.4 und 5).

Falls eine Atomspaltung durch den Stoß herbeigeführt wird, sind folgende Wirkungen zu erwarten:
Die thermischen Effekte werden verstärkt, falls zusätzliche Energie frei wird; zusätzliche Einlagerungsatome entstehen ohne komplementäre Leerstellen; eine Legierung entsteht, die je nach Art der neuentstehenden Atome stabil oder metastabil ist; falls die Legierung metastabil ist, sind thermisch aktivierte Reaktionen in Richtung auf thermodynamischen Gleichgewichtszustand zu erwarten.

Reaktorwerkstoffe

Die Wirkung von Neutronen- und γ-Strahlen ist bei den Reaktorwerkstoffen von praktischer Bedeutung. Metalle finden im Reaktorbau vielfältige Verwendung.

1. Als *Brennstoffe* kommen die Metalle Uran und Plutonium in Frage. Metallkundliche Probleme beim Betrieb eines Reaktors sind die Legierungsbildung mit den Spaltprodukten und die Änderung der mechanischen Eigenschaften und Formänderungen während der Kernreaktion und bei Temperaturänderung.

2. *Moderatoren* sind Stoffe, die die im Brennstoff entstehenden schnellen Neutronen auf eine geringere, wirksamere Geschwindigkeit abbremsen. Wegen günstiger Eigenschaften (Wirkungsquerschnitte) von Beryllium- und Zirkonatomen werden ihre Legierungen für diesen Zweck verwendet. Daneben werden zahlreiche nichtmetallische Elemente (Graphit) und chemische Verbindungen geeigneter Atomarten im festen, flüssigen und gasförmigen Zustand verwendet.

3. Die im Reaktor erzeugte Wärme wird mit flüssigem oder gasförmigem *Kühlmittel* abgeführt. Als eine der wenigen praktischen Anwendungen von flüssigen Metallen haben sich dafür Natrium, Kalium, Lithium, Wismut sowie Legierungen von Wismut und Blei bewährt.

4. Die *Regelung* und das Ein- und Ausschalten des Reaktors erfolgen über den Neutronenfluß. Atomarten mit hohem Wirkungsquerschnitt für Neutronen werden in das Spaltmaterial eingeführt. Hierzu werden folgende Metalle benutzt:

a) Kadmium, Silber und Indium sowie deren Legierungen,

b) Hafnium,

c) Bor in Legierungen mit Cr, Ti oder in B_4C in pulvermetallurgisch hergestellten Legierungen mit Aluminium-, Kupfer- und Stahl-Basis;

d) gesinterte Pulver intermetallischer Verbindungen mit hohem Schmelzpunkt: Kadmiumtantalat, Indiumtantalat.

5. Der *Strahlenschutz* des Reaktors soll einen hohen Absorptionsquerschnitt für γ-Strahlen und Neutronen besitzen. Da eine Atomart beide Bedingungen nicht in befriedigender Weise vereint, müssen Wände aus mehreren Schichten geschaltet werden, z. B. Blei für γ-Strahlung und Schwerspatbeton, Wasser oder alle Regelwerkstoffe für Neutronen.

6. Für alle *Konstruktionswerkstoffe* im Innern des Reaktors werden Metalle mit geringem Absorptionsquerschnitt für Neutronen verwendet, als deren technische Eigenschaften, wie für die anderen Reaktorstoffe, gefordert werden: Beständigkeit gegen Strahlenschäden, Temperaturschwankungen, Reaktionen mit umgebenden Werkstoffen und genügend mechanische Festigkeit bei der Betriebstemperatur. Dafür kommen zahlreiche Metalle und Legierungen in Frage, die aber nicht die in Punkt 4 erwähnten Atomarten enthalten dürfen.

Metallkunde des Urans

Das Element Uran weist, wie das Eisen (Kap. 10 und 14, Abb. 11.10 und 11.11), zwei Umwandlungen des Kristallgitters auf:

α-Uran orthorhombisch $\quad T_{\alpha\beta} = 668$ °C
β-Uran tetragonal $\quad T_{\beta\gamma} = 775$ °C
γ-Uran kubisch raumzentriert $\quad T_{\gamma\mathfrak{f}} = 1132$ °C.

Aus den nicht-kubischen Kristallstrukturen des α- und β-Urans folgt, daß alle physikalischen Eigenschaften anisotrop sind. Das hat

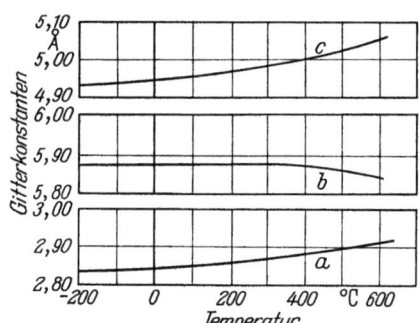

Abb. 19.6. Änderung der Gitterparameter a, b, c von orthorhombischem α-Uran mit der Temperatur (nach J. R. BRIDGE, 1956)

einige wichtige Folgen für das Verhalten des Urans im Kernreaktor. Der Wärmeausdehnungskoeffizient von α-Uran besitzt verschiedene Werte und verschiedene Vorzeichen für die a-, b- und c-Achse des orthorhombischen Gitters (Abb. 19.6). Im vielkristallinen Metall führt dies zu Spannungen zwischen den Kristalliten und schließlich zu innerer plastischer Verformung. Falls die Kristallite statistisch verteilt sind, heben sich die Verformungen zwischen ihnen auf, so daß keine äußere Formänderung auftritt. Besitzt der Kristallverband eine Textur, so tritt nach Erwärmen des α-Urans eine Formänderung auf. Bei wiederholtem Erwärmen und Abkühlen eines Uranstabes kann es zu starken Formänderungen kommen. Für die Heizelemente von Reaktoren ist diese Erscheinung von großem Nachteil und muß durch Beeinflussung der Kristallitverteilung oder Kristallstruktur des Urans vermindert werden.

Das α- und das β-Uran bilden Mischkristalle mit verhältnismäßig wenigen Elementen, dagegen eine große Zahl intermetallischer Verbindungen. Im γ-Uran ist Mischkristallbildung dagegen häufiger und ist wesentlich, weil dadurch die Umwandlungstemperatur erniedrigt und die wegen plastischer Verformbarkeit und isotroper Längenänderung günstigere krz-Struktur bei Raumtemperatur erhalten werden kann. Das ist wie bei den Eisenlegierungen auch dann möglich, wenn durch schnelles Abkühlen diffusionsbegrenzte Umwandlungen des γ-Urans vermieden werden (Kap. 14). Wie bei Stahl treten auch beim Uran martensitische Umwandlungen auf, deren Beginn durch Legierungselemente unterhalb Raumtemperatur gesenkt werden kann. Das γ-Uran bildet vollständige Mischkristallreihen mit Nb, Ti, Zr; eine große Löslichkeit besitzt es für Mo und V. Diese Elemente sind daher besonders geeignet, um die Umwandlungsvorgänge zu beeinflussen.

Durch Stöße, die zu Kernumwandlungen führen, entstehen aus Uran besonders Barium, Krypton und Plutonium, z. B. durch die Reaktionen:

$$_0^1 n + {}_{92}^{235} U \to {}_{56}^{144} Ba + {}_{36}^{89} Kr + 3\, _0^1 n$$

$$_0^1 n + {}_{92}^{238} U \to {}_{94}^{239} Pu + 2\, _{-1}^{0} e$$

Barium und Krypton sind in den Urangittern fast nicht löslich. Falls thermisch aktivierte Prozesse möglich sind, scheiden sich die Atome in Wechselwirkungen mit den bei der Bestrahlung erzeugten Gitterbaufehlern aus. Die Ausscheidung des Kryptons erfolgt in Form von Gasbläschen, was zum „Schwellen" der Brennelemente des Reaktors führt.

Plutonium ist dagegen in α- und β-Uran bis zu etwa 20 Atom-%, im γ-Uran vollständig löslich. Die durch Kernumwandlung gebildeten Plutoniumatome nehmen daher durch Diffusion eine gleichmäßige Verteilung im γ-Urangitter an.

Literatur zu Kapitel 19

DIEHL, J.: Atomare Fehlstellen und Strahlenschädigung. Aus: A. SEEGER, Herausgeber: Moderne Probleme der Metallphysik, I. Band. Berlin, Heidelberg, New York: Springer 1965.

CHADDERTON, L. T.: Radiation Damage in Crystals. New York: Wiley 1965 (Physikalische Grundlage der Strahlenschädigung).

STRUMANE, R. J., J. NIHOUL, R. GEVERS und S. AMELINCKX, Herausgeber: The Interaction of Radiation with Solids. Amsterdam: North Holland 1964 (Konferenzbericht).

GEBHARDT, E., und D. SEGHEZZI: Reaktorwerkstoffe. Stuttgart: Teubner 1964. (Metallkunde und technische Anwendung der Reaktormetalle).

LINTNER, K., und E. SCHMID: Werkstoffe des Reaktorbaus. Berlin/Göttingen/Heidelberg: Springer 1962 (Metallkunde und technische Anwendung der Reaktormetalle).

20. Neue metallische Werkstoffe und Bearbeitungsverfahren

Alle neuen Anwendungsgebiete von Metallen, z. B. in Luftfahrttechnik und Raumfahrt, Reaktorbau und Elektrotechnik, erfordern besondere Kombinationen von Eigenschaften, die oft nicht an einfachen Legierungen und nicht mit konventionellen Verfahren erzielt werden können. Deshalb soll in diesem abschließenden Kapitel von neu entwickelten metallischen Werkstoffen und unkonventionellen Verfahren der Herstellung und Verarbeitung die Rede sein.

Höchste Festigkeit und Hitzebeständigkeit

In der Düsenflug- und Raketentechnik und in der Raumfahrt werden für die Flugkörper vor allem hohe Festigkeit bei geringem

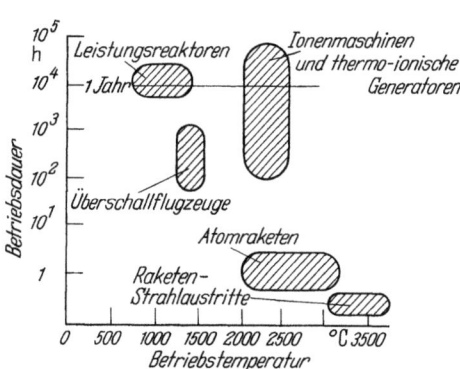

Abb. 20.1. Betriebsdauer und Betriebstemperatur hochbeanspruchter Werkstoffe in neueren Anwendungsgebieten (nach N. E. PROMISEL, 1963)

Materialgewicht und für die Triebwerke hohe Warmfestigkeit bei hohen Temperaturen gefordert. Dabei genügt oft eine höchste Belastbarkeit für eine begrenzte Lebensdauer eines Werkstoffs. Abb. 20.1 zeigt diesen Zusammenhang für einige Anwendungen. Im

Ionenmotor und im thermo-ionischen Generator, die zum Antrieb und zur Energieerzeugung in der Raumfahrt verwendet werden, begrenzen vor allem die zur Freisetzung von Elektronen von einem Emitter erforderlichen hohen Temperaturen und die erosive Wirkung der Ionen die Lebensdauer. In den Raketentriebwerken sind die Strahlaustrittsöffnungen den höchsten Temperaturen ausgesetzt, allerdings nur für Brenndauern in der Größenordnung von Minuten.

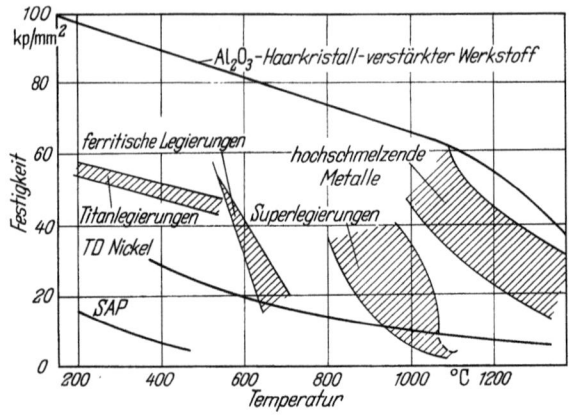

Abb. 20.2. Festigkeit von Hochtemperaturwerkstoffen und ihre Temperaturabhängigkeit (nach N. E. PROMISEL, 1963, und S. S. BRENNER, 1962)

Die Werkstoffe, die zu solchen Anwendungen geeignet sind, und ihre Warmfestigkeitsbereiche sind in Abb. 20.2 dargestellt. Von der Art des Werkstoffs her lassen sich drei Gruppen unterscheiden:
1. Reine hochschmelzende Metalle (z. B. W, $T_{kf} = 3410$ °C; Ta, $T_{kf} = 2996$ °C; Mo, $T_{kf} = 2610$ °C; Nb, $T_{kf} = 2415$ °C);
2. Legierungen mit hoher Warmfestigkeit, vor allem die Superlegierungen auf Fe-, Ni-Co-Cr-Basis;
3. Verbundwerkstoffe, zu denen sowohl pulvermetallurgisch hergestellte, als auch plattierte und faserverstärkte Werkstoffe gehören.

Die Teile aus *hochschmelzenden Metallen* werden meistens nach den in Kap. 17 behandelten pulvermetallurgischen Verfahren hergestellt. Oft reicht selbst die Schmelztemperatur des Wolframs nicht aus, den Betriebstemperaturen zu widerstehen. Besonders hohe Anforderungen werden in dieser Hinsicht an die Strahlaustritte von Raketen gestellt. Hierfür wurde deshalb ein poröser Wolfram-Sinterkörper entwickelt, der nach dem Tränkverfahren (Kap. 17) mit Silber angefüllt ist. Während der Brennzeit der Rakete verdampft das Silber. Die Verdampfungswärme wird den Verbrennungsgasen an der Oberfläche des Wolframkörpers entzogen und diese Kühlwirkung reicht aus, die geforderte Festigkeit des Wolframs während der Brenndauer der Rakete zu erhalten.

Die hohe Festigkeit der sogenannten *Superlegierungen* beruht auf einer Kombination von Mischkristallhärtung, Aushärtung oder Dispersionshärtung. Auf diesem Gebiet sind in letzter Zeit die größten Fortschritte in der systematischen Legierungsentwicklung erzielt worden. Hauptkomponenten des Grundgitters dieser Legierungen sind Eisen, Nickel, Chrom und Kobalt. Zur Härtesteigerung werden außerdem Molybdän, Titan, Aluminium, Vanadium, Niob und Tantal zulegiert (Kap. 15). Die wichtigsten Gütekriterien dieser Legierungen sind ihre Warmfestigkeit, Zunderbeständigkeit, Korrosionsbeständigkeit und Paramagnetismus, je nach Verwendungszweck. Für den Vergleich der hitzebeständigen Legierungen gibt man z. B. an, bei welcher Temperatur eine bestimmte Last (z. B. 35 kp/mm²) nach einer bestimmten Zeit (z. B. 100 h) zum Bruch des Werkstoffs führt. Unter diesen Gesichtspunkten wird für Konstruktionsteile aus Superlegierungen, wie Gasturbinenschaufeln und Düsenmotoren, unter spezifischen Arbeitsbedingungen nur eine begrenzte Lebensdauer garantiert. Die obere Temperaturgrenze für die Verwendung hitzebeständiger Superlegierungen ist durch thermisch aktivierte Vorgänge gegeben, durch die die Legierungen aus metastabilen Zuständen, die hohe Festigkeit bewirken, in die Gleichgewichtsphasen umgewandelt werden. Dabei wird vor allem der durch Aushärtung erzielte Festigkeitsbeitrag infolge Wachstums der Teilchen (Überalterung) abgebaut.

In dieser Hinsicht verhalten sich die *dispersionsgehärteten Legierungen* (Kap. 15) günstiger, die einen wesentlichen Teil ihrer Festigkeit bis kurz unterhalb des Schmelzpunkts beibehalten, wie die schematische Gegenüberstellung zum Temperaturverhalten der Festigkeit an-

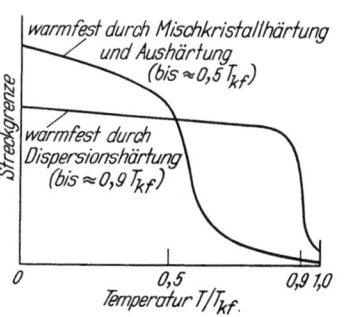

Abb. 20.3. Schematische Darstellung der Warmfestigkeit von Werkstoffen, deren Festigkeit auf verschiedenen Mechanismen beruht

derer warmfester Legierungen in Abb. 20.3 zeigt. Die Dispersionshärtung beruht z. B. auf Oxidteilchen, die in die metallische Grundmasse eingelagert sind und die die Versetzungsbewegung behindern. Durch geeignete Einstellung der Teilchengrößen (etwa 0,01−0,1 μm) wird die optimale Festigkeit erzielt. Überalterung tritt wegen der Beständigkeit der Oxide nicht ein, wenn der Sauerstoff in der metallischen Grundmasse nicht löslich ist. Die gebräuchlichen pulvermetallurgischen Verfahren sind für die Herstellung solcher Oxiddispersion im allgemeinen nicht geeignet. Ein Verfahren, das verbreitet angewendet wird, ist die Herstellung chemischer Verbindungen in feiner Dispersion, die anschließend derart reduziert werden, daß das Grundmetall metallisch und das Oxid in der beabsichtigten Verteilung vorliegen. Diese Mischung wird dann gepreßt und gesintert. Ein anderes Verfahren ist die innere Oxidation. Eine Legierung enthält eine leicht oxidierbare Komponente; z. B. Aluminium in Silber. Durch Erwärmen in oxidierender Atmosphäre diffundiert Sauerstoff ein und es bilden sich Oxidteilchen, deren Größe und Verteilung durch die Oxidierungsbedingungen gegeben sind. Die bekanntesten dispersionsgehärteten Legierungen sind: SAP (Sinter-Aluminium-Produkt), eine Dispersion von Al_2O_3 in Al, und TD-Nickel (thoria dispersion nickel), eine Dispersion von ThO_2 in Ni.

Weitere Entwicklungen gehen dahin, die Härtungsmechanismen und Eigenschaften von Superlegierungen und dispersionsgehärteten Legierungen zu verbinden. So wird man versuchen, die Mischkristallhärte von TD-Nickel durch Mo und seine Zunderbeständigkeit durch Cr zu erhöhen.

Ein weiteres neues Verfahren, die Festigkeit metallischer Werkstoffe zu erhöhen, ist die *Verstärkung durch Fasern*. Der Grundgedanke dieser Entwicklung ist es, einen weicheren, aber zähen Grundwerkstoff durch einen festeren, aber spröden Faserwerkstoff zu verstärken. Oft geht es auch darum, einem leichteren, weichen, durch einen schweren, festen Werkstoff höhere Festigkeit zu verleihen. Die Festigkeit faserverstärkter Werkstoffe beruht nicht in erster Linie auf der Behinderung der Versetzungsbewegung, wie bei den dispersionsgehärteten Legierungen, sondern auf der Übertragung des größeren Teils der äußeren Last auf die eingelagerten Fasern durch die additive Kombination der Festigkeit von Grundwerkstoff und Faserstoff (Gl. 7.1). Als Faserwerkstoffe werden Glas-, keramische und Polymer-Fasern und Metalldrähte verwendet. Als Herstellungsverfahren kommen z. B. die Tränkung der Fasern mit dem Grundmetall oder das gleichzeitige Strangpressen in Betracht. Zahlreiche Faser-Verbundwerkstoffe sind bereits auf diese Weise hergestellt worden, auch mit anderer als metallischer Grundmasse. Ein Werkstoff, der technisch Verbreitung gefunden hat, ist wolframfaserverstärktes Aluminium.

In einer besonderen Gruppe von faserverstärkten Werkstoffen werden einkristalline Haarkristalle als Fasern verwendet. Haarkristalle haben wegen der Abwesenheit von Versetzungen nahezu theoretische Festigkeit (Gl. 5.4). Wählt man für die Haarkristalle Stoffe, die einen hohen Elastizitätsmodul und Schmelzpunkt haben und mit dem Grundmetall nicht reagieren, wie z. B. Al_2O_3, so haben die resultierenden Werkstoffe eine höhere Warmfestigkeit als alle bisher behandelten (s. Abb. 20.2).

Werkstoffe in der Elektrotechnik

Außer als Konstruktionswerkstoff werden Metalle schon lange wegen ihrer elektrischen Leitfähigkeit in der Elektrotechnik verwendet. Seit kurzem wird auch ihre *Supraleitfähigkeit* bei tiefen Temperaturen (s. Kap. 8) genutzt, um mit verhältnismäßig kleinen Spulen starke Magnetfelder zu erzeugen. Dazu werden Supraleiter II. Art verwendet, deren kritische Feldstärke H_{c2} (der Grenzwert der magnetischen Feldstärke für den Übergang vom supraleitenden zum normalleitenden Zustand) hoch ist und die außerdem eine große magnetische Hysterese, d. h. Stromtragfähigkeit, haben.

Die Supraleitfähigkeit ist teilweise gefügeabhängig. Die Keimbildung und Bewegung von magnetischen Flußfäden während des Übergangs Supraleiter → Normalleiter (und damit die kritische Temperatur) und die kritische Feldstärke werden stark von Gitterbaufehlern und Teilchen beeinflußt. Die Zusammenhänge sind noch wenig bekannt, deshalb sind auf diesem Gebiet besonders intensive Untersuchungen im Gange. Die Herstellung von supraleitenden Magneten ist eine metallkundlich interessante Aufgabe. Die bestgeeigneten Werkstoffe dafür sind Nb-Zr-Legierungen und die spröde intermetallische Phase Nb_3Sn (s. Tab. 20.1). Das Problem ist hier,

Tabelle 20.1. *Kritische Daten einiger Supraleiter*

„weiche" Supraleiter (I. Art)	„harte" Supraleiter (II. Art)	Kritische Temperatur bei $H = 0$ Oe [°K]	Kritisches Magnetfeld bei $T = 0$ °K [Oe]
Al		1,18	104
Sn		3,72	309
Hg		4,15	412
Pb		7,23	803
	Nb	9,17	1 900
	Nb-Zr	11,0	80 000
	V_3Ga	14,6	400 000
	Nb_3Sn	18,1	220 000

die spröde, supraleitende intermetallische Phase zu Spulen zusammenzufügen. Dabei wird so verfahren, daß zunächst Niob-Drähte zu einem Solenoid geformt und in eine Zinn-Matrix eingebettet werden. Dann werden die Spulenwindungen durch eine Wärmebehandlung, bei der das Zinn in das Niob diffundiert, in Nb_3Sn überführt. Durch die Beobachtung, daß die Supraleitfähigkeit von Nb-Zr-Legierungen durch Kaltziehen verbessert wird, ist man auf den Einfluß von Versetzungen und ihrer Anordnung auf die Supraleitfähigkeit aufmerksam geworden. Hierbei handelt es sich um ein bisher noch weitgehend unbekanntes Gebiet, in dem interessante physikalische Eigenschaften nur aus der Kenntnis des Gefüges erklärt werden können.

Auch in der *Halbleitertechnik* haben metallkundliche Prinzipien und Verfahren erhebliche Bedeutung. Als Halbleiter werden vor allem verwendet: Si, Ge, Se; $A^{III}B^V$-Verbindungen wie AlSb, GaSb, InSb, GaP, GaAs, InP und InAs; Bleisalze wie PbS, PbSe und PbTe; und CdS und ZnS. Die Halbleiter erfordern höchste Reinheit, weil die Zahl der Leitungselektronen stark von der Valenzelektronenzahl von Fremdatomen beeinflußt wird (s. Kap. 8). Beimengungen von $10^{-3}\%$ können den elektrischen Widerstand von 10^9 auf 10^{-2} Ωcm erniedrigen. Anderseits sind die Halbleitereigenschaften auch gefügeabhängig, weil Gitterbaufehler das kontrollierte Eindiffundieren von Fremdatomen erschweren. Darum sind die Herstellungsverfahren für Einkristalle in der Halbleitertechnik stark weiterentwickelt worden. Die dabei gewonnenen Erfahrungen werden auch bei der Einkristallherstellung und Reinigung von Metallen ausgenützt (Zonenschmelzen; Kap. 12).

Eine interessante Anwendung metallkundlicher Kenntnisse in der Halbleitertechnik ist die Herstellung von magnetisch steuerbaren Widerständen, die als Feldplatten bezeichnet werden. Sie bestehen aus einem Halbleiter (InSb), der von gerichteten, nadelförmigen Kristalliten einer intermetallischen Phase (NiSb) so durchsetzt ist,

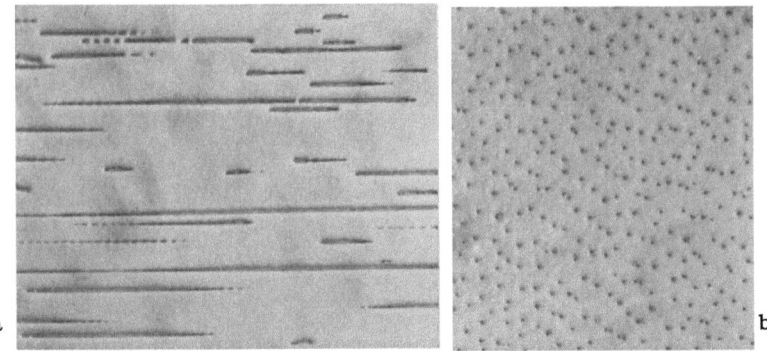

Abb. 20.4. InSb/NiSb-Eutektikum in einer Feldplatte. Grundkristall: InSb; nadelförmige Teilchen: NiSb. a Längsschnitt durch die NiSb-Nadeln; b Querschnitt durch die NiSb-Nadeln. Lichtmikroskopisch, 200× (H. WEISZ, 1965)

daß sein Widerstand sich mit der Feldstärke eines äußeren Magnetfeldes sehr stark ändert. Diese Eigenschaft beruht auf der Kurzschlußwirkung der metallisch leitenden NiSb-Phase, die die Strombahnen innerhalb der halbleitenden InSb-Phase ändert. Das dazu erforderliche Gefüge wird durch kontrollierte eutektische Erstarrung (Kap. 6 und 12) erzeugt. Dabei werden in den InSb-Einkristall NiSb-

Nadeln (mittlere Länge 50 μm, Durchmesser < 1 μm) eingelagert. Dieses optimale Gefüge einer Feldplatte ist in Abb. 20.4 wiedergegeben.

Stoßwellenbehandlung von Metallen

Durch Detonation von Sprengstoffen oder durch Verdampfen von Materie bei plötzlicher Entladung von Kondensatorbatterien können in metallischen Werkstoffen Spannungswellen sehr hoher Amplitude erzeugt werden. Diese Spannungswellen werden seit einigen Jahren beim Umformen (Kap. 12), Härten und Schweißen technisch ausgenützt. Das Explosivumformen kann unter Wasser oder in Luft durchgeführt werden. Die Detonation oder Entladung wird meist in einem bestimmten Abstand vom Werkstück erzeugt Das Verfahren ist dem Tiefziehen (Abb. 13.13) ähnlich. Beim Explosivverformen wirkt jedoch die Kraft radial und deshalb gleichmäßiger über die gesamte Blechoberfläche. Dieses Verfahren ist immer dann angebracht, wenn kompliziert geformte Teile mit hoher Genauigkeit aber geringer Stückzahl angefertigt werden sollen.

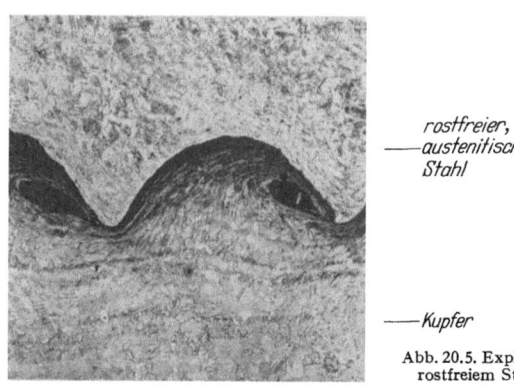

rostfreier, austenitischer Stahl

Kupfer

Abb. 20.5. Explosionsplattierung von Kupfer und rostfreiem Stahl. Lichtmikroskopisch, 100×

Beim Härten durch Stoßwellen ist bemerkenswert, daß eine hohe Verfestigung ohne große Formänderung der Probe erzielt werden kann. Zum Härten wird der Sprengstoff (abgesehen von einer dünnen Pufferschicht) direkt auf die Probenoberfläche gelegt. Durch die Stoßwelle werden dann Versetzungen, Stapelfehler oder Zwillinge gebildet, die eine Verfestigung bewirken. Besonders gut lassen sich Werkstoffe härten, bei denen in der Wellenfront eine martensitische Umwandlung erfolgt. Dies geschieht bei α-Eisen oberhalb 130 kbar ≈ 1300 kp mm^{-2}. Viele Stähle lassen sich deshalb nach dieser Methode härten. Bei austenitischen rostfreien Stählen (Kap. 16) wird durch teilweise Umwandlung allerdings die hohe Korrosionsbeständigkeit aufgehoben.

Sollen zwei Metallbleche plattiert werden, so kann, falls die konventionellen Verfahren wie Walzplattieren, elektrolytisches flüssiges oder gasförmiges Auftragen von Metallschichten nicht geeignet sind, in vielen Fällen das Explosivplattieren angewendet werden. Dabei werden zwei unter einem kleinen Winkel zueinander angeordnete Bleche durch einen Sprengstoff gegeneinander beschleunigt. Infolge von hohem Druck und hoher Temperatur in der Berührungszone verschweißen die beiden Metalle. Wobei dort im festen Zustand häufig Wirbel auftreten, die in Abb. 20.5 an einer Verbindung von Kupfer und rostfreiem Stahl gezeigt werden. Bei sehr hohen Verformungsgeschwindigkeiten findet also ein Übergang vom laminaren zum turbulenten Fließen des festen Metalls statt (vgl. S. 126). In der Schweißzone treten plastische Verformung, Erholung, Rekristallisation, Bildung von metastabilen Legierungen auf, Vorgänge, die bei der Beurteilung der Eigenschaften der Verschweißungen wichtig sind.

Literatur zu Kapitel 20

High Strength Materials, herausgegeben von V. F. ZACKAY, New York/London/Sydney: Wiley 1965 (Konferenzbericht über Grundlagen und wesentliche hochfeste Legierungen und andere hochfeste Stoffe).

Strength Properties of Fiber Enforced Composites T. VASILOS, E. G. WOLFF. Journal of Metals *18*, 583 (1966) (guter Übersichtsartikel mit Zusammenfassung der Literatur bis 1966).

Properties of Elemental and Compound Semiconductors; Metallurgy of Elemental and Compound Semiconductors; Metallurgy of Semiconductor Materials; AIME Metallurgical Society Conferences, Bände 5, 12, 15; New York/London: Interscience Publishers 1960, 1961, 1962 (Konferenzberichte mit zahlreichen Einzelarbeiten).

J. D. LIVINGSTON und H. W. SCHADLER: The Effect of Metallurgical Variables on Superconducting Properties: Progr. Materials Sci. *12*, 183—287 (1965) (Zusammenfassende Darstellung der Materialeigenschaften von Supraleitern).

High Energy Rate Working of Metals, Conference Report, Central Institute for Industrial Research, Oslo 1966 (Arbeiten über Metallkunde und Technik der Behandlung von Metallen mit Spannungswellen).

Quellenhinweise zu Abbildungen und Tabellen

Abb. 1.2: ALEXANDER, W. O.: Metallurgical Achievements. London: Pergamon Press 1965.
Tab. 4.1: BERNER, R., H. KRONMÜLLER: Moderne Probleme der Metallphysik I: A. SEEGER Herausgeber. Berlin/Heidelberg/New York: Springer (1965) 112.
Abb. 7.2; 7.3: KÖSTER, W., und W. RAUSCHER, Z. Metallkde. 39 (1948) 111—120.
Tab. 7.1: FLEISCHER, R. L., in D. PECKNER, Herausgeber: The Strengthening of Metals. New York: Reinhold Publishing Co. 1964.
Abb. 7.6: THORNTON, P. R., T. E. MITCHELL und P. B. HIRSCH: Phil. Mag. 7 (1962) 1329.
Abb. 7.6: HOWIE, A., und P. R. SWANN: Phil. Mag. 6 (1961) 1215.
Abb. 9.3: DARKEN, L. S.: Proc. NPL Symp. No. 9, Nitrogen and Hydrogen in Steel, paper 4 G (1959).
Abb. 9.6: DAHL, O., und F. PAWLEK: Z. Metallkde. 28 (1936) 266.
Abb. 9.7: GSCHWENDTNER, K., und F. HAESZNER: Z. Metallkde. 56 (1965) 544.
Abb. 10.2: CHRISTIAN, J. W., in „Decomposition of Austenite by Diffusional Processes", New York/London: Interscience Publishers 1962.
Abb. 10.15: PELLISIER, G. E., et al. Trans. ASM 30 (1942) 1049.
Abb. 10.15: HULL, F. C., et al.: Trans. Met. Soc. AIME 159 (1942) 113.
Abb. 10.18: BILBY, B. A., and J. W. CHRISTIAN: JISI 197 (1961) 122.
Tab. 11.2: WEGENER, H.: Der Mössbauereffekt, BI, Mannheim 1965.
Abb. 11.12: WERT, C.: aus Modern Research Techniques in Physical Metallurgy. ASM, Cleveland 1953.
Abb. 12.1: GEBHARDT, E.: Z. Metallkde. 42 (1951) 111.
Abb. 14.4: WINCHELL, P. G., und M. COHEN: Trans. ASM 55 (1962) 347—361.
Abb. 14.10: Atlas z. Wärmebehandlung der Stähle, S. II-102-E.
Abb. 14.11: SCHMATZ, D. J., et al.: Structural Aspects and Properties of Martensite of high Strength.NPL, Teddington, 1963.
Abb. 14.12: KULA, E. B., und S. V. RADCLIFFE: J. Metals (1963) 755.
Tab. 14.1: GENSAMER, M., E. B. PEARSALL, W. S. PELLINI und J. R. LOW JR.: Trans. ASM 30(1942) 983.
Abb. 18.9: HONDA, K., und S. KAYA: Sci. Rep. Tohoku Univ. 15 (1926) 721.
Abb. 19.5: BLEWIT, T. H., et al.: J. Nucl. Mat. 2 (1960) 277.
Abb. 19.3: DIEHL, J., und A. RUKWIED: Z. Metallkde. 55 (1964) 266.
Abb. 19.6: BRIDGE, J. R., et al.: J. Metals 8 (1956) 1282.
Abb. 20.1: PROMISEL, N. E., in "The Science and Technology of Selected Refractory Metals". Oxford: Pergamon Press 1964.
Abb. 20.2: BRENNER, S. S.: Whisker Reinforced Metals. USS Research Report 1962.
Tab. 20.1: RUDOLPH, C.: VDI-Nachrichten Nr. 49/8 (1965) 12.

Sachverzeichnis

(*Kursiv* wurde für die englische Übersetzung der Begriffe verwendet)

Abkühlungsgeschwindigkeit
  cooling rate 112
Abkühlungskurve *cooling curve* 105
Abschrecken *quenching* 89
Aggregatzustand *state* 7
Aktivierungsenergie
  activation energy 77
Aktivierung der Keimbildung
  activation of nucleation 11, 12, 59, 87
Alnico-Magnet *alnico magnet* 177
Alkalimetalle *alkaline metals* 17, 70, 71
Altern (Anlassen)
  aging (tempering) 89, 136, 152
  — von Stahl (bei Raumtemperatur)
  — *of steel (at room temperature)* 151
Anfangspermeabilität
  initial permeability 105, 169, 176
Anisotropie
  anisotropy 3, 26, 102, 123, 128, 183
  —, magnetische —, *magnetic* 172
Anlassen *tempering* 89, 136, 152
Anlaßbeständigkeit
  retention of hardness 138, 140
Antiphasengrenze
  antiphase boundary 27, 29, 34, 90, 91, 103, 145
Atom-kern *atomic nucleus* 3, 17, 179
  — -radius — *radius* 17, 25, 26, 49
  — -gewicht — *weight* 50, 64
Ätzen *etching* 2, 47, 101, 116, 156
Aufdampfen
  vapour deposition 8, 16, 103
Aufspalten einer Versetzung
  dissociation of a dislocation 32, 33
Aufstauung von Versetzungen
  pile-up of dislocations 43
ausgeprägte Streckgrenze
  discontinuous yielding 152, 153
Aushärtung
  precipitation hardening 4, 60, 102 144f.

Ausscheidung
  precipitation 27, 29, 85, 105, 106, 136, 176
Austauschwechselwirkung
  exchange interaction 74
Austenit *austenite* 92
  — -formhärten *ausforming* 140
austenitischer (rostfreier) Stahl
  austenitic (stainless) steel 159
Bändermodell *band structure* 69
Bestrahlung *irradiation* 27, 179f.
Beugung *diffraction*
  —, Elektronen- —, *electron* 3, 100f.
  —, Neutronen- —, *neutron* 3, 101
  — von Röntgenstrahlen
  —, *X-ray* 3, 20, 98f., 110
Bildungsenergie
  energy of formation 78, 181
  — von Leerstellen — *of vacancies* 28
  — von Versetzungen
  — *of dislocations* 3, 31
binär *binary* 24
binäre Systeme *binary systems* 50
Bindung *bond, linkage*
  —, chemische —, *chemical* 16, 24
  —, heteropolare —, *covalent* 17, 23, 71
  —, metallische
  —, *metallic* 3, 17, 23, 55, 66
Bittermethode *Bitter method* 102
Blochwand
  Bloch wall, domain wall 102, 143, 172
Boltzmannstatistik
  Boltzmann statistic 12
Braggreflex *Bragg reflection* 69, 98
Brennelement *fuel element* 182, 184
Brillouin-Zone *Brillouin zone* 69, 73
Bronze *bronce* 2
Bruchbildung *fracture* 39, 84, 131, 128
Bruchdehnung *elongation* 128
Burgersvektor *Burgers vector* 3

Sachverzeichnis

Cermet *cermet* 163
chemisches Polieren
  chemical polishing 162
Crowdion *crowdion* 180
Curietemperatur
  Curie temperature 74f., 170f.
Dämpfung *internal friction* 106,117,178
Dauer-bruch *fatique crack* 129
— -magnet *permanent magnet* 168, 176
— -schwingungsversuch
  dynamic load fatigue test 129
— -standversuch
  static load fatigue test 84
Debye-Scherreraufnahme
  Debye-Scherrer pattern 104
Deckschicht
  surface layer, coating 154, 161
Dendrit *dendrite* 14, 52, 114
Diamantstruktur
  diamond structure 17, 24, 71
Dichte *density* 2, 64, 71
Diffusion
  diffusion 13, 27, 78, 88, 138, 165, 184
— im Spannungsfeld
  — *in a stress field* 88
Diffusionskoeffizient
  diffusion coefficient 79, 161, 178
diffusionslose Umwandlung
  diffusionsless transformation 59
diskontinuierliche Ausscheidung
  discontinuous precipitation 92, 148
— Umwandlung — *transformation* 92
Dispersionshärtung
  dispersion hardening 152, 164, 185
Doppelleerstelle *vacancy pair* 27
Drehkristallaufnahme
  rotation diagram 100
Drehprozeß *rotary process* 175
Dreistoffsystem *ternary system* 58
Druckguß *pressure die casting* 120
Dunkelfeldaufnahme
  dark field image 104

Eigenschaften, gefügeabhängige
  properties, structure sensitive 2, 27, 59, 169
—, gefügeunabhängige
  —, *structure insensitive* 2, 59, 169
Einkristall *single crystal* 15, 82, 99
Einlagerungsmischkristall
  interstitial solid solution 77
— -phase — *phase* 26
Einschnürung *reduction of area* 128
Elastizitätsmodul
  modulus of elasticity,
  Young's modulus 37, 61

Elektronen, freie
  electrons, free 1, 3, 17, 66, 180
—, gebundene —, *bound* 108
— -beugung — *diffraction* 100, 103
— -durchstrahlung
  — *transmission* 20, 100, 103
— -defektstellen — *defects* 161
— -mikroskopie
  — *microscopy* 3, 102f.
— -strahl — *beam* 106
— -theorie— *theory* 1, 25, 66f.
Elektrolyt *electrolyte* 154, 155
elektrolytisches Polieren
  electrolytic polishing 163
Elementarzelle *unit cell* 19, 26, 90
Energie einer Schraubenversetzung
  energy of a screw dislocation 32
—, gespeicherte —, *stored* 81
— von Versetzungsreaktionen
  — *of dislocation reactions* 32
Entropie *entropy* 8
Erdalkalimetall *alkaline earth* 71
Erholung *recovery* 80
Erholungsspektrum
  recovery spectrum 181
Erstarren
  solidification 9f., 27, 30, 111f.
Erstarrungsfront
  front of solidification 14, 112, 113
Erstarrungsgeschwindigkeit
  rate of solidification 13
ESD-Magnet *ESD-magnet* 117
Explosiv-härten
  explosive-hardening 191
— -umformen — *forming* 128, 191
— -plattieren — *cladding* 191
Extraktionsabdruck
  extraction replica 103
Eutektikum
  eutectic 52, 94, 114, 118, 190
—, entartetes —, *degenerate* 114, 115
eutektische Rinne
  eutectic groove, — *line* 58
Eutektoid *eutectoid* 56, 92, 132

Fadenkristall *whisker* 51
Faser *fibre* 188
— -verstärkter Werkstoff
  — *reinforced material* 186
Fehlordnung *incomplete order* 91, 161
Feldionenmikroskopie
  field ion microscopy 108
Feldplatte *field probe* 190
Fermienergie *Fermi energy* 68f.
— -oberfläche — *surface* 1, 68

Ferrit (α-Fe-Mischkristall)
ferrite (α-Fe *solid solution*) 137
— (Fe-Mischoxid)
— (Fe-*oxyde compound*) 178
ferromagnetische Bezirke
ferromagnetic domains 172
Ferromagnetismus
ferromagnetism 1, 3, 5, 27, 65, 73, 163 f.
Festkörper *solid* 8
Fließkurve *flow curve* 124
Flußfaden *flux filament* 75, 189
Flußspatgitter *fluor spar lattice* 24
Frank-Read Quelle
Frank Read source 41 f., 144
Frenkelpaar
Frenkel defect 27, 179, 180, 182

Gas *gas* 7
— in Metallen — *in metals* 49, 116
Gefüge *micro-structure* 2, 12
Geschichte der Metalle
history of metals 3
Gibbsches Phasengesetz
Gibbs' phase law 48 f.
Gießen *casting* 15, 110, 119, 120
Gießtechnik *foundry technology* 119
Gitterbaufehler *lattice defect* 26 f.
Glas *glas* 111, 153, 188
Gleichgewicht
equilibrium 9, 27, 47 f., 173
Gleitsystem *slip system* 38
Gosstextur *Goss texture* 175
Graphit *graphite* 57
Grenzfläche *interface* 14, 27, 86
—, kohärente, nichtkohärente, teilkohärente
—, *coherent, noncoherent, semicoherent* 35 f., 86
Grenzflächenenergie
interfacial energy 10, 86
Guinier-Preston Zone
Guinier-Preston zone 89, 148, 149
Gußeisen *cast iron* 47, 57, 117
Gußeisendiagramm
cast iron diagram 118
Gußlegierungen *casting alloys* 110, 115

Haarkristall *whisker* 188
Habitusebene *habit plane* 96
Halbleiter
semiconductor 72, 112, 190
Hallkonstante *Hall constant* 104
Hantellage
dumbbell configuration 62, 78, 106

Härte *hardness* 128
hdP (hexagonal dichteste Kugelpakkung) *hcp* (*hexagonal close packing*) 18
Hebelgesetz *lever rule* 51
Heizleiter *heat resistant wire* 161
Hellfeldaufnahme
bright field image 104
Heusslersche Legierung
Heussler alloy 171
Hitzebeständigkeit
heat resistance 139, 161, 185
hochschmelzende Metalle
refractory metals 162, 186
Homogenisieren
homogenisation 79, 89, 143
Hume-Rothery Phase
Hume-Rothery phase, electron compound 25, 56, 73
Hydrid *hydride* 26

Impfen *seeding* 13
innere Oxidation *internal oxidation* 153
intermetallische Phasen
intermetallic compounds 23
Invar-Legierung *Invar alloy* 178
Ionen *ions* 67
— -bindung *ionic bonding* 24
— -kristall *ionic crystal* 161
— -störstelle *ionic defect* 161
Ionisation *ionisation* 180
Isolator *insulator* 71
Isotop *isotope* 107, 108

Jominiversuch *Jomini test* 139

Kalorimetrie *calorimetry* 81, 105
Kaltverformung
cold work, — *deformation* 4, 121, 127
Karbid *carbide* 26, 134, 139, 168
Kationenleerstelle *cation vacancy* 161
Keim *nucleus* 11
— -bildung
nucleation 10 f., 57, 59, 86 f., 97
K-Effekt *K-effect* 143
Kerbschlagzähigkeit
notch impact toughness 130, 153
Kernreaktor
nuclear reactor 27, 65, 110, 162, 182
Kernspaltung *nuclear fission* 179, 184
K-Faktor *K-factor* 111 f.
kfz (kubisch flächenzentriert)
fcc (*face centered cubic*) 18
Kirkendalleffekt *Kirkendall effect* 80
Kleinwinkelkorngrenze
small angle boundary 35, 80, 104

Sachverzeichnis

Klettern von Versetzungen
  climb of dislocations 80
Kochsalzgitter *rocksalt lattice* 24
Koerzitivkraft
  coërcive force 1, 27, 105, 143, 169
Kolbenlegierung *piston alloy* 119
Kokille *mold* 119
Konode *tie line* 50
konstitutionelle Unterkühlung
  constitutional supercooling 113
Kontrast *contrast* 104
Koordinationszahl
  coordination number 17, 18, 110
Korngrenze
  grain boundary 2, 10, 29, 82, 84, 85,
  101, 114, 148
Kornvergrößerung *grain growth* 82
Korrosion *corrosion* 154f.
Korrosionsbeständigkeit
  corrosion-resistance 119, 154, 162
Kriechen *creep* 83f.
Kristallit, Korn *crystallite, grain* 2
Kristallstruktur
  crystal structure 3, 17f., 73, 114
Kristallsystem *crystal system* 19
kritische Schubspannung
  critical resolved shear stress 39
krz (kubisch raumzentriert)
  bcc (body centered cubic) 18
Kühlflüssigkeit *cooling liquid* 110,
  162
Kugelgraphit *spherolitic graphite* 117
Kugelpackung
  packing of spheres 18, 24, 25, 66
Kurdjumow-Sachs-Orientierungs-
  zusammenhang
  *Kurdyumov-Sachs orientation
  relationship* 96

Längenänderung *length change* 105
Lagenkugel *reference sphere* 22
lamellares Gefüge
  lamellar micro-structure 52, 92, 93, 115
laminares Fließen *laminar flow* 126, 192
Laue-Aufnahme *Laue pattern* 100
Laves-Phase *Laves phase* 25
Ledeburit *ledeburite* 57
Leerstelle *vacancy* 27f., 76, 79, 182
—, thermische
  —, *thermal* 28f., 64, 80, 150
—, strukturelle
  —, *structural* 27, 55, 64, 161
Leerstellenkondensation
  condensation of vacancies 29, 114
legierter Stahl *alloy steel* 137f.
Legierung *alloy* 1, 47, 110

Leitfähigkeit *conductivity* 63, 72
—, elektrische —, *electrical* 26, 63, 73,
  81, 115, 143
—, thermische —, *thermal* 1, 26, 63, 73
Letternlegierung *type alloy* 119
Lichtmikroskopie
  light microscopy 3, 101
Löslichkeit *solubility* 55, 104, 106
Lösungswärme *heat of solution* 56
Lokalelement *local element* 155
Lorenzzahl *Lorenz number* 73
Lüderssche Bänder *Luders bands* 152
Lunker *pipe* 15

Magnetisches Moment
  magnetic moment 73, 108
Magnetismus *magnetism* 75
magneto-elastischer Effekt
  magneto-elastic effect 178
Magnetostriktion
  magnetostriction 67, 172
Martensit *martensite* 88, 94f., 134,
  191
Martensitaltern *maraging* 151
Matthiessensche Regel
  Matthiessen's rule 64, 72
Meissner-Effekt *Meissner effect* 75
Messing *brass* 47, 56
Metallographie *metallography* 3
metastabile Phasen
  metastable phases 57, 59, 77, 88, 149,
  159
Mikrosonde *microprobe analyser* 106
Mischkristall *solid solution* 47, 90,
  111
Mischkristallhärte
  solid solution hardening 62, 135
Mischungs-entropie
  entropie of mixing 28
— -lücke — *miscibility gap* 47, 51
— -regel *rule of mixing* 60
Mössbauereffekt
  Mossbauer effect 3, 104, 179

Nahentmischung *clustering* 49
Nahordnung *short range order* 49, 92
Neutronenbeugung
  neutron diffraction 101
Neutronenmoderation
  neutron moderation 180, 182
Nickelarsenid-Phase
  nickel arsenide phase 24
Nimonic-Legierung
  nimonic alloy 151, 187
Nitrid *nitride* 26, 153
n-Leiter *n-conductor* 72

Oberflächenabdruck
 surface replica 40, 103
Ohmsches Gesetz Ohm's law 66
Ordnung order 61, 62, 90, 99
Ordnungsgrad order parameter 91, 92, 99
Ordnungsphase (Überstrukturphase)
 ordered phase (superlattice phase) 90,
 101, 108, 150
Ordnungszahl atomic number 103, 107
Orowanmechanismus
 Orowan mechanism 145
Oxid oxyde 161, 166
Oxydation oxydation 161 f.
Oxydationsbeständigkeit
 oxydation resistance 5, 161
Oxidhaut oxyde layer 111

Paramagnetismus paramagnetism 75
Passivität, elektro-chemische
 passivity, electro-chemical 154, 158
Patentieren patenting 133
Pauli-Prinzip
 Pauli exclusion principle 71, 74
Periodensystem periodic system 17
Peritektikum peritectic 55
Peritektoid peritectoid 56
Perlit pearlite 57, 93, 134, 137
Permalloy permalloy 176
Phase phase 9
plastische Verformung
 plastic deformation 38f., 83f., 144f.
 — — durch Gleiten — — by slip 38
 — — durch Umwandlung
 — — by transformation 44
 — — durch Zwillingsbildung
 — — by twinning 45
Platzwechsel change of site 27, 76, 106
p-Leiter p-conductor 72
Polfigur pole figure 46, 83, 175
Primärkristalle primary crystals 52
Pulvermetallurgie
 powder metallurgy 163f.

Quasibinärer Schnitt
 quasi-binary section 98, 150
Quelle für γ-Strahlen
 source for γ-rays 107
 — für Versetzungen
 — for dislocations 41, 42, 144, 152
Quergleitung cross slip 32, 63, 145
Querkontraktionszahl
 Poisson's ratio 38

Randsystem terminal system 58
Reaktormetall nuclear metal 175f.
Reckaltern strain aging 152

Reflexion des Lichtes
 reflection of light 1, 101
 — der Röntgenstrahlen
 — of X-rays 98
Rekristallisation
 recrystallization 16, 35, 81, 93, 100, 121
 —, sekundäre —, secondary 83
Rekristallisationstextur
 recrystallization texture 83, 175
Relaxationszeit relaxation time 106
Restaustenit residual austenite 135
Restwiderstand
 residual resistivity 64, 72, 104, 182
Reziprokes Gitter
 reciproxal lattice 19, 69, 98
Röntgenstrahlen
 X-rays 3, 69, 98, 106, 179
rostfreier Stahl
 stainless steel 4, 138, 158f., 171

Sättigungsmagnetisierung
 saturation magnetisation 26, 46, 105,
 112, 170
Sandguß sand casting 119
Schichtkristall layer crystal 112
Schmelze melt 10, 16, 110f.
Schmelz-entropie entropy of melting 8, 9
 — -temperatur
 melting temperature 2, 5, 8, 9, 49, 119
 — -wärme heat of melting 8, 9, 105
Schmieden forging 124, 166
Schneiden von Teilchen
 cutting of particles 146
 — von Versetzungen
 — of dislocations 84
Schraubenversetzung
 screw dislocation 32
Schrödinger Gleichung
 Schrödinger equation 67
Schub-spannung shear stress 36
 — -modul shear modulus 37
Schwankung fluctuation 11
Schweißen welding 120, 191
Schwellen swelling 184
Seigerung
 segregation 102, 107, 115f., 120
Sekundärrekristallisation
 secondary recrystallization 83
Selbstdiffusion self-diffusion 77
seltenes Erdmetall rare earth metal 74
Sintern sintering 164f.
Sinterhartmetall sintered hard alloy 167
Spannungsfeld von Teilchen
 stress field of particles 147, 151
 — von Versetzungen
 — of dislocations 30f.

Sachverzeichnis

Spannungskorrosion *stress corrosion* 156f.
Spannungsreihe *electro-chemical series* 3, 154
Spin *spin* 172
Spritzguß *pressure die casting* 6, 120
Sprungpunkt *superconducting transition temperature* 75
Stahl *steel* 57, 131f.
—, beruhigter —, *killed* 116
—, unberuhigter —, *rimmed* 116
— -härtung *hardening of* — 4, 131f.
Standardprojektion *standard projection* 22
Stapelfehler *stacking fault* 27, 29, 31, 33, 96, 102
Stapelfehlerenergie *stacking fault energy* 31, 46, 63, 83, 157
Stapelfolge *stacking sequence* 21, 25, 88
Steilabfall (der Kerbschlagzähigkeit) *transition temperature (of notch impact toughness)* 131, 153
Stengelkristall *columnar grain* 15
Stereographische Projektion *stereographic projection* 22
Stirnabschreckversuch *Jomini test* 139
Stoßwelle *shock wave* 191
Strahlenschäden *radiation damage* 179
Strangguß *continuous casting* 120
Strangpressen *extrusion* 124, 126, 165
Streckgrenze *yield point* 38f
Streufeldenergie *magneto-static energy* 173
Stufenversetzung *edge dislocation* 31, 80
Supraleitung *superconductivity* 27, 73, 189f.
Suszeptibilität *susceptibility* 104

TD Nickel *TD nickel* 188
Teilchen *particle* 87, 144f., 177
Teilchenwachstum *particle growth* 1o5, 148
Temperguß *malleable iron* 117
Ternäres System *ternary system* 58
Ternäres Eutektikum *ternary eutectic* 59, 119
Textur *texture* 45, 83, 99, 128, 184
  Rekristallisations- —
  recrystallization — 83
  Verformungs- — *deformation* — 45
thermische Analyse *thermal analysis* 105
thermo-mechanische Behandlung *thermo-mechanical treatment* 140, 148
Tiefziehen *deep drawing* 127, 191
Tolmanscher Versuch *Tolman experiment* 66
Tränkverfahren *infiltration method* 168, 186
Transistor *transistor* 72, 112
turbulentes Fließen *turbulent flow* 192

Überaltern *over-aging* 149, 187
Übergangsmetall *transition metal* 25, 71, 72, 74
Überlappung der Bänder *overlapping of energy bands* 71
Überschallgeschwindigkeit *supersonic velocity* 97
Übersättigung *supersaturation* 29, 89
— an gelösten Atomen
  — *of atoms in solution* 89, 147f.
— an Leerstellen
  — *of vacancies* 29, 89
Überstrukturphase (Ordnungsphase) *superlattice phase (ordered phase)* 34, 90f.
Überstrukturreflex (Ordnungsreflex) *(superlattice reflection) orderreflection* 99
Ummagnetisierungsarbeit *hysteresis energy* 169, 175
Umwandlung *transformation* 27, 85f., 105, 183
— erster, zweiter Art
— *first, second order* 86, 91, 178
Umwandlungs-entropie
—, *entropy of* 8, 85, 105
— -temperatur
— *temperature* 8, 85, 105
— -wärme —, *heat of* 8, 85, 105
Unterkühlung *supercooling* 9, 10, 85

Vakuumguß *vacuum casting* 120
Valenzelektron *valency electron* 25, 27, 73
Verbundwerkstoff *composite material* 164, 186
Verchromung *chrome plating* 158
verdünnte Zone *depleted zone* 180
Veredeln (Silumin) .
  grain refining (Silumin) 119
Verfestigung *work hardening* 4, 42, 63, 84, 124
Verformung *deformation* 20f., 144f.
Verformungsgeschwindigkeit *rate of deformation* 122, 152
Verformungstextur *deformation texture* 45, 83
Vergießbarkeit *castibility* 111, 116

Verlagerungskaskade
  displacement spike 180
Verschleißfestigkeit
  wear resistance 118
Versetzung
  dislocation 27, 29, 30f., 103, 144, 189
  gemischte — *mixed* — 32
  unvollständige — *partial* — 31
  vollständige — *complete* — 30
Versetzungslinie *dislocation line* 31, 101
Versetzungsreaktion
  dislocation reaction 32, 80
  — beim Erstarren
  — *at solidification* 114
  — bei der Keimbildung
  — *at nucleation* 87, 97, 148
  — mit Teilchen — *with particles* 144f.
Versetzungsring oder -schleife
  dislocation ring or — loop 29, 31, 148
Versetzungswendel
  helical dislocation 29
Verzunderung *scaling* 160f.
Viskosität *viscosity* 111, 116
Volumenänderung *volume change*
  — beim Erstarren
  — *during solidification* 15, 105, 111
  — bei Umwandlung
  — *during transformation* 105

Wachstum von Kristallen
  growth of crystals 14, 82, 87
  — von Teilchen
  — *of particles* 13, 105, 148
Wachstumsgeschwindigkeit
  growth rate 13, 87
Walzen *rolling* 125
Wandenergie *wall energy* 173
Wanderungsenergie
  energy of migration 73, 181
Wärmeausdehnung
  thermal expansion 64, 105, 125, 178, 183
Wärmeleitfähigkeit
  thermal conductivity 1, 26, 63, 73

Warmfestigkeit
  high temperature strength 138, 185, 186, 187
Warmverformung
  hot work deformation 84, 121
Werkstoff *material* 5
Werkstoffprüfung
  testing of materials 128
Wertigkeit *valency* 17
Wiedemann-Franzsches Gesetz
  Wiedemann-Franz law 64
Wigner energy *Wigner energy* 180
Wirkungsquerschnitt
  effective cross section 180
Wöhlerkurve
  Wohler curve, fatigue curve 131

Zählrohr *counter* 106, 107
Zahnfüllung *dental material* 169
Zementit *cementite* 57
Ziehen *drawing* 126, 189
Zipfelbildung *earing* 127
Zonenschmelzen, Zonenreinigen
  zone melting, zone refining 112, 190
ZTU-Diagramm, isothermes
  TTT diagram, isothermal 132
—, kontinuierliches —, *continuous* 132, 139
Zugfestigkeit *tensile strength* 5, 128
Zugversuch *tensile test* 37, 128
—, statistischer *creep test* 84
Zunderbeständigkeit
  scale resistance 151, 161
Zustandsdiagramm
  phase diagram 50f., 88, 110
Zwillingsbildung, mechanische
  twinning mechanical 45, 95, 191
  — durch Rekristallisation
  — *by recrystallisation* 47, 83
Zwillingsgrenzen *twin boundaries* 27, 35
Zwillingssystem *twin system* 45
Zwischengitteratom
  interstitial atom 27, 62, 135, 161, 182
Zwischenstufengefüge *bainite* 102, 134

Additional information of this book
(Metallkunde; 978-3-662-26942-8) is provided:

http://Extras.Springer.com

MIX
Papier aus verantwortungsvollen Quellen
Paper from responsible sources
FSC® C105338

If you have any concerns about our products,
you can contact us on
ProductSafety@springernature.com

In case Publisher is established outside the EU,
the EU authorized representative is:
**Springer Nature Customer Service Center GmbH
Europaplatz 3, 69115 Heidelberg, Germany**

Printed by Libri Plureos GmbH
in Hamburg, Germany